# 材料腐蚀与防护

孙秋霞　主编

北　京

冶 金 工 业 出 版 社

2025

# 内 容 提 要

　　全书共 10 章，较系统地叙述了材料腐蚀的基本规律及作用机理，腐蚀控制原理，防蚀技术，腐蚀经济与管理。主要内容包括金属高温氧化及电化学腐蚀理论，材料局部腐蚀，在自然条件、工业环境和人体环境下的腐蚀，各类耐蚀材料，非金属材料的腐蚀，腐蚀防护措施，防腐蚀设计及腐蚀经济与管理等。

　　本书可作为高等院校材料专业（包括腐蚀与防护专业）的教科书，也可作为航空材料、化工、冶金专业的教材，还可供有关工程技术人员和研究生参考。

**图书在版编目（CIP）数据**

材料腐蚀与防护／孙秋霞主编．—北京：冶金工业出版社，2001.3
（2025.2 重印）
　ISBN 978-7-5024-2659-0

　Ⅰ．材…　　Ⅱ．孙…　　Ⅲ．①工程材料—腐蚀—理论　②工程材料—防腐　　Ⅳ．TG17

中国版本图书馆 CIP 数据核字（2001）第 09027 号

**材料腐蚀与防护**

| | | | |
|---|---|---|---|
| 出版发行 | 冶金工业出版社 | 电　　话 | （010）64027926 |
| 地　　址 | 北京市东城区嵩祝院北巷 39 号 | 邮　　编 | 100009 |
| 网　　址 | www.mip1953.com | 电子信箱 | service@ mip1953.com |

责任编辑　杨　敏　美术编辑　彭子赫　责任校对　王永欣　责任印制　范天娇
北京印刷集团有限责任公司印刷
2001 年 3 月第 1 版，2025 年 2 月第 16 次印刷
787mm×1092mm　1/16；16 印张；385 千字；242 页
定价 46.00 元

投稿电话　（010）64027932　投稿信箱　tougao@cnmip.com.cn
营销中心电话　（010）64044283
冶金工业出版社天猫旗舰店　yjgycbs.tmall.com
（本书如有印装质量问题，本社营销中心负责退换）

# 前　言

　　《材料腐蚀与防护》是东北大学材料与冶金学院材料科学与工程系本科生必修课教材。它是为适应学科、专业结构调整及培养全面型高素质人才的需要,积多年教学经验、吸收国内外精华编写而成的。

　　本书对原东北大学校内讲义《金属腐蚀与防护》作了较大调整,增加了无机非金属材料的腐蚀、高分子材料的腐蚀、防腐蚀设计及腐蚀经济与管理等章节。

　　本书较系统地、由浅入深地阐述了材料腐蚀与防护的基本理论,注重理论与应用的统一性,力求反映出近年来在腐蚀理论与耐蚀材料方面的新进展。为了培养学生分析和解决实际问题的能力,在每章后均附有习题与思考题,以便加深对书中内容的理解,达到举一反三的目的。本书理论系统,内容翔实,实用性较强,有利于材料腐蚀与防护、腐蚀经济与管理人才的培养。

　　本书由孙秋霞(绪论、第 2、3 章)、白玉光(第 4 章、第 5 章 5.1～5.11 节及第 6 章 6.1、6.2 节)、贺春林(第 5 章 5.12 节、第 6 章 6.3 节及第 7～10 章)和崔文芳(第 1 章)合编,全书由孙秋霞统稿。东北大学材料与冶金学院王玉玮教授和中国科学院金属腐蚀与防护研究所韩文安研究员、林海潮研究员对本书进行了认真审定,并提出了许多宝贵意见。在编写过程中还得到了东北大学校、院、系领导和同事们的支持与帮助。在此一并表示最衷心的感谢!

　　由于我们水平所限,经验不足,书中难免存在疏漏及不妥之处,敬请读者给予批评指正,以便日后完善、修订。

编　者

2000 年 10 月

# 目　　录

# 0 绪 论

## 0.1 材料腐蚀的基本概念

金属和它所处的环境介质之间发生化学、电化学或物理作用,引起金属的变质和破坏,称为金属腐蚀。随着非金属材料越来越多地用作工程材料,非金属材料失效现象也越来越引起人们的重视。因此,腐蚀科学家们主张把腐蚀的定义扩展到所有材料(金属和非金属材料)。较确切的定义为:腐蚀是材料由于环境的作用而引起的破坏和变质。

腐蚀现象是十分普遍的。从热力学的观点出发,除了极少数贵金属(Au、Pt 等)外,一般材料发生腐蚀都是一个自发过程。

人们已经认识到,人类使用的金属和非金属材料很少是由于单纯机械因素(如拉、压、冲击、疲劳、断裂和磨损等)或其他物理因素(如热能、光能等)引起破坏的,绝大多数金属和非金属材料的破坏都与其周围环境的腐蚀因素有关。因此,材料的腐蚀问题已成为当今材料科学与工程领域不可忽略的课题。

## 0.2 研究材料腐蚀的重要性

材料腐蚀问题遍及国民经济的各个领域。从日常生活到交通运输、机械、化工、冶金,从尖端科学技术到国防工业,凡是使用材料的地方,都不同程度地存在着腐蚀问题。腐蚀给社会带来巨大的经济损失,造成了灾难性事故,耗竭了宝贵的资源与能源,污染了环境,阻碍了高科技的正常发展。

材料腐蚀给国民经济带来巨大损失。以金属材料为例,据一些工业发达国家统计,每年由于腐蚀而造成的经济损失约占国民经济生产总值的 2%～4%。美国 1975 年因腐蚀造成的经济损失约为 700 亿美元,约占当年国民生产总值的 4.2%,而 1982 年高达 1260 亿美元;英国 1969 年腐蚀损失为 13.65 亿英镑,占国民生产总值的 3.5%;日本 1976 年腐蚀损失为 92 亿美元,占国民生产总值的 1.8%;前苏联 1967 年腐蚀损失为 67 亿美元,占国民生产总值的 2%;前联邦德国 1974 年腐蚀损失为 60 亿美元,约占国民生产总值的 3%。据我国 1995 年统计,腐蚀损失高达 1500 亿元人民币,约占国民生产总值的 4%。目前,全世界每年因腐蚀造成的经济损失已高达 7000 亿美元。以上数据表明,因腐蚀而造成的经济损失是十分惊人的。

腐蚀事故危及人身安全。腐蚀引起的灾难性事故屡见不鲜,损失极为严重。例如 1965年 3 月,美国一输气管线因应力腐蚀破裂着火,造成 17 人死亡。日本 1970 年大阪地下铁道的管线因腐蚀折断,造成瓦斯爆炸,乘客当场死亡 75 人。1985 年 8 月 12 日,日本的一架波音 747 飞机由于构件的应力腐蚀断裂而坠毁,造成 500 多人死亡的惨剧,直接经济损失 1 亿多美元。又如 1979 年我国某市液化石油气贮罐由于腐蚀爆炸起火,伤亡几十人,直接经济损失达 630 万元。而且,由于意外事故而引起的停工、停产所造成的间接经济损失,可能超过直接经济损失的若干倍。

腐蚀耗竭了宝贵的资源和能源。据统计,每年由于腐蚀而报废的金属设备和材料相当于金属年产量的 10%～40%,其中 2/3 可再生,而 1/3 的金属材料被腐蚀掉无法回收。我国目前年产钢以 1 亿 t 计,则每年因腐蚀消耗掉的钢材近 1 千万 t。可见,腐蚀对自然资源是极大的浪费,同时还浪费了大量的人力和能源。因此,从有限的资源与能源出发,研究解决腐蚀问题,已刻不容缓。

腐蚀引起的环境污染也是相当严重的。由于腐蚀增加了工业废水、废渣的排放量和处理难度,增多了直接进入大气、土壤、江河及海洋中的有害物资,因此造成了自然环境的污染,破坏了生态平衡,危害了人民健康,妨碍了国民经济的可持续发展。

此外,由于腐蚀现象的普遍性,许多新技术的发展往往都会遇到腐蚀问题。如果腐蚀问题解决得好,就能起到促进作用。例如,不锈钢的发明和应用,促进了硝酸和合成氨工业的发展。反之,如果腐蚀问题解决得不好,则可能妨碍高技术的发展。美国的阿波罗登月飞船贮存 $N_2O_4$ 的高压容器曾发生应力腐蚀破裂,经分析研究,加入质量数量为 0.6% 的 NO 之后才得以解决。美国著名的腐蚀学家方坦纳(Fontana)认为,如果找不到这个解决办法,登月计划会推迟若干年。以上事实说明,材料的腐蚀研究具有很大的现实意义和经济意义。

## 0.3 材料的腐蚀控制

实践告诉人们,若充分利用现有的防腐蚀技术,广泛开展防腐蚀教育,实施严格的科学管理,因腐蚀而造成的经济损失中有 30%～40% 是可以避免的。但在目前仍有一半以上的腐蚀损失还没有行之有效的防蚀方法来避免,这就需要加强腐蚀基础理论与工程应用的研究。可见,防腐蚀工作的潜在经济价值是不容忽视的。

腐蚀控制的方法很多,概括起来主要有:

(1)根据使用的环境,正确地选用金属材料或非金属材料;

(2)对产品进行合理的结构设计和工艺设计,以减少产品在加工、装配、贮存等环节中的腐蚀;

(3)采用各种改善腐蚀环境的措施,如在封闭或循环的体系中使用缓蚀剂,以及脱气、除氧和脱盐等;

(4)采用电化学保护方法,包括阴极保护和阳极保护技术;

(5)在基材上施加保护涂层,包括金属涂层和非金属涂层。

除此之外,在可能的条件下,实施现场监测和监控手段及技术,同时实施合理的技术管理和行政管理,使材料发挥最大的潜能。

# 1 金属与合金的高温氧化

在大多数条件下,使用金属相对于其周围的气态都是热不稳定的。根据气体成分和反应条件不同,将反应生成氧化物、硫化物、碳化物和氮化物等,或者生成这些反应产物的混合物。在室温或较低温干燥的空气中,这种不稳定性对许多金属来说没有太多的影响,因为反应速度很低。但是随着温度的上升,反应速度急剧增加。这种在高温条件下,金属与环境介质中的气相或凝聚相物质发生化学反应而遭受破坏的过程称高温氧化,亦称高温腐蚀。因此,在高温下使用的金属的抗蚀性问题变得尤为重要。

金属的高温腐蚀像其他腐蚀问题一样,遍及国民经济的各个领域,归纳起来,主要涉及以下几个方面:

(1)在化学工业中存在的高温过程,比如生产氨水和石油化工等领域产生的氧化。

(2)在金属生产和加工过程中,比如在热处理中碳氮共渗和盐浴处理易于产生增碳、氮化损伤和熔融盐腐蚀。

(3)含有燃烧的各个过程,比如柴油发动机、燃气轮机、焚烧炉等所产生的复杂气氛高温氧化、高温高压水蒸气氧化及熔融碱盐腐蚀。

(4)核反应堆运行过程中,煤的气化和液化产生的高温硫化腐蚀。

(5)在航空领域,如宇宙飞船返回大气层过程中的高温氧化和高温硫化腐蚀,以及航空发动机叶片受到的高温氧化和高温硫化腐蚀。

高温腐蚀可以产生各种各样有害的影响,它不仅使许多金属腐蚀生锈,造成大量金属的耗损,还破坏了金属表面许多优良的使用性能,降低了金属横截面承受负荷的能力,并且使高温机械疲劳和热疲劳性能下降。由此可见,研究金属和合金的高温腐蚀规律将有助于我们了解各种金属及其合金在不同环境介质中的腐蚀行为,掌握腐蚀产物对金属性能破坏的规律,从而能够成功地进行耐蚀合金的设计,把它们有效、合理地应用于各类特定高温环境中,并能正确选择防护工艺和涂层材料来改善金属材料的高温抗蚀性,减少金属的损失,延长金属制品的使用寿命,提高生产企业的经济效益。

金属或合金的高温腐蚀可根据环境、介质状态变化分成气态介质、液态介质和固态介质腐蚀,其中以在干燥气态介质中的腐蚀行为的研究历史最久,认识全面而深入,因此本章重点介绍金属(合金)高温氧化机理及抗氧化原理。

## 1.1 金属高温氧化的热力学基础

从广义上看,金属的氧化应包括硫化、卤化、氮化、碳化,液态金属腐蚀,混合气体氧化,水蒸气加速氧化,热腐蚀等高温氧化现象;从狭义上看,金属的高温氧化仅仅指金属(合金)与环境中的氧在高温条件下形成氧化物的过程。

研究金属高温氧化时,首先应讨论在给定条件下,金属与氧相互作用能否自发地进行,或者能发生氧化反应的条件是什么,这些问题可通过热力学基本定律做出判断。

### 1.1.1 金属高温氧化的可能性

金属氧化时的化学反应可以表示成:

$$Me_{(s)} + O_{2(g)} \rightarrow MeO_{2(s)} \tag{1-1}$$

根据 Vant Hoff 等温方程式：

$$\Delta G = -RT\ln K + RT\ln Q \tag{1-2}$$

即

$$\Delta G_T = -RT\ln \frac{a_{MeO_2}}{a_{Me} \cdot p_{O_2}} + RT\ln \frac{a'_{MeO_2}}{a'_{Me} \cdot p'_{O_2}} \tag{1-3}$$

由于 $MeO_2$、$Me$ 是固态纯物质，活度均为 1，故式(1-3)变成：

$$\begin{aligned}
\Delta G_T &= -RT\ln \frac{1}{p_{O_2}} + RT\ln \frac{1}{p'_{O_2}} \\
&= 4.575\,T(\lg p_{O_2} - \lg p'_{O_2})
\end{aligned} \tag{1-4}$$

式中　$p_{O_2}$——给定温度下的 $MeO_2$ 的分解压(平衡分压)；

　　　$p'_{O_2}$——给定温度下的氧分压。

由式(1-4)可知：

如果 $p'_{O_2} > p_{O_2}$，则 $\Delta G_T < 0$，反应向生成 $MeO_2$ 方向进行；

如果 $p'_{O_2} < p_{O_2}$，则 $\Delta G_T > 0$，反应向 $MeO_2$ 分解方向进行；

如果 $p'_{O_2} = p_{O_2}$，则 $\Delta G_T = 0$，金属氧化反应达到平衡。

显然，求解给定温度下金属氧化的分解压、或者说求解平衡常数，就可以看出金属氧化物的稳定程度。

对式(1-1)来说：

$$\Delta G_T^{\ominus} = -RT\ln K = -RT\ln \frac{1}{p_{O_2}} = 4.575\,T\lg p_{O_2} \tag{1-5}$$

由上式可见，只要知道温度 $T$ 时的标准自由能变化值($\Delta G_T^{\ominus}$)，即可得到该温度下的金属氧化物分解压，然后将其与给定条件下的环境氧分压比较就可判断式(1-1)的反应方向。

### 1.1.2　金属氧化物的高温稳定性

#### 1.1.2.1　$\Delta G^{\ominus}$-$T$ 平衡图

在金属的高温氧化研究中，可以用金属氧化物的标准生成自由能 $\Delta G^{\ominus}$ 与温度的关系来判断氧化的可能性，$\Delta G^{\ominus}$ 数值可在物理化学手册中查到。1944 年，Ellingham(艾灵哈姆)编制一些氧化物的 $\Delta G^{\ominus}$-$T$ 平衡图(见图 1-1)，由该图可以直接读出在任何给定温度下，金属氧化反应的 $\Delta G^{\ominus}$ 值。$\Delta G^{\ominus}$ 值愈负，则该金属的氧化物愈稳定，即图中线的位置愈低，它所代表的氧化物就愈稳定。同时它还可以预测一种金属还原另一种金属氧化物的可能性。1948 年，F. D. Richardson 等人发展了 Ellingham 图，即在氧化物的 $\Delta G^{\ominus}$-$T$ 图上添加了平衡氧压和 $CO/CO_2$、$H_2/H_2O$ 的辅助坐标。

从平衡氧压的辅助坐标可以直接读出在给定温度下金属氧化物的平衡氧压。方法是从最左边竖线上的基点"$O$"出发，与所讨论的反应线在给定温度的交点相联，再将联线延伸到图上最右边的氧压辅助坐标轴上，即可直接读出氧分压。如果当反应环境中含有 CO 和 $CO_2$，或 $H_2$ 和 $H_2O$ 时，在 Ellingham 图上其相应的原始点变为"$C$"或"$H$"，而得到的是压力比。比如，可以通过标有 $H$ 的点到标有 $H_2/H_2O$ 比的辅助坐标上画一条直线，可得到给定金属和氧化物的压力比 $H_2/H_2O$，对于 Ellingham 图的绘制和使用的更详细的讨论，可参阅

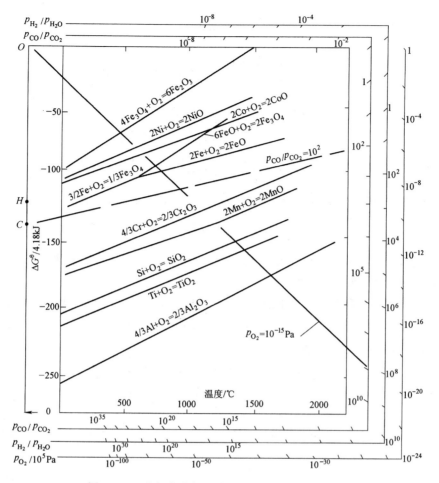

图 1-1 一些氧化物标准自由能与温度的关系图

有关文献。

#### 1.1.2.2 金属氧化物的蒸气压

物质在一定温度下都具有一定的蒸气压。在给定条件下,系统中固、液、气相力求平衡。当固体氧化物的蒸气压低于该温度下相平衡蒸气压时,则固体氧化物蒸发。蒸气反应中蒸气压与标准自由能的关系与上述氧化、还原反应相同:

$$\Delta G^{\ominus} = -RT\ln p_{蒸} \tag{1-6}$$

标准自由能的符号(正、负)决定反应系统状态的变化方向,如物质沸腾时,蒸气压为 $1 \times 10^5 Pa(1atm)$,$\Delta G^{\ominus} = 0$,此温度以上气相稳定。

蒸气压与温度关系可用克拉伯隆(Clapeyron)方程式表示:

$$\frac{\mathrm{d}p}{\mathrm{d}T} = \frac{\Delta S^{\ominus}}{\Delta V} = \frac{\Delta H^{\ominus}}{T\Delta V} \tag{1-7}$$

式中  $S^{\ominus}$——标准摩尔熵;

  $V$——氧化物摩尔体积;

  $H^{\ominus}$——标准摩尔焓。

对于有气相参加的两相平衡,固相与液相和气相的体积相比,前者可忽略,上式则可简化为:

$$\frac{\mathrm{d}p}{\mathrm{d}T} = \frac{\Delta H^{\ominus}}{TV_{(g)}} \tag{1-8}$$

如将蒸气近似按理想气体处理,则得:

$$\frac{\mathrm{d}p}{p} = \frac{\Delta H^{\ominus}}{T(RT/p)}$$

$$\frac{\mathrm{d}p}{\mathrm{d}T} = \frac{\Delta H^{\ominus}p}{T^2 R}$$

$$\frac{\mathrm{d}p}{\mathrm{d}T} = \frac{\Delta H^{\ominus}}{T^2 R}\mathrm{d}T \tag{1-9}$$

假定 $\Delta H^{\ominus}$ 与温度无关,或因温度变化很小,$\Delta H^{\ominus}$ 可看作常数,将式(1-9)积分可得:

$$\ln p = -\frac{\Delta H^{\ominus}}{RT} + C \tag{1-10}$$

由式(1-10)可看出,蒸发热 $\Delta H^{\ominus}$ 愈大,蒸气压 $p$ 愈小,固态氧化物愈稳定。

### 1.1.2.3 金属氧化物的熔点

一些金属氧化物的熔点低于该金属的熔点,因此,当温度低于金属熔点以下,又高于氧化物熔点以上时,氧化物处于液态,不但失去保护作用,而且还会加速金属腐蚀,表1-1列出了一些金属及其氧化物的熔点。

表 1-1 某些元素及其氧化物的熔点

| 元　素 | 熔 点/℃ | 氧 化 物 | 熔 点/℃ |
|---|---|---|---|
| B | 2200 | $B_2O_3$ | 294 |
| V | 1750 | $V_2O_3$ | 1970 |
| | | $V_2O_5$ | 658 |
| | | $V_2O_4$ | 1637 |
| Fe | 1528 | $Fe_2O_3$ | 1565 |
| | | $Fe_3O_4$ | 1527 |
| | | FeO | 1377 |
| Mo | 2553 | $MoO_2$ | 777 |
| | | $MoO_3$ | 795 |
| W | 3370 | $WO_2$ | 1473 |
| | | $WO_3$ | 1277 |
| Cu | 1083 | $Cu_2O$ | 1230 |
| | | CuO | 1277 |

合金氧化时,往往出现两种以上的金属氧化物。当两种氧化物形成共晶时,其熔点更低,表1-2列出某些低熔点氧化物和其共晶、复氧化物的熔点。

表 1-2 低熔点氧化物和其共晶、复氧化物的熔点

| 氧化物 | 熔点/℃ | 共 晶 | 共晶温度/℃ | 复氧化物 | 熔点/℃ |
|---|---|---|---|---|---|
| $B_2O_3$ | 294 | $V_2O_5$-$Fe_2O_3$ | 640 | $V_2O_5 \cdot Fe_2O_3$ | 816 |
| $V_2O_5$ | 658 | $V_2O_5$-CaO | 621 | $V_2O_5 \cdot Cr_2O_3$ | 850 |
| $MoO_3$ | 795 | $V_2O_5$-$Na_2O$ | 565 | $V_2O_5 \cdot 3NiO$ | 1275 |
| | | | 773 | $V_2O_5 \cdot 2Na_2O$ | 约650 |
| | | | 621 | $V_2O_5 \cdot 1.5Na_2O$ | 580 |
| $Bi_2O_3$ | 820 | $V_2O_5$-PbO | 473 | $MoO_3 \cdot Fe_2O_3$ | 875 |
| PbO | 880 | | 704 | $MoO_3 \cdot Cr_2O_3$ | 1000 |
| | | | 760 | $MoO_3 \cdot NiO$ | 1330 |
| $WO_3$ | 1277 | $V_2O_5$-$K_2O$ | 349 | $MoO_3 \cdot V_2O_5$ | 760 |
| | | | 440 | | |

## 1.2 金属氧化膜

### 1.2.1 金属氧化膜的形成

为了研究金属氧化动力学问题,必须首先弄清金属氧化的历程,即氧或其他气体分子是怎样与金属发生反应,最终在金属的表面形成一层或致密或疏松的氧化膜。图 1-2 示意地描绘了金属氧化反应过程的几个阶段。

在一个干净的金属表面上,金属氧化反应的最初步骤是气体在金属表面上吸附。随着反应的进行,氧溶解在金属中,进而在金属表面形成氧化物薄膜或独立的氧化物核。在这一阶段,氧化物的形成与金属表面取向、晶体缺陷、杂质以及试样制备条件等因素有很大关系。当连续的氧化膜覆盖在金属表面上时,氧化膜就将金属与气体分离开来,要使反应继续下去,必须通过中性原子或电子、离子在氧化膜中的固态扩散(迁移)来实现。在这些情况下,迁移过程与金属-氧化膜及气体-氧化膜的相界反应有关。若通过金属阳离子迁移将导致气体-氧化膜界面上膜增厚,而通过氧阴离子迁移则导致金属-氧化膜界面上膜增厚。

金属一旦形成氧化膜,氧化过程的继续进行将取决于两个因素:

(1)界面反应速度,包括金属-氧化膜界面及气体-氧化膜界面上的反应速度。

(2)参加反应的物质通过氧化膜的扩散速度。当氧化膜很薄时,反应物质扩散的驱动力是膜内部存在的电位差;当膜较厚时,将由膜内的浓度梯度引起迁移扩散。

由此可见,这两个因素实际上控制了进一步的氧化速度。在氧化初期,氧化控制因素是界面反应速度,随着氧化膜的增厚,扩散过程起着愈来愈重要的作用,成为继续氧化的速度控制因素。

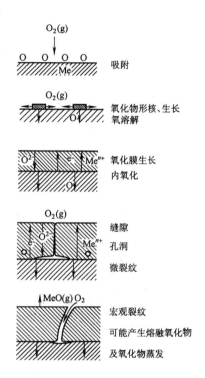

图 1-2 金属氧化反应的
主要过程示意图

### 1.2.2 金属氧化膜的生长

在氧化膜的生长过程中,反应物质传输的形式有三种,如图 1-3 所示。

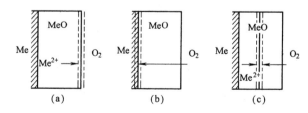

图 1-3 氧化过程中金属离子或氧离子扩散形式示意图

(a)—金属离子单向向外扩散,在氧化膜-气体界面上进行反应,如铜的氧化过程;

(b)—氧单向向内扩散,在金属-氧化膜界面上进行反应,如钛、锆等金属的氧化过程;

(c)—金属离子向外扩散,氧向内扩散,两个方向的扩散同时进行,两者在氧化膜中相遇并进行反应,如钴的氧化

反应物质在氧化膜内的传输途径根据金属体系和氧化温度的不同而存在几种方式:

(1)通过晶格扩散。常见于温度较高,氧化膜致密,而且氧化膜内部存在高浓度的空位缺陷的情况下,通过测量氧化速度,可直接计算出反应物质的扩散系数,如钴的氧化。

(2)通过晶界扩散。在较低的温度下,由于晶界扩散的激活能小于晶格扩散,而且低温下氧化物的晶粒尺寸较小,晶界面积大,因此晶界扩散显得更加重要,如镍、铬、铝的氧化。

(3)同时通过晶格和晶界扩散。如钛、锆、铪在中温区域(400~600℃)长时间氧化条件下。

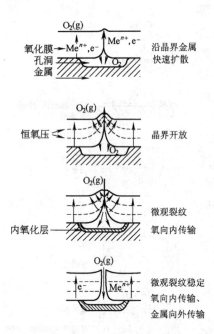

图1-4 在氧化膜内形成显微通道,并在金属-氧化膜界面的孔洞表面产生氧化过程的示意图

由于存在晶界扩散,氧化膜还可能以另外一种形式形成和生长。当金属离子单向向外扩散时,相当于金属离子空位向金属-氧化膜界面迁移。如果氧化膜太厚而不能通过变形来维持与金属基体的接触,这些空位凝聚,最后在金属-氧化膜界面上形成孔洞。若金属离子通过氧化膜的晶界扩散速度大于晶格扩散,则晶界地区起到了连接孔洞与外部环境的显微通道作用。这种通道将允许分子氧向金属迁移,并在孔洞表面产生氧化,形成内部多孔的氧化层,这一过程如图1-4所示。

### 1.2.3 氧化膜的 *P*-*B* 比

氧化膜在生长过程中,在氧化膜与金属基体之间将产生应力,这种应力使氧化膜产生裂纹、破裂,从而减弱了氧化膜的保护性能。应力的来源取决于氧化反应机制,其中包括溶解在金属中的氧的作用;氧化物与金属的体积比;氧化物的生长机制以及样品的几何形状等,本小节重点介绍氧化物与金属的体积差对氧化物的保护性的影响,又称毕林-彼得沃尔斯原理或 *P*-*B* 比。该原理认为氧化过程中金属氧化膜具有保护性的必要条件是,氧化时所生成的金属氧化膜的体积($V_{MeO_2}$)与生成这些氧化膜所消耗的金属的体积($V_{Me}$)之比必须大于1,而不管氧化膜的生长是由金属还是由氧的扩散所形成,即

$$PBR = \frac{V_{MeO}}{V_{Me}} = \frac{M/D_{MeO}}{nA/d_{Me}} = \frac{Md_{Me}}{nAD_{MeO}} = \frac{Md_{Me}}{mD_{MeO}} > 1 \tag{1-11}$$

式中 $M$——金属氧化物的分子量;

$n$——金属氧化物中金属原子数目;

$A$——金属的原子量;

$m$——氧化所消耗的金属重量($m = nA$);

$d_{Me}, D_{MeO}$——分别为金属、金属氧化物的密度。

如果 $PBR$ 值大于1,则金属氧化膜受压应力,具有保护性;当 $PBR$ 值小于1时,金属氧化膜受张应力,它不能完全覆盖在整个金属的表面,生成疏松多孔的氧化膜,这类氧化膜不具有保护性,如碱金属和碱土金属的氧化膜 $MgO$ 和 $CaO$ 等。当 $PBR$ 远大于1时,因膜脆容易破裂,完全丧失了保护性,如难熔金属的氧化膜 $WO_3$、$MoO_3$ 等。

表 1-3　一些金属氧化膜的 P-B 比

| 金属氧化膜 | $PBR$ | 金属氧化膜 | $PBR$ | 金属氧化膜 | $PBR$ | 金属氧化膜 | $PBR$ |
|---|---|---|---|---|---|---|---|
| $MoO_3$ | 3.4 | $Cr_2O_3$ | 1.99 | $NiO$ | 1.52 | $MgO$ | 0.99 |
| $WO_3$ | 3.4 | $Co_3O_4$ | 1.99 | $ZrO_2$ | 1.51 | $CaO$ | 0.65 |
| $V_2O_5$ | 3.18 | $TiO_2$ | 1.95 | $SnO_2$ | 1.32 | $Na_2O$ | 0.58 |
| $Nb_2O_5$ | 2.68 | $MnO$ | 1.79 | $ThO_2$ | 1.32 | $Li_2O$ | 0.57 |
| $Sb_2O_5$ | 2.35 | $FeO$ | 1.77 | $Al_2O_3$ | 1.28 | $Cs_2O$ | 0.46 |
| $Ta_2O_5$ | 2.33 | $Cu_2O$ | 1.68 | $CdO$ | 1.21 | $K_2O$ | 0.45 |
| $SiO_2$ | 2.27 | $PdO$ | 1.60 | $Ce_2O_3$ | 1.16 | $PbO_2$ | 1.40 |

实践证明:保护性较好的氧化膜的 $P$-$B$ 比是稍大于1,如 Al、Ti 的氧化膜的 $P$-$B$ 比分别为 1.28 和 1.95,表 1-3 列出了一些金属的氧化膜的 $P$-$B$ 比。应当指出:$PBR$ 值大于1只是氧化膜具有保护性的必要条件,而氧化膜真正具有保护作用还必须满足下列条件(充分条件):

(1)膜要致密、连续、无孔洞,晶体缺陷少;

(2)稳定性好,蒸气压低,熔点高;

(3)膜与基体的附着力强,不易脱落;

(4)生长内应力小;

(5)与金属基体具有相近的热膨胀系数;

(6)膜的自愈能力强。

### 1.2.4　金属氧化物的晶体结构

#### 1.2.4.1　纯金属氧化物

纯金属的氧化一般形成单一氧化物组成的氧化膜,如 $NiO$、$Al_2O_3$ 等,但有时也能形成多种不同的氧化物组成的膜,如铁在空气中氧化时,温度低于 $570℃$,氧化膜由 $Fe_3O_4$ 和 $Fe_2O_3$ 组成,温度高于 $570℃$ 时,氧化膜由 $FeO$、$Fe_3O_4$ 和 $Fe_2O_3$ 组成。

与金属的晶体结构类似,许多简单的金属氧化物的晶体结构也可以认为是由氧离子组成的六方或立方密堆结构,而金属离子占据着密堆结构的间隙空位处。这种间隙空位有两种类型:

(1)由四个氧离子包围的空位,即四面体间隙;

(2)由六个氧离子包围的空位,即八面体间隙。表 1-4 列出了几种典型的金属氧化物的晶体结构及特征。

表 1-4　一些金属氧化物的晶格结构类型

| 晶格结构类型 | 氧阴离子 | 金属阳离子 | 典型氧化物 |
|---|---|---|---|
| 石盐结构 | 立方晶系 | 占据八面体间隙 | $MgO$、$CaO$、$NiO$、$FeO$、$TiO$、$NbO$、$VO$ |
| 氟石结构 | 立方晶系 | 被八个氧离子包围 | $ZrO_2$、$HfO_2$、$ThO_2$、$CeO_2$ |
| 红宝石结构 | — | 占据八面体间隙 | $TiO_2$、$SnO_2$、$MnO_2$、$NbO_2$、$MoO_2$、$WO_2$ |

| 晶格结构类型 | 氧阴离子 | 金属阳离子 | 典型氧化物 |
|---|---|---|---|
| 刚玉结构 | 斜六面体晶系 | 占据八面体间隙的 2/3 | $Al_2O_3$、$Fe_2O_3$、$Cr_2O_3$、$Ti_2O_3$、$V_2O_3$ |
| 尖晶石结构 | 立方晶系 | 同时占据四面体间隙和八面体间隙 | $MgAl_2O_4$、$Fe_3O_4$、$NiAl_2O_4$ |

#### 1.2.4.2　合金氧化物

合金氧化时生成的氧化物往往是由构成该合金的金属元素的氧化物组成复杂体系,但有时也有由一种成分的氧化物组成。复杂体系氧化物一般有两种情况:

(1)固溶体型氧化物。即一种氧化物溶入另一种氧化物中,但两种氧化物中的金属元素之间无一定的定量比例,如 FeO-NiO,MnO-FeO,FeO-CoO,$Fe_2O_3$-$Cr_2O_3$ 等。

(2)$m\,MeO \cdot n\,MeO$ 型复杂氧化物。其特征是一种金属氧化物与另一种金属氧化物之间有一定的比例。以 $Fe_3O_4$ 为基构成的复杂氧化物最具有代表性。它们具有两种完全不同的阳离子结点($Fe^{3+}$ 与 $Fe^{2+}$)。由于其他离子或是只取代 $Fe^{2+}$,或是只取代 $Fe^{3+}$,于是可以生成两种形式的具有尖晶石结构的复杂氧化物:

①$Fe^{2+}$ 被 $Me^{2+}$ 取代,变成 $MeO \cdot Fe_2O_3$;

②$Fe^{3+}$ 被 $Me^{3+}$ 取代,变成 $FeO \cdot Me_2O_3$。

表 1-5 列出了这种尖晶石型复合氧化物相。

**表 1-5　具有尖晶石晶格的氧化物相**

| 氧化物类型 | 复合氧化物相 | $a/nm$ | 氧化物类型 | 复合氧化物相 | $a/nm$ |
|---|---|---|---|---|---|
| 以 $Fe_2O_3$ 为基 | $MnO \cdot Fe_2O_3$ | 0.857 | 除 Fe 以外的其他金属氧化物 | $CoO \cdot Cr_2O_3$ | 0.832 |
|  | $TiO \cdot Fe_2O_3$ | 0.850 |  | $NiO \cdot Cr_2O_3$ | 0.831 |
|  | $CuO \cdot Fe_2O_3$ | 0.844 |  | $CuO \cdot Al_2O_3$ | 0.806 |
|  | $CoO \cdot Fe_2O_3$ | 0.837 |  | $ZnO \cdot Al_2O_3$ | 0.807 |
|  | $NiO \cdot Fe_2O_3$ | 0.834 |  | $MgO \cdot Al_2O_3$ | 0.807 |
| 以 FeO 为基 | $FeO \cdot Cr_2O_3$ | 0.835 | 三价金属纯氧化物 | $\gamma$-$Fe_2O_3$ | 0.832 |
|  | $FeO \cdot Al_2O_3$ | 0.810 |  | $\gamma$-$Al_2O_3$ | 0.790 |
|  | $FeO \cdot Fe_2O_3$ | 0.838 |  | $\gamma$-$Cr_2O_3$ | 0.774 |
|  | $FeO \cdot V_2O_3$ | 0.840 |  |  |  |

## 1.3　氧化膜离子晶体缺陷

当金属的表面形成密实的氧化膜时,要使氧化反应继续进行,必须通过反应物质的原子或离子的固态扩散。如果反应产物是离子导体的话,还要有电子的传输。在反应过程中,氧化膜存在蠕变、再结晶和晶粒长大。对于合金的氧化还要形成两种或更多的反应产物。要想弄清这一切是怎样发生的,解释高温腐蚀的反应机理,必须首先了解反应产物,如氧化物的高温性能,尤其要掌握扩散和导电性这样的传输性质。

作为离子晶体的反应产物,之所以存在电荷的扩散和传输,主要是因为在晶体中存在各种缺陷,本节主要介绍离子晶体中的点缺陷和有关的点缺陷结构方面的知识。

### 1.3.1 理想配比离子晶体

在离子晶体中存在各种结构缺陷,如点缺陷(空位和间隙离子)、线缺陷(位错)、面缺陷(层错)以及电子缺陷(电子和空洞),这些缺陷或者是在晶体内部形成的,或者是通过与环境反应形成的,但它们的存在都遵循着以下几个根本原则:

(1)阳离子和阴离子的点阵数之比为恒定;

(2)质量平衡,即缺陷形成前后,参与反应的原子数相等;

(3)离子晶体为电中性。

理想配比离子晶体中的主要缺陷是肖特基(Schottky)缺陷和弗兰克(Frenkel)缺陷,它们各自代表一种极端情况。

**肖特基缺陷** 离子迁移可以由存在的空位来实现,为保持电中性,在阴离子和阳离子的亚晶格上有相等的空位浓度或空位数;阳离子和阴离子都可以经过空位迁移,这种类型缺陷存在于强碱金属的卤化物中,见图1-5。

**弗兰克缺陷** 只有阳离子可以迁移的情况,在阳离子晶格中含有相当浓度的间隙离子。阳离子可以经过空位和间隙离子自由迁移,见图1-6。

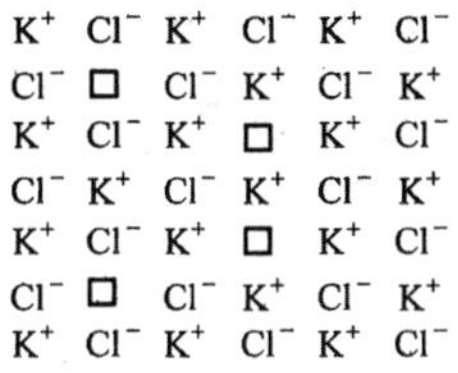

$$
\begin{array}{cccccc}
K^+ & Cl^- & K^+ & Cl^- & K^+ & Cl^- \\
Cl^- & \square & Cl^- & K^+ & Cl^- & K^+ \\
K^+ & Cl^- & K^+ & \square & K^+ & Cl^- \\
Cl^- & K^+ & Cl^- & K^+ & Cl^- & K^+ \\
K^+ & Cl^- & K^+ & \square & K^+ & Cl^- \\
Cl^- & \square & Cl^- & K^+ & Cl^- & K^+ \\
K^+ & Cl^- & K^+ & Cl^- & K^+ & Cl^- \\
\end{array}
$$

$$
\begin{array}{cccccc}
Ag^+ & Br^- & Ag^+ & Br^- & Ag^+ & Br^- \\
 & & & & Ag^+ & \\
Br^- & \square & Br^- & Ag^+ & Br^- & Ag^+ \\
Ag^+ & Br^- & Ag^+ & Br^- & Ag^+ & Br^- \\
 & & Ag^+ & & & \\
Br^- & Ag^+ & Br^- & \square & Br^- & Ag^+ \\
Ag^+ & Br^- & Ag^+ & Br^- & Ag^+ & Br^- \\
\end{array}
$$

图1-5 在碱金属卤化物中的肖特基缺陷 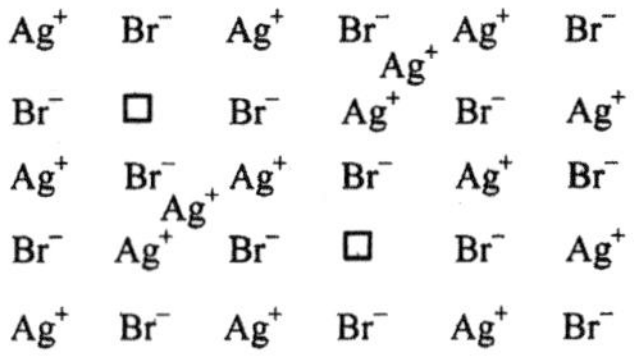　　　　图1-6 在卤化银中的弗兰克缺陷

很明显,上述两种缺陷不能用来解释在氧化反应中物质的传输,因为这两种缺陷结构都没有提供电子可以迁移的机制。

为了解释离子和电子同步迁移,必须假设在氧化过程中生成的氧化物等是非理想配比化合物。

### 1.3.2 非理想配比离子晶体

非理想配比(也叫非化学计量比)是指金属与非金属原子数之比不是准确地符合按化学分子式给出的比例,但仍保持电中性。许多金属氧化物、硫化物均属于这类。在晶体内可能存在着过剩的阳离子($Me^{2+}$)或者过剩的阴离子($O^{2-}$),此时在晶体中除了离子迁移外,还有电子迁移的可能性,这类晶体具有半导体的性质,其电导率处于导体和绝缘体之间($10^3 \sim 10^{-10}\Omega^{-1}cm^{-1}$),也就是说在一般情况下,半导体不导电,但随压力、温度等环境的变化,也可能变成良导体。

在非理想配比的离子晶体中根据过剩组分($Me^{2+}$或$O^{2-}$)的不同可分为两类:金属过剩型氧化物,即n型半导体;金属不足型氧化物,即p型半导体。表1-6列出了一组非化学计量比的离子晶体的组成。

表 1-6　非化学计量比的离子晶体

| 物　质 | 组　成 | 物　质 | 组　成 |
|---|---|---|---|
| ZnO | $ZnO_{0.9997\sim1.000}$ | NiO | $NiO_{1.005}$ |
| CdO | $CdO_{0.997\sim1.000}$ | CoO | $CoO_{1.0017\sim1.0090}$ |
| $PbO_2$ | $PbO_{1.87\sim2.0}$ | FeO | $FeO_{1.065\sim1.19}$ |
| $TiO_2$ | $TiO_{1.9\sim2.0}$ | MnO | $MnO_{1.0\sim1.12}$ |
| $ZrO_2$ | $ZrO_{1.8\sim2.0}$ | NiS | $NiS_{1.0\sim1.06}$ |
| $MnO_2$ | $MnO_{1.96\sim2.0}$ | FeS | $FeS_{1.0\sim1.14}$ |
| $Ag_2S$ | $AgS_{0.499\sim0.501}$ | CuI | $CuI_{1.0\sim1.0045}$ |
| $FeS_2$ | $FeS_{1.95\sim2.05}$ | | |

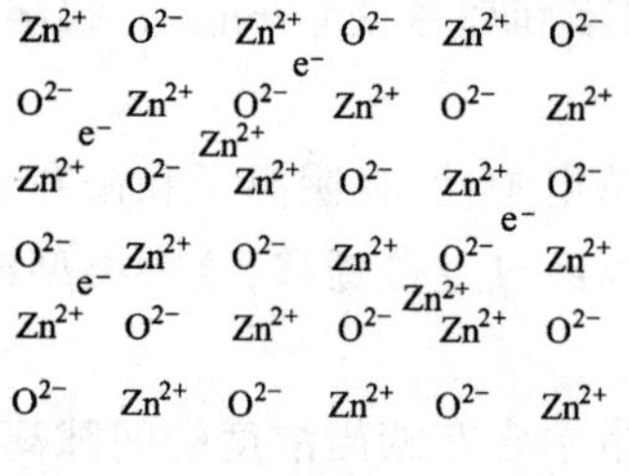

图 1-7　ZnO 金属离子过剩型氧化物半导体结构示意图

### 1.3.2.1　金属离子过剩型氧化物(n 型半导体)

这类氧化物通常可以表示成：$Me_{a+x}O_b$（金属阳离子间隙型）或者 $Me_aO_{b-y}$（氧阴离子空位型），其中最典型的例子就是 Zn 的氧化物(ZnO)。图 1-7 是 Zn 离子过剩型氧化物示意图。除 ZnO 外，CdO、BeO、$V_2O_5$、$MoO_3$、$WO_3$ 等也都属于金属离子过剩型氧化物半导体。这类氧化物缺陷的形成可以这样设想为：若存在非化学计量比的 ZnO 氧化物，在原有晶格位置上的 Zn 离子必须转移到间隙位置从而产生间隙 Zn 离子。为了保持阴、阳离子的点阵数仍为 1:1，一个氧原子必须同时从固定晶格位置转移到气相，并且产生两个电子进入导带以保持氧化物的电中性，用平衡方程可表示成：

$$Zn_i^{2+} + 2e + \frac{1}{2}O_2 = ZnO \tag{1-12}$$

由于缺陷的浓度极低，可视为稀溶液，因此遵循质量作用定律：

平衡常数
$$K = C_{Zn_i^{2+}} \cdot C_e^2 \cdot p_{O_2}^{1/2} \tag{1-13}$$

式中　$C_{Zn_i^{2+}}$——间隙 $Zn_i^{2+}$ 浓度；

$C_e$——电子浓度。

如果忽略存在其他缺陷，则保持氧化物电中性的条件是：

$$2C_{Zn_i^{2+}} = C_e = (2K)^{1/3} p_{O_2}^{-1/6} \tag{1-14}$$

由此看出，电子浓度 $C_e$（或电导率 $\kappa$）和间隙金属离子浓度 $C_{Zn_i^{2+}}$ 均与 $p_{O_2}^{-1/6}$ 成比例。若在真空中加热（$p_{O_2}\downarrow$），ZnO 发生分解，氧化物中少量氧被排出，缺陷浓度增加，其导电率也增加，由此称这类半导体为还原性半导体，又因这类半导体是由电子导电，故又称 n 型半导体。

### 1.3.2.2　金属离子不足型氧化物(p 型半导体)

这类氧化物通常可以表示成：$Me_{a-x}O_b$（金属阳离子空位）或 $Me_aO_{b+y}$（氧阴离子间隙，不多见）。以 NiO 为例，图 1-8 示意地描绘了 NiO 金属离子不足型氧化物半导体结构。

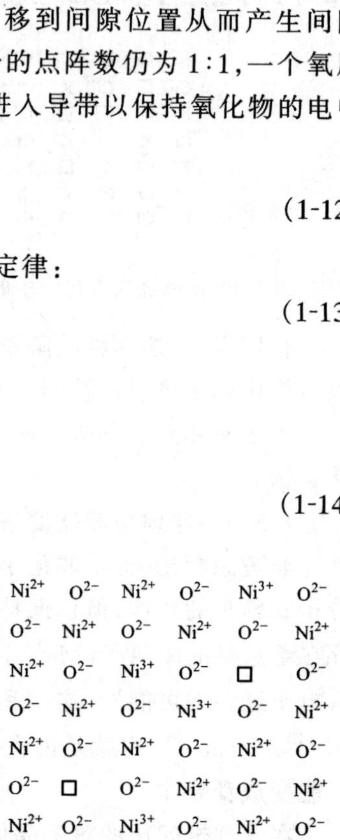

图 1-8　NiO 金属离子不足型氧化物半导体结构示意图

含有金属离子不足的非化学计量比离子晶体相当于存在金属空位,它是通过在氧化物和环境气体之间传输氧,即将气相中的一个氧原子转移到氧化物中正常点阵位置上,因此而形成了一个金属空位,以便保持金属和氧的比例为1:1。图1-9细致地说明了这种缺陷结构的形成过程。

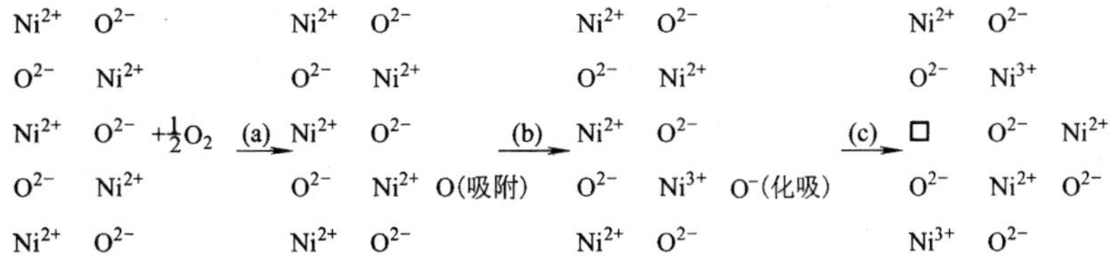

| Ni²⁺ | O²⁻ |  | Ni²⁺ | O²⁻ |  | Ni²⁺ | O²⁻ |  | Ni²⁺ | O²⁻ |
| O²⁻ | Ni²⁺ |  | O²⁻ | Ni²⁺ |  | O²⁻ | Ni²⁺ |  | O²⁻ | Ni³⁺ |

$$Ni^{2+}\ O^{2-}\ +\tfrac{1}{2}O_2\ \xrightarrow{(a)}\ Ni^{2+}\ O^{2-}\ \xrightarrow{(b)}\ Ni^{2+}\ O^{2-}\ \xrightarrow{(c)}\ \square\ \ O^{2-}\ Ni^{2+}$$

图1-9 氧掺入完整晶格形成含有阳离子空位和电子空穴的金属不足型半导体

如图1-9所示,形成过程主要由以下几个步骤组成:

(a)吸附:$\tfrac{1}{2}O_{2(g)} = O_{吸附}$

(b)化学吸附:$O_{吸附} = O^-_{化吸} + \square e$

(c)离子化:$O^-_{化吸} = NiO + \square_{Ni^{2+}} + \square e$

总反应:$\tfrac{1}{2}O_2 = NiO + \square_{Ni^{2+}} + 2\square e$ \qquad\qquad (1-15)

在图1-9步骤(b)中,通过从$Ni^{2+}$位置吸引一个电子产生化学吸附从而形成$Ni^{3+}$,这种电荷在两个离子之间的转移非常容易,$Ni^{3+}$的位置被视为电子的低能位,被称之为"电子空穴"。在步骤(c)中,吸附的氧完全离子化形成另一个电子空穴,$Ni^{2+}$离子进入表面与$O^{2-}$结成一体,从而在阳离子亚晶格上形成空穴,实际上NiO也是在氧化膜表面形成。

假设方程(1-15)代表惟一服从亨利定律的缺陷形成机理,根据质量作用定律,平衡常数可以表示成:

$$K = C_{\square Ni^{2+}} \cdot C^2_{\square e} \cdot p_{O_2}^{-1/2} \qquad\qquad (1-16)$$

式中　　$C_{\square e}$——电子空穴浓度;

　　$C_{\square Ni^{2+}}$——Ni离子空位浓度;

　　　$p_{O_2}$——氧分压。

按理想配比法,维持离子晶体电中性的条件为:

$$C_{\square e} = 2C_{\square Ni^{2+}} \qquad\qquad (1-17)$$

则 $$C_{\square e} = 常数\ p_{O_2}^{1/6} \qquad\qquad (1-18)$$

因而导电率与氧分压$p_{O_2}^{1/6}$成正比。由于这类氧化物半导体主要是通过电子空穴的迁移而导电的,故称其为p型半导体。又由于它在氧化性介质中加热时,导电性增加,故又称氧化型半导体。

## 1.4　高温氧化动力学

### 1.4.1　高温氧化速度的测量方法

金属材料的高温抗氧化性能是材料的一项重要性能指标。为研究高温氧化动力学和氧化机理、鉴定合金抗氧化性能或发展新型抗氧化合金,通常采用重量法、容量法、压力计法等来测定金属的高温氧化速度。

重量法是最简单、最直接测定氧化速度的方法。其氧化速度通常用单位面积上重量变化来表示 $\Delta W(\mathrm{mg/cm^2})$。主要采用两种方法来测定,一种是不连续增重法,即先将试样称重并测量尺寸,然后将其在高温氧化条件下暴露一定时间,而后再取出称重,计算试样氧化前后的重量变化。这种方法的特点是简便易行,但测一条 $\Delta W\text{-}t$ 曲线需要许多试样。另一种方法是连续增重法,即连续自动记录试样在一定温度、一定时间内重量的连续变化情况。这是一种最普遍、最方便,同时也是最昂贵的方法。它对于测量短时间内试样的重量变化非常有效。除重量法外,还可以用在恒定压力下,连续测量消耗氧的体积的方法,以及在恒定体积下,测量反应室内压力的变化等方法测出试样的氧化速度。

如果试样氧化后,其氧化层致密、无脱落,而且其表面积与氧化前相比可以认为近似相等,则氧化速度也可以用氧化层的厚度 $y$ 来表示。$y$ 与 $\Delta W$ 的关系为:

$$y = \frac{\Delta W}{D_{\mathrm{MeO}}} \tag{1-19}$$

式中　$y$——氧化层厚度;

$\Delta W$——单位面积上的氧化增重量;

$D_{\mathrm{MeO}}$——氧化物的密度。

测量试样的氧化速度可采用不同的氧化方式,常见的有:1)恒温氧化,氧化时温度不随时间变化;2)循环氧化,氧化时温度随时间变化,一般是周期性变化;3)动力学氧化,指高速气流(即零点几到一个声速 340m/s)中的氧化。

不同的氧化试验方法可用于不同的实验目的,如循环氧化对于考查氧化层与试样之间的粘结性比较有效,而动力学氧化则比较接近燃汽轮机的工作条件。

### 1.4.2　恒温氧化动力学规律

测定氧化过程的恒温氧化动力学曲线($\Delta W\text{-}t$),是研究金属(或合金)氧化动力学基本的方法,它不仅可以提供许多关于氧化机制的资料,如氧化膜的保护性、反应速度常数 $K$ 以及氧化过程的激活能等,而且还可以作为工程设计的依据。

氧化动力学规律取决于氧化温度、时间、氧的压力、金属表面状况以及预处理条件(它决定了合金的组织),同一金属在不同条件下,或同一条件下不同金属的氧化规律往往是不同的。

金属氧化的动力学曲线大体上可分为直线、抛物线、立方、对数及反对数规律五类,如图1-10 所示。在实验中也常常遇到其动力学规律介于这几种规律之间,因为要想使速度数据完全符合简单的速度方程也是非常困难的。

应该指出:氧化动力学曲线的重现性与实验仪器的精确度有关,还与试样的表面状态(包括光洁度、取向等)有关。

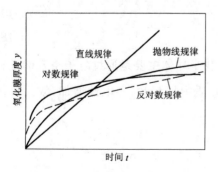

图 1-10　金属氧化膜厚度与
时间关系曲线示意图

#### 1.4.2.1　直线规律

符合这种氧化规律的金属在氧化时,氧化膜疏松、易脱落,即不具有保护性;或者在反应期间生成气相或液相产物离开了金属表面,或者在氧化初期,氧

化膜很薄时,其氧化速度直接由形成氧化物的化学反应速度所决定,因此其氧化速率恒定不变,符合直线规律,可用下式表示:

$$\frac{\mathrm{d}y}{\mathrm{d}t} = K \quad \text{或} \quad y = Kt + C \tag{1-20}$$

式中　$y$——氧化膜的厚度;

　　　$t$——时间;

　　　$K$——氧化线性速度常数。

镁和碱土金属以及钨、钼、钒和含这些金属较多的合金的氧化都遵循这一线性规律,如图1-11所示。

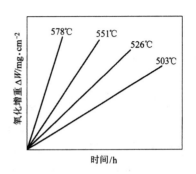

图 1-11　镁在不同温度下的氧化速率

#### 1.4.2.2　抛物线规律

许多金属和合金,在较宽的高温范围氧化时,其表面可形成致密的固态氧化膜,氧化速度与膜的厚度成反比,即其氧化动力学符合抛物线速度规律。氧化速度可用下式表示:

$$\frac{\mathrm{d}y}{\mathrm{d}t} = \frac{k}{y} \quad \text{或} \quad y^2 = 2kt + C = Kt + C \tag{1-21}$$

式中　$K$——抛物线速度常数;

　　　$C$——积分常数;

　　　$k$——比例常数。

氧化反应的抛物线速度规律主要表明氧化膜具有保护性,氧化反应的主要控制因素是离子在固态膜中的扩散过程,实际上许多金属的氧化偏离平方抛物线规律,故可写成一般式:

$$y^n = Kt + C \tag{1-22}$$

当 $n < 2$ 时,氧化的扩散阻滞并不随膜厚的增加而成正比地增长,氧化膜中的生长应力、空洞和晶界扩散都可使其偏离平方抛物线关系。

当 $n > 2$ 时,扩散阻滞作用比膜增厚所产生的阻滞更为严重,合金氧化物掺杂其他离子、离子扩散形成致密的阻挡层而导致偏离。

#### 1.4.2.3　立方规律

在一定的温度范围内,一些金属的氧化服从立方规律。例如 Zr 在 $10^5 Pa$ 氧中,在 $600 \sim 900 ℃$ 范围内;Cu 在 $100 \sim 300 ℃$ 各种气压下的恒温氧化均服从立方规律,这种规律可表示成:

$$y^3 = 3Kt + C \tag{1-23}$$

某些金属在低温氧化时生成薄的氧化膜也符合立方规律,有人认为这可能与通过氧化物空间电荷区的金属离子的输送过程有关。

#### 1.4.2.4　对数与反对数规律

许多金属在温度低于 $300 \sim 400 ℃$ 氧化时,其反应一开始很快,但随后就降到其氧化速度可以忽略的程度,这种行为可认为符合对数或反对数速度规律。用指数关系表示为:

$$\frac{\mathrm{d}y}{\mathrm{d}t} = A\mathrm{e}^{-By} \tag{1-24}$$

$$\frac{\mathrm{d}y}{\mathrm{d}t} = A\mathrm{e}^{By} \tag{1-25}$$

将式(1-24)、(1-25)积分后,可分别得到

$$y = K_1 \lg(t + t_0) + A \tag{1-26}$$

$$\frac{1}{y} = B - K_2 \lg t \tag{1-27}$$

式中　$K_1$、$K_2$——速度常数;

　　$A$、$B$、$t_0$——在恒温下均为常数。

氧化的这两种规律是在氧化膜相当薄时才符合,这说明其氧化过程受到的阻滞远比抛物线关系中的阻滞作用大。室温下 Cu、Al、Ag 的氧化符合式(1-27)的反对数规律,而 Cu、Fe、Zn、Ni、Pb、Al 等金属初始氧化符合式(1-26)的规律。

一般来讲,氧化反应常常综合遵循以上这些速度规律,这说明氧化同时由两种机制所决定,其中一种机制在氧化初期起作用,而另一种机制在氧化后期(延长氧化时间)起作用。比如,在低温下的氧化反应,在反应初期符合对数速度方程,这是由于电场引起离子穿过氧化膜,而这种机制控制下的反应速度随着时间的推移逐渐减慢,因为离子的热扩散成为速度控制因素,在这种情况下,氧化将遵循对数和抛物线综合方程,即

$$y^m = K_m t + C \tag{1-28}$$

式中, $m$ 在 3 和 4 之间。

若在高温下,在反应初期界面反应是速度控制因素,而在后期转为扩散控制因素,这种氧化行为即符合抛物线和线性混合关系,它可以表达成:

$$y^2 + Ay = K_p t + C \tag{1-29}$$

式中　$K_p$——线性速度常数。

如果一个密实的氧化层原来以抛物线规律生长,但后来氧化层变得多孔、疏松而失去了保护作用,其氧化规律又符合线性方程。

### 1.4.3　高温氧化理论——Wagner 理论

金属氧化动力学曲线大体上遵循图 1-10 所示的三种规律,但至今还不可能根据理论把所有金属氧化规律中所涉及到的常数计算出来。Wagner(瓦格纳尔)根据离子晶体中扩散机理和导电性的研究,提出了氧化膜生长的离子-电子理论,并给出了一个从一般可测的参数来计算抛物线规律中常数 $K$ 的公式:

$$K = \frac{2(n_a + n_c)n_e \kappa EJ}{FD} \tag{1-30}$$

式中　$n_a$、$n_c$、$n_e$——分别为阴、阳离子、电子迁移数;

　　$\kappa$——氧化膜的比电导;

　　$F$——法拉第常数;

　　$E$——金属氧化膜的电动势($\Delta G^{\ominus} = -2FE$);

　　$D$——氧化膜密度;

　　$J$——氧化物当量。

Wagner 理论对人们了解高温下密实的氧化膜生长的基本特点具有重要意义,为改进金属或合金的抗氧化性提供了理论基础。

Wagner 理论假定：

(1)氧化物是单相,且密实、完整,与基体间有良好的粘附性；

(2)氧化膜内离子、电子、离子空位、电子空位的迁移都是由浓度梯度和电位梯度提供驱动力,而且晶格扩散是整个氧化反应的速度控制因素；

(3)氧化膜内保持电中性；

(4)电子、离子穿透氧化膜运动,彼此独立迁移；

(5)氧化反应机制遵循抛物线规律；

(6)$K$ 值与氧压无关。

在这些前提下,Wagner 认为,已形成的并且有一定厚度的氧化膜,可视为一个等效的原电池,如图 1-12。

阳极反应：$\quad$ $Me \rightarrow Me^{2+} + 2e$ $\hspace{2cm}$ (1-31)

阴极反应：$\quad$ $\frac{1}{2}O_2 + 2e \rightarrow O^{2-}$ $\hspace{1.5cm}$ (1-32)

电池总反应：$\quad$ $Me + \frac{1}{2}O_2 \rightarrow MeO$ $\hspace{1.2cm}$ (1-33)

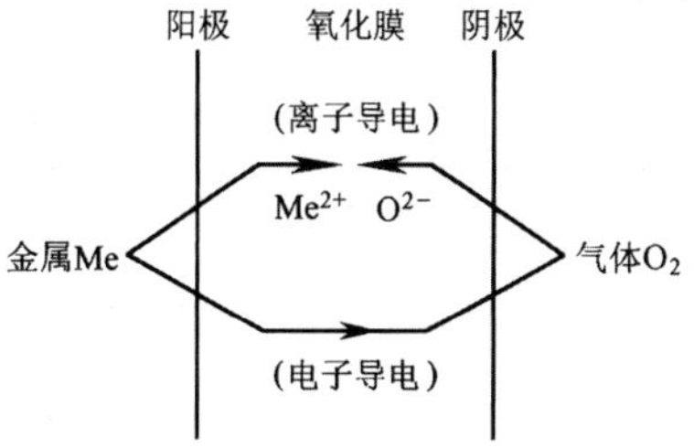

图 1-12　金属氧化的等效电池示意图

图 1-12 所示的电池回路中,串联的电阻有离子电阻 $R_i$,电子电阻 $R_e$,总电阻 $R = R_i + R_e$。一般情况下,阳、阴离子和电子对电流(即比电导 $\kappa$)都有贡献。其贡献大小与其相应的迁移数 $n_a$、$n_c$、$n_e$ 成正比,即电子的比电导为 $n_e \kappa$,离子的比电导为 $(n_c + n_e)\kappa$。

设氧化膜厚为 $y(\text{cm})$,表面积为 $A(\text{cm}^2)$,则氧化膜电阻：

电子电阻：$\quad$ $R_e = \dfrac{y}{n_e \kappa A}$ $\hspace{4cm}$ (1-34)

离子电阻：$\quad$ $R_i = \dfrac{y}{(n_a + n_c)\kappa A}$ $\hspace{3.2cm}$ (1-35)

总电阻：$\quad$ $R = R_e + R_i = \dfrac{y}{A n_e \kappa} + \dfrac{y}{A(n_a + n_c)\kappa}$ $\hspace{1.5cm}$ (1-36)

$$= \dfrac{y}{A\kappa(n_a + n_c)n_e} \quad (n_a + n_c + n_e = 1)$$

假设在 $t$ 秒内形成氧化膜的克当量数为 $J$,膜长大速度以通过膜的电流 $I$ 表示,则根据 Faraday 定律与欧姆定律：

$$\frac{dy}{dt} = \frac{JI}{FAD} \hspace{4cm} (1-37)$$

$$I = \frac{E}{R_{总}} = \frac{A\kappa n_e(n_a + n_c)E}{y} \hspace{2cm} (1-38)$$

将式(1-38)代入式(1-37)：

$$\frac{dy}{dt} = \frac{J}{ADF}\frac{A\kappa n_e(n_a + n_c)E}{y}$$

$$= \frac{JE\kappa n_e(n_a + n_c)}{DFy} \hspace{3cm} (1-39)$$

将式(1-39)积分：

$$y^2 = \frac{2JE\kappa n_e(n_a + n_c)}{DF}t + C$$

$$y^2 = Kt + C \qquad (1\text{-}40)$$

式(1-40)为金属高温氧化的抛物线规律的方程式,$K$ 为氧化速度常数,式中的各项可用实验方法测定或查表,因此 $K$ 可以计算。表 1-7 列出了一些金属的 $K$ 值的计算值和实验值数据对比。实验证明,$K$ 的理论计算与实验值之间符合得很好,说明 Wagner 理论基本是正确的。

**表 1-7   某些金属氧化速度常数 $K$ 的计算值与实测值**

| 金 属 | 腐蚀环境 | 氧化物 | 反应温度/℃ | $K/\text{mol}\cdot\text{cm}^{-1}\cdot\text{s}^{-1}$ | |
|---|---|---|---|---|---|
| | | | | 计算值 | 实测值 |
| Ag | S | $Ag_2S$ | 220 | $2.4\times10^{-6}$ | $1.6\times10^{-6}$ |
| Cu | $I_{2(g)}$ | CuI | 195 | $3.8\times10^{-10}$ | $3.4\times10^{-10}$ |
| Ag | $Br_{2(g)}$ | AgBr | 200 | $2.7\times10^{-11}$ | $3.8\times10^{-11}$ |
| Cu | $O_2(p=8.3\times10^3\text{Pa})$ | $Cu_2O$ | 1000 | $6.6\times10^{-9}$ | $6.2\times10^{-9}$ |
| | $O_2(p=1.5\times10^3\text{Pa})$ | $Cu_2O$ | 1000 | $4.8\times10^{-9}$ | $4.5\times10^{-9}$ |
| | $O_2(p=2.3\times10^2\text{Pa})$ | $Cu_2O$ | 1000 | $3.4\times10^{-9}$ | $3.1\times10^{-9}$ |
| | $O_2(p=3.0\times10\text{Pa})$ | $Cu_2O$ | 1000 | $2.1\times10^{-9}$ | $2.2\times10^{-9}$ |

根据反应速度常数 $K=2JE\kappa n_e(n_a+n_c)/DF$ 可对氧化过程进行如下分析:

(1)当金属氧化反应的 $\Delta G=0$,即 $E=0$,则 $K=0$,此时氧化过程处于平衡态,金属不能进行氧化反应。当 $\Delta G<0$ 时,即 $E$ 愈正($\Delta G = -2FE$),$K$ 值也愈大,说明氧化速度增大,氧化膜有增厚的可能性。

(2)当比电导 $\kappa$ 值增加时,氧化速度常数 $K$ 值随之增大;反之,$\kappa$ 值愈小,$K$ 值也愈小。如 $BeO$、$Al_2O_3$、$MgO$、$SiO_2$ 的 $\kappa$ 值很小,说明这些氧化膜的电阻大,氧化速度小。若生成的氧化膜是绝缘的,即 $\kappa\to0$,$R\to\infty$,氧化过程将中止。此即研制耐热合金的基础,即加入生成高电阻(低 $\kappa$ 值)的氧化物元素,将提高合金抗氧化性。表 1-8 列出了一些氧化物的比电导 $\kappa$ 值。

**表 1-8   1000℃下某些氧化物的比电导**

| 氧 化 物 | FeO | $Cr_2O_3$ | $Al_2O_3$ | $SiO_2$ |
|---|---|---|---|---|
| 比电导 $\kappa/(\Omega\cdot\text{cm})^{-1}$ | $10^{-2}$ | $10^{-1}$ | $10^{-7}$ | $10^{-6}$ |

(3)当 $n_e=n_a+n_c$ 时,$n_e(n_a+n_c)$ 值最大,此时 $K$ 值也最大,即氧化膜增长速度大。此时电子或离子迁移的比例适当,未发生互不适应的极化现象,这一点是很重要的。人们根据氧化膜中电子或离子迁移倾向的大小,加入适当合金元素以减少电子或离子的迁移,从而提高合金的抗氧化性。

## 1.5   影响金属氧化的因素

影响金属氧化的因素很多,也很复杂,本节主要讨论合金元素、温度和气体介质对金属氧化的影响。

### 1.5.1 合金元素对氧化速度的影响

金属的氧化主要受氧化膜离子晶体中离子空位和间隙离子的迁移所控制,因而可通过加入适当的合金元素改变晶体缺陷,控制氧化速度。

#### 1.5.1.1 合金元素对金属过剩型氧化膜氧化速度的影响

n 型半导体氧化速度受间隙金属离子的数目支配,如 ZnO 的增长速度符合质量作用定律,即 $K = C_{Zn_i^{2+}} \cdot C_{e_i}^2 \cdot p_{O_2}^{1/2}$。如果在 Zn 中加入 Li,那么在 ZnO 中 Li 会置换多少个 $Zn^{2+}$?如图 1-13 所示的模型,就整体而言,合金氧化膜是电中性的,2 个 $Li^+$ 相当于有 2 个负电荷减量($e_i$),为了保持电中性,在平衡常数 $K$ 式中,$C_{Zn^{2+}}$ 就应当增加,即 2 个 $Li^+$ 置换 1 个 $Zn^{2+}$,将增加 1 个 $Zn^{2+}$。其结果加入 Li 后,$e_i$ 降低,导电率降低;$Zn^{2+}$ 浓度增加,氧化速度增加。

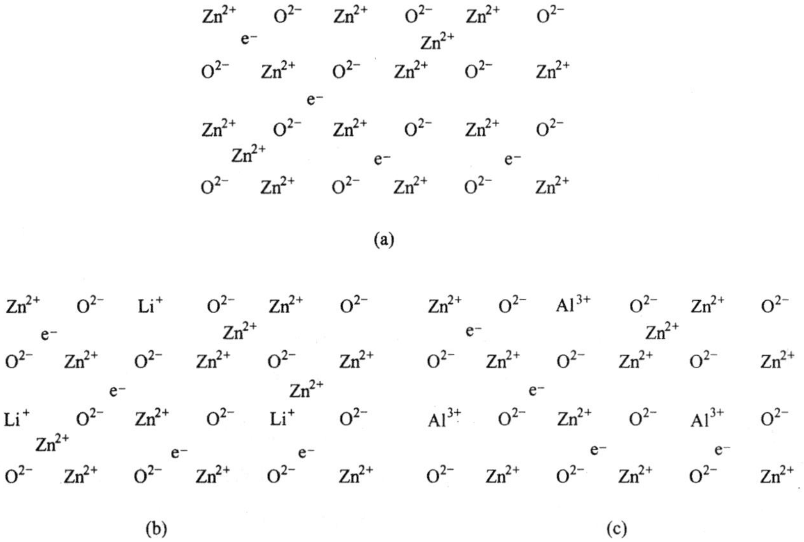

图 1-13　氧化锌及其含有少量 LiO 和 $Al_2O_3$ 的晶格结构

(a)—纯 ZnO;(b)—$Li^+$ 加入后的影响;(c)—$Al^{3+}$ 加入后的影响

相反加入 Al 以后,1 个 $Al^{3+}$ 就相当于有 1 个 $e_i$ 增量,按质量作用定律,e 浓度增加,$Zn^{2+}$ 浓度就应减少,即 2 个 $Al^{3+}$ 置换 2 个 $Zn^{2+}$,将有一个间隙 $Zn_i^{2+}$ 消失,因此加入 Al 后,$e_i$ 浓度增加,导电率增加,$Zn^{2+}$ 浓度降低,氧化速度降低,如图 1-13 所示。

少量 Li 和 Al 对 Zn 氧化速度常数的影响见表 1-9。

**表 1-9　少量 Li 和 Al 对 Zn 氧化速度常数 $K$ 的影响**

| 成分(质量分数) | Zn | Zn + 0.1% Al | Zn + 0.4% Li |
|---|---|---|---|
| $K / g^2 \cdot cm^{-4} \cdot h^{-1}$ | $0.8 \times 10^{-9}$ | $1 \times 10^{-11}$ | $2 \times 10^{-7}$ |

#### 1.5.1.2 合金元素对金属不足型氧化膜氧化速度的影响

p 型半导体氧化物导电性受电子空位支配,而氧化速度受离子空位支配。以 NiO 为例,NiO 的增长符合质量作用定律:$K = C_{\square Ni^{2+}} \cdot C_e^2 \cdot p_{O_2}^{\frac{1}{2}}$。若在 Ni 中加入低价金属 Li,由于合金整体是电中性,其中 1 个 $Ni^{2+}$ 被 1 个 $Li^+$ 所置换,把 $Ni^{3+}$ 即电子空位($\square e$)作为一个增量,根据质量作用定律,$C_{\square Ni^{2+}}$ 应该减少,其结果是加入 Li 后导电率增加,而氧化速度降低。

相反,加入高价金属 Cr,使氧化速度增加。上述两种情况如图 1-14 所示。

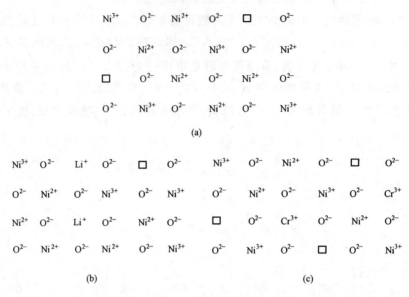

图 1-14  氧化镍及加入少量 LiO 和 Cr$_2$O$_3$ 的晶格结构

(a)—纯 NiO;(b)—Li$^+$ 加入后的影响;(c)—Cr$^{3+}$ 加入后的影响

实验证明,p 型半导体 NiO 中加入质量分数低于 3% 的铬在 1000℃ 时符合这种规律,即氧化速度增加。但当 $w(Cr)>3\%$ 时,尤其是 $w(Cr)\geqslant 10\%$ 时,其氧化速度急剧下降。$K$ 值下降是由于形成了复杂的尖晶石结构 NiCr$_2$O$_4$ 或 Cr$_2$O$_3$,从而改变了离子迁移速度,因为这两种氧化物结构比 NiO 更致密,因而抗氧化性增加。表 1-10 列出了铬量与镍氧化速度常数 $K$ 之间的关系。

表 1-10　铬量对镍的氧化速度常数 $K$ 的影响

| $w(Cr)/\%$ | 0 | 0.3 | 1.0 | 3.0 | 10.0 |
|---|---|---|---|---|---|
| $K/g^2\cdot cm^{-4}\cdot s^{-1}$ | $3.1\times10^{-10}$ | $14\times10^{-10}$ | $26\times10^{-10}$ | $31\times10^{-10}$ | $1.5\times10^{-10}$ |

以上合金元素对氧化物晶体缺陷影响的规律称为控制合金氧化的原子价规律,亦称为哈菲(Hauffe)原子价法则,该法则的要点归纳在表 1-11。

表 1-11　Hauffe 价法则

| 半导体类型 | 加入合金元　素 | 相对基体金属的原子价 | 导电率 | 氧化速度 |
|---|---|---|---|---|
| n 型 ZnO、TiO、Al$_2$O$_3$、Fe$_2$O$_3$ | Li | 低 | 减小 | 增加 |
| | Al | 高 | 增加 | 降低 |
| p 型 NiO、Cu$_2$O、FeO、Cr$_2$O$_3$、Fe$_3$O$_4$ | Li | 低 | 增加 | 降低 |
| | Cr | 高 | 减小 | 增加 |

### 1.5.2 温度对氧化速度的影响

由 $\Delta G^{\ominus}$-$T$ 图知道,随着温度的升高,金属氧化的热力学倾向减小,但绝大多数金属在高温时 $\Delta G^{\ominus}$ 仍为负值。另外,在高温下反应物质的扩散速度加快,氧化层出现的孔洞、裂缝等也加速了氧的渗透,因此大多数金属在高温下总的趋势是氧化,而且氧化速度大大增加。很多氧化实验表明:氧化速度常数与温度之间符合阿累尼乌斯(Arrhenius)方程:

$$K = k_0 \exp(-Q/RT) \tag{1-41}$$

式中　$Q$——氧化激活能;

　　　$R$——气体常数;

　　　$k_0$——常数。

将上式两侧取对数变成:

$$\lg K = A - \frac{Q}{2.303RT} \quad （A 为常数） \tag{1-42}$$

可见 $\lg K$ 与 $1/T$ 间为线性关系,通过测量各温度下的 $K$ 值,以 $\lg K$ 和 $1/T$ 为纵、横坐标所作出的直线斜率为 $Q/2.303R$,从而可以计算出氧化激活能 $Q$。$Q$ 值从物理意义上来说代表着系统从初始状态到最终状态所需要越过的自由能障碍的高度。对大多数金属及合金的氧化过程来说,$Q$ 值通常为 $21\sim210$kJ/mol。

如果氧化符合抛物线规律,则氧化膜的生长取决于反应物质穿过膜的扩散速度,其扩散系数也可以用 Arrhenius 方程式表示:

$$D = D_0 \exp(-Q_d/RT) \tag{1-43}$$

式中　$D_0$——常数;

　　　$Q_d$——扩散激活能。

### 1.5.3 气体介质对氧化速度的影响

不同的气体介质对同种金属或合金的氧化速度的影响是存在差异的。

#### 1.5.3.1 单一气体介质

图 1-15 示出了在 1000℃ 下,铁在水蒸气、氧、空气、$CO_2$ 气中的氧化层厚度与时间的关系,显然在水蒸气中比在氧、空气、$CO_2$ 气中铁氧化要严重得多,其原因可能有:(1)水蒸气分解生成新生态的氢和氧,新生氧具有特别强的氧化作用;(2)铁在水蒸气中氧化主要生成晶体缺陷多的 FeO,其氧化速度加快。

#### 1.5.3.2 混合气体介质

在非金属化合物气态分子作用下的腐蚀环境中,金属(合金)的腐蚀特点表现在原始介质/金属界面内外同时产生不同的氧化产物。金属阳离子破坏了非

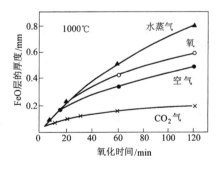

图 1-15 工业纯铁在 1000℃ 下于各种气体中的氧化速度

金属化合物的极性共价键,并与其中的非金属阴离子组成金属化合物锈层,此时非金属化合物中另一非金属被还原,呈原子态存在于形成的外锈皮中,继续向金属原始表面扩散,进而溶入金属,最后在金属深处形成内锈蚀物。图 1-16 是 Ni-9Cr-6Al-0.1Y 合金在空气和在含有过量氧及 $550\times10^{-6}$ 钠、硫的燃气体中高温腐蚀后的剖面金相照片。在 1000℃ 空气中氧

化 40h 后,合金表面形成致密的 $Cr_2O_3$ 和 $Al_2O_3$ 保护层,如图 1-16(a)所示,但同一合金在 950℃混合气体中接触 96h 后,表面形成了疏松的各种氧化物和硫化物,如图 1-16(b)所示。表 1-12 列出了 900℃下碳钢与 18-8 不锈钢在混合气氛中的氧化增重情况。

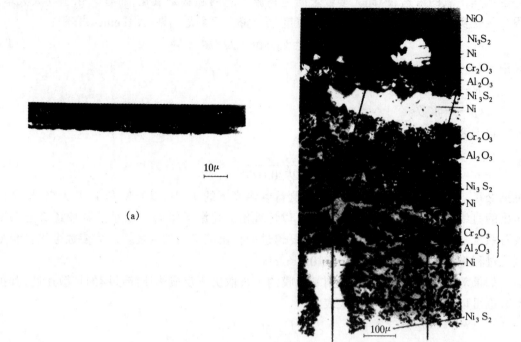

图 1-16 Ni-9Cr-6Al-0.1Y 试样的金相剖面图照片

(a)—空气中 1000℃,40h;(b)—在含有氧、钠、硫的燃烧气体中 950℃,96h

**表 1-12 混合气氛中碳钢及不锈钢的氧化增重(900℃,24h,mg/cm²)**

| 混合气氛 | 碳 钢 | 18-8 不锈钢 | 混合气氛 | 碳 钢 | 18-8 不锈钢 |
|---|---|---|---|---|---|
| 大 气 | 57.2 | 0.46 | 大气 + 5%$CO_2$ + 5%$H_2O$ | 100.4 | 4.58 |
| 纯空气 + 2%$SO_2$ | 65.2 | 0.86 | 纯空气 + 5%$CO_2$ | 76.9 | 1.17 |
| 大气 + 2%$SO_2$ | 65.2 | 1.13 | 纯空气 + 5%$H_2O$ | 74.2 | 3.24 |
| 大气 + 5%$SO_2$ + 5%$H_2O$ | 152.4 | 3.58 | | | |

注:表中百分数均为质量分数。

从表 1-12 可以看出,混合介质的腐蚀破坏力较单一空气介质更为强烈,这主要是由于混合气体介质在金属表面进行着多元不均匀的化学反应,并形成成分不均匀、含有大量晶体结构缺陷的多种反应产物,显然这种锈皮是不耐蚀的。

## 1.6 合金氧化及抗氧化原理

纯金属的氧化规律、氧化动力学及影响因素也适用于合金的氧化,但是一般来讲,合金的氧化比纯金属的氧化复杂得多,其原因如下:

(1)合金中各种元素的氧化物有不同的生成自由能,所以它们各自对氧有不同的亲和

22

力;

(2)可能形成三种或更多种氧化物;

(3)各种氧化物之间可能存在一定的固溶度;

(4)在氧化物相中,不同的金属离子有不同的迁移率;

(5)合金中不同金属有不同的扩散能力;

(6)溶解到合金中的氧可能引起一种或多种合金元素内氧化。

因此合金的氧化更加复杂,为简化起见,本节主要介绍二元合金的氧化。

### 1.6.1 二元合金的几种氧化形式

设 A-B 为二元合金,A 为基体金属,B 是少量添加元素,其氧化形式可分为两类:只有一种成分氧化及两种组分同时氧化。

#### 1.6.1.1 一种成分氧化

当 A、B 二组元和氧的亲和力差异显著时,出现只有一种成分的氧化,此时又可分为两种情况:

(1)少量添加元素 B 的氧化。如图 1-17,可能在合金的表面上形成氧化膜 BO,或在合金内部形成氧化物颗粒,这两种情况取决于氧和合金组元 B 的相对扩散速度。

如果合金元素 B 向外扩散的速度很快,而且 B 的含量比较高,此时直接在合金表面上生成 BO 膜。Wagner 提出了只形成 BO 所需要的 B 组元的临界浓度为:

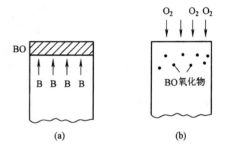

图 1-17 二元合金氧化时,只出现添加元素 B 组元的氧化示意图

$$N_B = \frac{V}{Z_B M_O}\left(\frac{\pi K_p}{D}\right)^{\frac{1}{2}} \qquad (1-44)$$

式中 $V$——合金的摩尔体积;

$Z_B$——B 元素原子价;

$M_O$——氧原子量;

$D$——B 在合金中扩散系数;

$K_p$——BO 形成时抛物线速度常数。

由此可见,$D$ 值愈大,形成 BO 所需要的临界浓度愈小。如果合金中 B 组元的浓度低于上述的临界浓度 $N_B$,则最初在合金表面只形成 AO,B 组元从氧化膜/金属界面向合金内部扩散。但由于 B 组元与氧亲和力大,随着氧化的进行,当界面处 B 的浓度达到形成 BO 的临界浓度 $N_B$ 时,将发生 B + AO→A + BO 的反应,氧化产物将转变为 BO。以上两种情形被称之为合金的选择性氧化。含有 Cr、Al、Si 合金元素的合金均在合金表面优先形成 $Cr_2O_3$、$Al_2O_3$ 和 $SiO_2$,它们是氧化保护的重要手段。

当氧向合金内部的扩散速度快,且 BO 的热力学稳定性高于 AO 时,则 B 组元的氧化将发生在合金内部,所形成的 BO 颗粒分散在合金内部,这种现象称之为内氧化。在发生内氧化时,氧从合金的表面或透过氧化膜/合金界面向内扩散,而溶质 B 向外扩散。在反应前沿,当溶度积 $a_B \cdot a_O$ 达到氧化物 BO 脱溶形核的临界值后,即发生氧化物形核、长大,并使反应前沿不断向前移动。在合金中存在一个极限溶质浓度,当溶质 B 浓度高于这个极限值时,则在反应前沿足以形成一个 BO 的连续阻挡层,并使内氧化停止,向外氧化转变。图 1-18示出了含 $w(\text{In})$ 为 7.7% 的 Ag-In 合金,由于 $In_2O_3$ 带的形成使内氧化停止的例子。

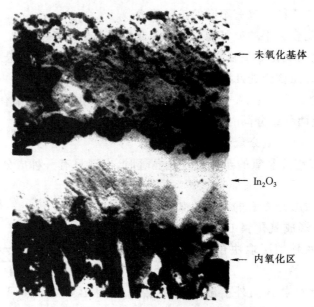

　　　　　　　　　　　　　　　　　　　　← 未氧化基体

　　　　　　　　　　　　　　　　　　　　← $In_2O_3$

　　　　　　　　　　　　　　　　　　　　← 内氧化区

图 1-18　在含 $w(\text{In})$ 为 7.7% 的 Ag-In 合金中形成
保护性的 $In_2O_3$ 带的金相照片

　　(2)合金基体金属氧化。这种氧化有两种形式:一种是在氧化物 AO 膜中混入合金化组元 B,如图 1-19(a);另一种情况是在邻近 AO 层下,B 组元浓度比正常含量多,即 B 组元在合金表面层中发生了富集现象,如图 1-19(b)。目前对产生这两种情况的机制尚不清楚,但一般可以认为与反应速度及与氧的亲和力有关。

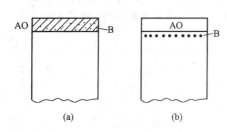

(a)　　　　　　(b)

图 1-19　只有合金的基体金属 A 发生
氧化生成氧化物的示意图

　　1.6.1.2　合金两种组分同时氧化

　　当合金中 B 组元的浓度较低,不足以形成 B 的选择性氧化,而且 A、B 两组元对氧的亲和力相差不大时,则合金表面的氧化层由 A、B 两组元的氧化物构成。由于氧化物之间的相互作用,可将氧化层分为以下几种情况:

　　(1)形成氧化物固溶体。以含 $w(\text{Co})$ 为 10.9% 的 Ni-Co 合金为例,由于 Ni 离子和 Co 离子在氧化层中具有不同的扩散系数,因而在氧化层中建立起连续的但不同的浓度分布,形成 $[\text{Ni}_x\text{Co}_{(1-x)}]\text{O}$ 单相固溶体。图 1-20 是 $w(\text{Co})$ 为 10.9% 的 Ni-Co 合金经 1000℃,$10^5\text{PaO}_2$,24h 氧化后的剖面上 Ni、Co 元素浓度分布图。

　　(2)两种氧化物互不溶解。对许多合金系来说,氧化物 AO 和 BO 实际上都是相互不可溶解的。但当平衡的时候,一种氧化物可以掺杂其他阳离子。设合金含有 A、B 两组元,在初始氧化时,合金表面同时有 AO 和 BO 形核,虽然 BO 比 AO 更稳定,但 AO 的生长速度更

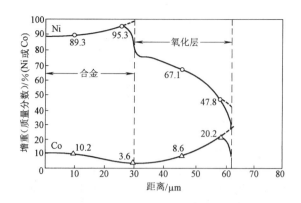

图 1-20　在氧化层生长过程中形成(A,B)O 固溶体的例子

图中表明 $w(\mathrm{Co})=10.9\%$ 的 Ni-Co 合金在 $1\times10^5\mathrm{Pa}$ $\mathrm{O}_2$ 氧化 24h 后 Ni、Co 元素的分布

图 1-21　$w(\mathrm{Zn})=15\%$ 的 Cu-Zn 合金在 $1\times10^5\mathrm{Pa}$ $\mathrm{O}_2$,700℃ 氧化 90min 后的剖面形貌像

快,因而 AO 的生长超过了 BO,并且很快将 BO 覆盖。而 BO 的生长主要是依据置换反应 $\mathrm{B}^{2+}+\mathrm{AO}=\mathrm{BO}+\mathrm{A}^{2+}$ 来进行,此时 BO 集中于氧化层/合金界面上。当合金中 B 含量多时,便形成连续的 BO 层,它起到阻挡 A 向 AO 中扩散,进而降低 AO 的生长的作用。图 1-21 是 $w(\mathrm{Zn})=15\%$ 的 Cu-Zn 合金在 $1\times10^5\mathrm{Pa}$ $\mathrm{O}_2$,700℃ 氧化 90min 后的剖面形貌像。合金的外表层为 $\mathrm{Cu}_2\mathrm{O}$,而接近合金的黑层是 ZnO。

(3)形成尖晶石氧化物　在 Co-Cr、Ni-Cr、Fe-Cr 合金系中,所形成的铬化物具有良好的耐热保护作用,这些合金的共同特点是两种合金元素形成的氧化物发生反应形成一种新的氧化物相,即尖晶石氧化物,比如 $\mathrm{MO}+\mathrm{Cr}_2\mathrm{O}_3=\mathrm{MCr}_2\mathrm{O}_4$。现以 Co-Cr 合金为例来说明,见图 1-22。

当 Cr 含量较低时,在合金内部出现 Cr 的内氧化,而表面生成的 CoO 和 $\mathrm{Cr}_2\mathrm{O}_3$ 发生固态反应形成 $\mathrm{CoCr}_2\mathrm{O}_4$。由于 CoO 的生长速度大于 $\mathrm{Cr}_2\mathrm{O}_3$,并且 $\mathrm{CoCr}_2\mathrm{O}_4$ 中的自扩散速度相对较低,因而合金的最外层仍为 CoO。随着 Cr 量增加,$\mathrm{CoCr}_2\mathrm{O}_4$ 体积分数增加,氧化速度下降。若合金中 Cr 的质量分数超过 30%,则在外表层形成连续的 $\mathrm{Cr}_2\mathrm{O}_3$ 层,其内部掺杂有溶解的 Co 或少量 $\mathrm{CoCr}_2\mathrm{O}_4$,此时 Co-Cr 合金的氧化速度达到最低值。

### 1.6.2　提高合金抗氧化性的途径

金属的高温抗氧化性优良既可以理解为处于高温氧化环境中的金属热力学稳定性高,在金属与氧化介质界面上不发生任何化学反应,如 Au、Pt 金属,也可以理解为金属与氧的亲和力强,金属与氧化介质之间快速发生界面化学反应,并在金属表面生成了保护性的氧化膜,抑制了金属表面的氧化反应,这类金属有 Al、Cr、Ni 等。实际材料中很少使用贵金属,通

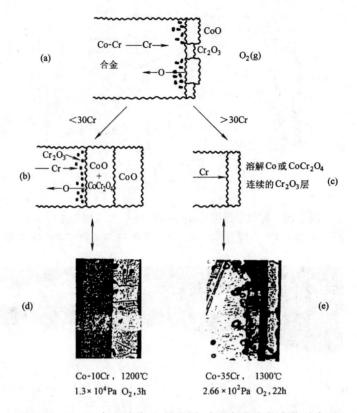

图 1-22　Co-Cr 合金随着 Cr 量不同,表面氧化产物变化示意图

常利用合金化来提高合金的抗氧化性。为达到此目的,经常采用以下几种方法。

### 1.6.2.1　减少基体氧化膜中晶格缺陷的浓度

利用 Hauffe 价法则,当基体氧化膜为 p 型半导体时,往基体中加入比基体原子价低的合金元素以减少离子空穴浓度;当基体氧化膜为 n 型半导体时,则加入高原子价的元素来减少氧离子空穴浓度。

### 1.6.2.2　生成具有保护性的稳定新相

加入能够形成具有保护性的尖晶石型化合物元素,如 Fe-Cr 合金中当 $w(Cr) > 10\%$ 时生成 $FeCr_2O_4$,Ni-Cr 合金生成 $NiCr_2O_4$。对合金元素的要求是必须固溶于基体中,合金元素和基体元素对氧的亲和力相差不太悬殊,而且合金元素的原子尺寸应尽量小,此时形成的尖晶石氧化物均匀、致密,能有效地阻挡氧和金属离子的扩散。

### 1.6.2.3　通过选择性氧化生成优异的保护膜

加入的合金元素与氧优先发生选择性氧化,从而形成保护性的氧化膜,避免基体金属的氧化。为了实现这一目的,合金元素必须具备以下几个条件:

(1)合金元素与氧的亲和力必须大于基体金属与氧的亲和力;

(2)合金元素必须固溶于基体中,确保合金表面发生均匀的选择性氧化;

(3)合金元素的加入量应适中,含量过低不能形成连续的氧化保护膜,含量过高易于析出第二相,破坏合金元素在合金中的均匀分布状态;

(4)合金元素的离子半径应小于基体金属,便于合金元素易于向表面扩散优先发生氧化

反应;

(5)加入氧活性元素,改善氧化膜的抗氧化能力。

表 1-13 列出了一些合金产生选择性氧化所需要的合金元素含量、氧化温度和氧化产物。

表 1-13　能产生选择性氧化的合金元素含量、氧化温度及氧化产物

| 合　　金 | 合金元素含量 | 氧化温度/℃ | 氧 化 产 物 |
|---|---|---|---|
| 铬　钢 | $w(Cr)>18\%$ | 1100 | $Cr_2O_3$ |
| 铝　钢 | $w(Al)>10\%$ | 1100 | $Al_2O_3$ |
| 黄　铜 | $w(Zn)>20\%$ | >400 | ZnO |
| 铝 青 铜 | $w(Al)>2.5\%$ | | $Al_2O_3$ |
| 铜-铍合金 | $w(Be)>1\%$ | 赤热 | BeO |
| 铝-铍合金 | $w(Be)=0.2\%$ | 630 | BeO |
| 铝-铍合金 | $w(Be)=3\%$ | 500 | BeO |
| 铝-镁合金 | $w(Mg)=0.03\%$ | 650~660 | MgO |
| 铝-镁合金 | $w(Mg)=0.1\%$ | 620 | MgO |
| 铝-镁合金 | $w(Mg)=1.4\%$ | 400 | MgO |

向合金中加入某些氧活性元素,如稀土、钇、锆、铪等,可以明显增加合金的抗氧化性。一般来说,氧活性元素有以下几方面作用:

(1)增强合金元素的选择性氧化,减少所需要的合金元素含量;

(2)降低氧化层的生长速度;

(3)改变氧化层的生长机制,使其以氧向内扩散为主;

(4)抑制氧化物晶粒的生长;

(5)改善氧化层与基体金属的粘附性,使其不易剥落。

有许多模型和假设来解释氧活性元素在氧化中的作用机制,其中最重要的作用是它们改变了氧化层生长过程中的扩散过程。它们通常偏聚在晶界上,增强了氧沿晶界向内扩散,同时阻碍了合金氧化物晶粒的生长,在基体金属晶界上形成的氧化物"钉"有效地增加了氧化层与基体间的粘附性。

此外,还可以向合金中加入熔点高、原子尺寸大的过渡族元素,使其固溶于基体中,增加合金的热力学稳定性。另外合金元素在基体中如能形成惰性相,减少合金表面的活化面积,也可以降低合金的氧化反应速度,达到增强合金的抗氧化性目的。

### 1.6.3　常见金属和耐热合金的抗氧化性

#### 1.6.3.1　铁基合金

根据 Fe-O 平衡相图,纯铁在 570℃ 以上氧化时,生成由 FeO、$Fe_3O_4$ 和 $Fe_2O_3$ 三层组成的氧化膜,靠近基体的是 FeO,中间是 $Fe_3O_4$,最外层是 $Fe_2O_3$。

FeO 为 p 型半导体氧化物,它在 570~575℃ 之间是稳定的,温度较低时它不能存在。当氧化层中出现 FeO 时,由于它含有大量的阳离子空位,其抗氧化性显著下降。$Fe_3O_4$ 称为

磁性氧化物,具有尖晶石型复杂立方晶体的结构,也是金属不足型半导体氧化物,其缺陷浓度比 FeO 低。$Fe_2O_3$ 有 n 型半导体结构,它存在的范围很宽,但在高于 1100℃ 时开始部分分解。

由此可见,当使用温度超过 650℃ 以上,而且需要承受一定的机械负荷时,应使用含较大量 Cr、Al、Si 和少量稀土元素的耐热钢,此时可生成由 $Cr_2O_3$、$Al_2O_3$ 和 $FeCr_2O_4$ 组成的致密的氧化物来保证高温抗氧化性。其中马氏体型不锈钢可使用于 680℃,18-8 奥氏体不锈钢最高使用温度为 800℃,Fe-Cr 型铁素体钢可使用到 870℃,而 Fe-Cr-Al 型铁素体不锈钢抗氧化温度可达 1300℃。

### 1.6.3.2 镍基合金

纯镍在高温空气中氧化时只生成一种稳定的氧化物 NiO,它具有 p 型半导体的晶体结构,但其缺陷浓度、熔点和晶格参数均小于 FeO。NiO 的最大优点是与镍金属具有相近的热膨胀系数,而且 NiO 塑性好,因而即使在热震环境下 NiO 也可以牢固地粘附在镍金属的表面。NiO 的特点保证了镍的抗氧化性优于铁。

以镍金属为基的耐热合金通常有以下几种:

(1)Ni-Cr 合金。当不同含量的 Cr 元素加入到镍金属中后,两种元素的优良抗氧化性能综合在一起发挥作用。Ni-Cr 合金在氧化环境下氧化层外层是 NiO,内层为疏松的 NiO 和 $NiCr_2O_4$。如果 Cr 的质量含量超过 20%,则由于 Cr 的选择性氧化,合金表面形成致密的 $Cr_2O_3$ 保护膜,使合金的抗氧化温度可达 1100℃。

(2)Ni-Cr-Al 合金。由于 $Al_2O_3$ 的热稳定性比 $Cr_2O_3$ 更高,因此在 Ni-Cr 合金的基础上加入足够的 Al 元素,由 Al 的选择性氧化而形成的铝化物会比单纯形成 $Cr_2O_3$ 具有更强的氧化保护作用,合金可以在 1300℃ 下使用。

(3)镍基高温合金。当处于高温环境下,且承受较高的机械载荷时,常使用这一类合金。它是在 Ni-Cr 合金的基础上加入 W、Mo 难熔元素,以增加固溶强化效果。它的最高使用温度为 1000℃,因为在 1000℃ 以上,Mo、W 氧化生成的 $MoO_3$ 和 $WO_3$ 将破坏氧化层的连续性和粘附性,使合金的抗氧化性能下降。

### 1.6.3.3 钛基合金

钛与氧的亲和力极大。一方面,钛金属本身极易吸氧,氧在 α-Ti 中的最大溶解度(原子百分数)可达 34%,另一方面,钛也易于形成各种氧化物,其中包括 $Ti_2O$,TiO,$Ti_2O_3$,$TiO_2$。钛在 300℃ 以下生成的氧化膜相当致密,具有良好的保护性,但在高于 700℃ 以上时,生成的氧化膜变脆,在 850~1000℃ 时形成疏松多孔的氧化膜,而更高温度生成的氧化膜很容易剥落。向钛中加入 Al、Sn、Zr、Cr、Nb 元素能明显降低氧化速度,以这类合金元素为主的近 α 高温钛合金的最高使用温度可达 600℃。钛合金表面氧化层主要有金红石型 $TiO_2$ 和少量的 γ-$Al_2O_3$。在 Ti-Al 系合金中,随着 Al 含量的增加,氧化速度按线性规律下降。若 Al 含量(原子百分数)达到 25% 和 50% 时,所形成的 $Ti_3Al$ 和 TiAl 金属间化合物其抗氧化温度分别可以达到 650℃ 和 800℃,这是因为在合金表面产生了以 α-$Al_2O_3$ 为主的保护膜。

### 1.6.3.4 铝基合金

金属铝在常温空气中即可生成厚度约 5~15nm 的钝化膜,在高温时可生成致密的氧化膜,因此它广泛应用于高温抗氧化环境的防护涂层中。例如碳钢表面渗铝后,可将它在 1000℃ 时的抗氧化能力提高两个数量级。

### 1.6.4 耐氧化涂层材料

以上介绍了各类金属及其合金抗氧化性能。随着科学技术和工业不断发展,金属材料使用的环境变得愈来愈复杂,对其抗蚀性的要求也愈来愈高,在此情况下,仅仅依靠金属或合金本身的抗氧化性能是不够的,还必须采用更耐热的涂层材料涂覆于部件的表面上,使部件与环境介质隔绝,从而防止金属表面氧化反应的发生。本节将介绍几种耐氧化涂层材料。

涂层材料一般包括金属(合金)材料和陶瓷材料两大类,其中金属(合金)涂层材料主要有:

(1)不与周围介质反应或者反应极慢,如金、铂、铱,用来防护难熔金属基材和石墨。

(2)渗铝涂层。高温合金涡轮叶片大多采用古老的固渗法在其表面涂覆渗铝涂层。早期的渗铝涂层成分为单一的铝金属。近来,为了进一步改进渗铝层的保护性,提高其使用寿命,尤其是增加抗热腐蚀能力,经常在渗铝层中添加 Cr、Si、Mn 等元素,以组成 Al-Cr、Al-Si、Al-Cr-Si 等系列涂层。有时先镀一层铂($< 10\mu m$),再渗铝,这就是著名的 Al-Pt 涂层,Cr、Si、Pt 等都是优良的抗氧化元素,这些元素能显著地提高渗铝层的保护性。

(3)形成致密氧化膜的合金涂层。由于渗铝层有两大缺点,一是使用温度不能太高,一般不超过900℃,过高的温度导致渗铝层迅速衰退,二是塑性低,容易剥落。而以 Fe、Co、Ni、Ti 基合金为基础构成的 M-Cr 系、M-Al 系、M-Cr-Al 系、M-Cr-Al-Y 系多元合金涂层则较好地克服了渗铝层的缺点。由于涂层中含有大量的 Cr,其表面可形成 $MCr_2O_4$ 尖晶石结构的氧化物,具有很强的保护作用。涂层与基材均为金属,因此它们的界面结合性很好。涂层本身具有良好的延展性使得它在冷热交变环境下不易破裂和脱落,其抗氧化温度达 1000℃。MCrAl 涂层由于成分不同,其性能特点也各不相同。其中 FeCrAlX 涂层只能用于铁基合金的涂层,而不能用做镍基及钴基合金的涂层材料;NiCrAlX 是镍基合金涂层材料,其延性和抗氧化性比 CoCrAlX 好,但抗硫蚀性能较差,一般多用于航空发动机方面;CoCrAlX 与 NiCrAlX 型相反,具有较高抗硫蚀能力,但抗氧化性及延性低于 NiCrAlX 型,适宜在舰艇、地面工业燃气轮机环境下工作,CoCrAlX 型价格昂贵;NiCoCrAlX 及 CoNiCrAlX 这类合金兼有 NiCrAlX 及 CoNiAlX 二者优点,又避免了各自缺点,综合性能好。

陶瓷型涂层材料较金属型涂层的抗氧化温度更高,主要有以下几类:

(1)致密的氧化物涂层。这类材料有 $Al_2O_3$、$ZrO_2$、$Cr_2O_3$ 等,由于金属阳离子和氧阴离子在这些氧化物中的扩散很慢,从而抑制了氧化物的生长,其抗氧化温度超过 1800℃。

(2)硅化物类陶瓷涂层。这类材料如 $SiO_2$,主要用于防护难熔金属,而 $Si_3N_4$ 和 SiC 型陶瓷涂层的抗燃气腐蚀温度可达 1300℃。

(3)抗高温热冲击和高温腐蚀的热障涂层。这种涂层有两种作用:一是隔热效应,即将基体合金与炽热气体隔开,达到降温目的;二是调温效应,使零件在升温阶段厚薄壁处温差明显缩小。最常用的热障材料是 $w(Y_2O_3)$ 为 7% ~ 8% 的 $ZrO_2$-$Y_2O_3$,这种涂层与金属材料具有相近的热膨胀系数,同时具有优良的隔热能力。

显然,纯陶瓷涂层的抗热腐蚀能力较强,但这些材料存在着质硬、塑性差、热疲劳后易破裂,且无自愈合能力等缺点,因此在实际应用中常常使用金属陶瓷,如 $Ni$-$Al_2O_3$、$Ni$-$ZrO_2$、$Cr$-$ZrO_2$、$Ni$-$SiO_2$ 等,它们综合了金属优良的高温塑性和陶瓷的高温抗蚀性特点,其抗氧化温度远高于纯金属材料。另外一种合金与陶瓷相结合的涂层材料是以 NiCrAlY 耐热合金为内层,以 $ZrO_2 \cdot 8Y_2O_3$ 陶瓷涂层为外层,所构成的热障涂层同时具有合金和陶瓷的优点,广泛用于燃汽轮机、内燃机、航空发动机等机械设备。

## 1.7 高温热腐蚀

早些时候,人们往往把热腐蚀与硫化(Sulphication)混为一谈,实际上是不一样的。

热腐蚀是指金属材料在高温工作时,基体金属与沉积在工作表面的沉积盐($Na_2SO_4$)及周围工作气体发生综合作用而产生的腐蚀现象。而硫化则指硫或硫化物($SO_2$、$SO_3$、$H_2S$……)对金属作用产生的腐蚀。

热腐蚀强调工作表面上沉积盐的作用,这种沉积盐除 $Na_2SO_4$ 外,还可以是 $V_2O_5$ 及 K、Mg、Cd 等盐类。沉积盐可呈液态,亦可呈固态,液态下腐蚀更强烈。

热腐蚀是以氧化为基础,因此有人甚至称热腐蚀为"加速氧化"。但是热腐蚀又不同于高温氧化。后者是所谓"化学腐蚀",而热腐蚀由于工作表面上沉积着液态盐类,所以既存在化学腐蚀,又存在电化学腐蚀;既包括界面化学反应,又包括液态物质(沉积盐)对固态物质(氧化膜)的溶解。

高温热腐蚀多见于航空燃汽轮机的涡轮部件上,低温热腐蚀多见于舰船和地面燃汽轮机的涡轮部件上。前者温度范围在 $800\sim1000℃$,后者一般在 $600\sim750℃$。

### 1.7.1 热腐蚀过程

高温热腐蚀过程包括两个阶段:孕育阶段和发展阶段。孕育期开始阶段合金表面已生成保护性氧化膜,此时表面盐的沉积作用不显著,进入扩展阶段的标志是表面沉积盐与氧化皮产生相互作用,出现无保护性或保护性差的反应产物而使腐蚀加速。这个阶段根据沉积物的成分和数量及合金成分,可能有不同的腐蚀机制。不管哪个机制,都与合金表面上氧化皮在沉积物存在条件下的行为有关。

图 1-23 示出了 MA-956 等六种合金在燃烧室中添加质量分数为 $5\times10^{-6}$ 的海盐,金属温度 900℃,每周期为 1h 的热腐蚀过程中存在不同的孕育期:MA-956 的孕育期大于 1600h,涂有 NiCrAlY 涂层的 MAR-M200 孕育期为 1000 多小时,它们的抗热腐蚀性能都较好,IN792 孕育期极短,抗蚀性最差。

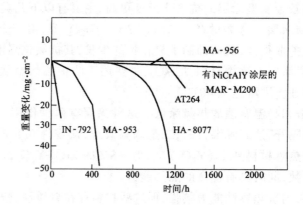

图 1-23 MA-956 等六种合金在气流速度为 0.3m/s 的
燃气热腐蚀试验器中周期热腐蚀试验结果

### 1.7.2 碱性热腐蚀

图 1-24 示出了纯镍热腐蚀示意图。

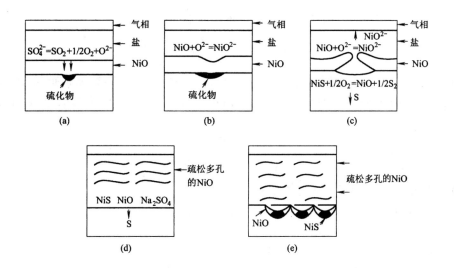

图 1-24　$Na_2SO_4$ 在 $10^5Pa$ $O_2$ 中引起纯镍热腐蚀的示意图

加热纯镍,表面生成一薄层 NiO,其上覆盖熔融 $Na_2SO_4$,可认为 $Na_2SO_4$ 是由碱性组分 $Na_2O$(或 $O^{2-}$ 离子)和酸性组分 $SO_3$ 组成的,在液态硫酸钠沉积物中,硫酸根离子按下式分解:

$$SO_4^{2-} = \frac{1}{2}O_2 + SO_2 + O^{2-} \tag{1-45}$$

Goebel 和 Pettit 最先指出随着膜的不断生长,界面上氧的活度很快降低,于是 $SO_2$ 活度升高,引起它通过氧化膜薄层迁移并在膜/金属界面上生成硫化物,如图 1-24(a)所示。

$$Ni + SO_2 \rightarrow NiS + O_2 \tag{1-46}$$

目前对 $SO_2$ 迁移本质尚不清楚,但 Wagner 等人发现 $SO_2$ 在 NiO 中的扩散系数和氧分压有关,大约在 $10^{-14} \sim 10^{-12}cm^2/s$ 数量级,因此更可能的迁移机理是 $SO_2$ 分子通过诸如锈层中微裂纹等缺陷渗透进来,$SO_2$ 的来源是硫酸盐的分解。由式(1-43)可以看出,当 $SO_2$ 和 $O_2$ 消耗时,盐内氧离子活度增加以维持平衡,从而使盐更呈碱性。所形成的硫化物的区域,碱度增加达最大值,也就是说,在这些区域,$SO_2$ 消耗最快。此外,NiO 锈层将参与如下反应:

$$2NiO + O^{2-} + \frac{1}{2}O_2 \rightarrow 2NiO_2^- \tag{1-47}$$

在熔体中形成可溶性镍酸盐离子(见图 1-24(b)),它们再扩散到盐/气体界面,由于这里的氧化物离子浓度较低,它们再以 NiO 形式析出,于是锈层的溶解使盐向内渗透,并沿锈层/金属界面扩展,如图 1-24(c),从而使锈层升起并产生裂纹,这些裂纹实际上是由锈层/金属界面上形成比 Ni 具有更大的摩尔体积 Ni-S 液相引起的。锈层内的裂纹也使氧渗入,并把硫化物氧化,使游离的硫进一步向金属里渗透。这个过程反复进行,就产生疏松的蜂窝状 NiO 锈层,如图 1-24(d),并导致硫的扩散以及氧沿金属晶界扩散,如图 1-24(e)。最后,如果 $Na_2SO_4$ 没有新的补充,则碱性熔融反应停止。

Ni-8Cr-6Al 合金上产生的热腐蚀与纯镍热腐蚀机制是一样的。当保护性氧化物是 $Cr_2O_3$ 或 $Al_2O_3$ 时,也观察到同样的碱性溶解方式,最初形成的 $Cr_2O_3$ 和 $Al_2O_3$ 消耗了熔盐

中的氧,降低了氧的活度,因此硫酸盐离子进一步分解:

$$SO_4^{2-} \rightarrow SO_2 + \frac{1}{2}O_2 + O^{2-} \tag{1-48}$$

在低氧势下,S 的活度增加,导致形成 NiS。所形成的氧化物和硫化物使盐产生低硫势和低氧势,从而引起熔盐中氧离子或 $Na_2O$ 活度的增加,由此形成了 $Cr_2O_3$ 和 $Al_2O_3$ 的碱性溶解条件:

$$Cr_2O_3 + O^{2-} = 2CrO_2^- \tag{1-49}$$

$$Al_2O_3 + O^{2-} = 2AlO_2^- \tag{1-50}$$

在熔盐溶液中分别形成亚铬酸根和铝酸根离子,这些离子通过盐层向接近盐/气相界面的高氧势区迁移,以 $Cr_2O_3$ 和 $Al_2O_3$ 形式析出并放出氧离子:

$$2CrO_2^- = Cr_2O_3 + O^- \tag{1-51}$$

$$2AlO_2^- = Al_2O_3 + O^{2-} \tag{1-52}$$

析出的 $Al_2O_3$、$Cr_2O_3$ 成为熔盐中的沉积物,形成一种疏松的不起保护作用的氧化层。

总之,发生碱性熔融大致有以下几个步骤:

(1)金属(合金)表面凝聚一层液态 $Na_2SO_4$;

(2)在金属/$Na_2SO_4$ 界面上生成氧化物 MeO,初期的 MeO 是稳定的;

(3)MeO 不断生长,在 MeO/$Na_2SO_4$ 中形成氧和硫的活度梯度;

(4)S 通过 MeO 向金属扩散,并在 MeO 层下生成 MeS。由于 MeS 的生成使 $Na_2SO_4$ 下降,同时氧活度上升,这促进熔盐更呈碱性;

(5)于是在富 $O^{2-}$ 的 $Na_2SO_4$ 和 MeO 反应时,使 MeO 被熔融成 $MeO_2^{2-}$,溶解在 $Na_2SO_4$ 中;

(6)$MeO_2^{2-}$ 扩散到 $Na_2SO_4$/空气界面,由于此处氧活度低,故又分解成 MeO,成为熔盐中的沉积物,形成一种疏松而无保护作用的氧化层。

这种碱性熔融不会导致灾难性的腐蚀。

### 1.7.3 酸性熔融

酸性熔融可分为合金诱导酸性熔融和气体诱导酸性熔融。在合金诱导酸性熔融中,盐里的酸性条件是由合金中的物质溶解,再与 $Na_2O$ 强烈反应而产生的,气体诱导酸性溶解的酸性条件是通过气相相互之间反应建立的。

合金诱导酸性溶剂通常是难熔金属氧化物在 $Na_2SO_4$ 中溶解的结果,如:

$$MoO_3 + Na_2SO_4 \rightarrow Na_2MoO_4 + SO_3 \tag{1-53}$$

$$WO_3 + Na_2SO_4 \rightarrow Na_2WO_4 + SO_3 \tag{1-54}$$

$$V_2O_5 + Na_2SO_4 \rightarrow 2Na_2VO_3 + SO_3 \tag{1-55}$$

这样就降低了熔盐中氧化物离子浓度,使其呈酸性。因此含 W、Mo、V 较高的高温合金中容易发生酸性溶解。

上述反应生成 $SO_3$,使 $SO_3$ 活度增大,所以熔盐呈酸性,同时氧离子活度相对降低,为了补偿氧离子的不足,氧化物不断被溶解,提供氧离子:

$$MeO \rightarrow Me^{2+} + O^{2-} \tag{1-56}$$

或

$$MoO_3 + 3SO_3 \rightarrow Mo(SO_4)_3 \tag{1-57}$$

此乃为酸性溶解反应。

外层阳离子 $Mo^{6+}$ 浓度高,导致 $Mo^{6+}$ 在沉盐外层再次被氧化成 $MoO_3$,生成疏松的、无保护性的氧化层。在酸性熔融反应过程中 $SO_3$ 浓度增高,很显然这时即使 $Na_2SO_4$ 浓度很低,腐蚀也能继续下去,因此酸性熔融反应将导致灾难性氧化。

## 习题与思考题

1. 解释下列词语:

   高温氧化、选择氧化、内氧化、n 型半导体氧化物、p 型半导体氧化物、哈菲价法则、高温热腐蚀、P-B 比

2. 金属高温氧化产物有几种形态,简要说明固态氧化膜生长机制。

3. 金属氧化膜具有保护作用的充分与必要条件。

4. 说出几种主要恒温氧化动力学规律,并分别说明其意义。

5. 指出高温氧化理论(Wagner)要点,结合金属氧化的等效电池模型推导出高温氧化速度常数 $K$ 的表达式,并讨论式中各参数的意义。

6. 简述二元合金的几种氧化形式。

7. 简述提高合金抗氧化的可能途径。

8. 说出三种以上能提高钢抗高温氧化的元素。

9. 通过计算来确定 Al 是否耐氧化或氯气腐蚀。$Al_2O_3$ 密度 $3.8g/cm^3$,$AlCl_3$ 密度 $2.44g/cm^3$,Al 密度 $2.69g/cm^3$,Cl 原子量 35.46,Al 原子量 26.98。

10. 已知纯镍上的氧化膜($NiO$)是 p 型半导体,试画出该离子晶体结构的二维平面图,若在纯 Ni 中加入少量的 Cr(在氧化膜中以 $Cr^{3+}$ 存在),该二维平面图有何变化? Cr 的加入对于受 $\square_{Ni}^{2+}$ 扩散控制的高温氧化速度有何影响?

11. 纯镍在 1000℃ 氧气氛中遵循抛物线氧化规律,常数 $K = 39 \times 10^{-12} cm^2/s$,如这种关系不受氧化膜厚度的影响,试计算使 0.1cm 厚镍板全部氧化所需要的时间。

12. 一台热处理炉在 1800℉(1032℃)工作,零件必须放在钼盘上,通过计算说明在这种情况下钼是否耐用:

$$Mo + \frac{3}{2}O_2 \rightarrow MoO_3$$

   密度($g/cm^3$):Mo     10.22

                  $MoO_3$    4.50

                  $O_2$     $1.43 \times 10^{-3}$

13. 试列举两种抗高温氧化涂层材料,并说明它们的作用。

# 2 金属的电化学腐蚀

## 2.1 腐蚀原电池

### 2.1.1 电化学腐蚀现象

电化学腐蚀比高温氧化更普遍。例如,在潮湿的大气中,桥梁、钢轨及各种钢结构件的腐蚀;地下输油、气管道及电缆等土壤腐蚀;海水中采油平台、船舰壳体腐蚀;以及化工生产设备,如贮槽、泵、冷凝器等遭受的酸、碱、盐的腐蚀等,都属于电化学腐蚀。

### 2.1.2 腐蚀原电池

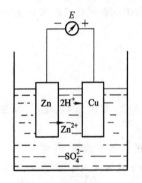

图 2-1 锌-铜原电池示意图

对金属电化学腐蚀现象及原因如何解释呢? 经过了 100 多年的研究,人们提出了"腐蚀原电池"模型,并用这一模型解释了金属发生电化学腐蚀的原因及电化学腐蚀过程。

图 2-1 是把大小相等的 Zn 片和 Cu 片同时置入盛有稀硫酸的同一容器里,并用导线通过毫安表联接起来的原电池装置。由此装置发现,毫安表的指针立即偏转,表明有电流通过。

物理学规定,电流方向是从电位高(正极)的一端沿导线流向电位低(负极)的一端。图 2-1 中,电流方向是从 Cu 片流向 Zn片,而电子流动方向则相反。在腐蚀学里,通常规定电位较低的电极为阳极,电位较高的电极为阴极。因此在(图 2-1)原电池中将发生如下电化学反应:

阳极反应:

$$Zn \rightarrow Zn^{2+} + 2e \tag{2-1}$$

阴极反应:

$$2H^+ + 2e \rightarrow H_2 \tag{2-2}$$

电池的总反应:

$$Zn + 2H^+ \rightarrow Zn^{2+} + H_2 \tag{2-3}$$

为了说明问题,将 Zn 片与 Cu 片直接接触,并同时浸入同一电解质溶液中,也观察到了类似(图 2-1)的原电池反应。

类似这样的电池在讨论腐蚀问题时称作腐蚀原电池,简称腐蚀电池。

把一块工业纯 Zn 浸入稀 $H_2SO_4$ 溶液中,同样发生上述两种原电池反应。工业纯 Zn 中含有少量的杂质 Fe,以 $FeZn_7$ 形式存在,电位比 Zn 高,Zn 为阳极,杂质为阴极,Zn 被溶解了。由此可见金属 Zn 在稀 $H_2SO_4$ 中的溶解也是由于形成腐蚀电池而引起的。

腐蚀电池与原电池的区别仅在于:原电池是能够把化学能转变为电能,作出有用功的装置。而腐蚀电池是只能导致金属破坏而不能对外作有用功的短路电池。

### 2.1.3 腐蚀电池的工作过程

腐蚀电池工作的基本过程如下:

(1)阳极过程:金属溶解,以离子形式迁移到溶液中同时把当量电子留在金属上。

$$[ne \cdot Me^{n+}] \rightarrow [Me^{n+}] + [ne] \tag{2-4}$$

(2)电流通路:电流在阳极和阴极间的流动是通过电子导体和离子导体来实现的,电子通过电子导体(金属)从阳极迁移到阴极,溶液中的阳离子从阳极区移向阴极区,阴离子从阴极区向阳极区移动。

(3)阴极过程:从阳极迁移过来的电子被电解质溶液中能吸收电子的物质(D)接受。

$$D + [ne] \rightarrow [D \cdot ne] \tag{2-5}$$

由此可见,腐蚀原电池工作过程是阳极和阴极两个过程在相当程度上独立而又相互依存的过程。

电化学腐蚀过程中,由于阳极区附近金属离子的浓度高,阴极区 $H^+$ 离子放电或水中氧的还原反应,使溶液 pH 值升高。于是在电解质溶液中出现了金属离子浓度和 pH 值不同的区域。从阳极区扩散过程来的金属离子和从阴极区迁移来的氢氧根离子相遇形成氢氧化物沉淀产物,称这种产物为次生产物,形成次生产物的过程为次生反应。如 Fe 和 Cu 在 3% NaCl 溶液中构成腐蚀电池,$Fe^{2+}$ 与 $OH^-$ 形成 $Fe(OH)_2$ 的次生产物。次生产物主要沉积在槽底,由于对流仍有少量 $Fe(OH)_2$ 被带到电极上沉积形成难溶的氢氧化物膜,其保护性比在金属表面上发生的化学反应生成的初生膜要差得多。

### 2.1.4 宏观与微观腐蚀电池

根据组成腐蚀电池的电极大小,可把腐蚀电池分成两大类:宏观电池与微观电池。

#### 2.1.4.1 宏观电池

肉眼可分辨出电极极性的电池为宏观电池,典型的宏观电池有三种:

(1)不同的金属浸在不同的电解质溶液中,如丹聂尔电池(图 2-2)。可简化表示成:

$$Zn|ZnSO_4||CuSO_4|Cu$$

式中　Zn——阳极;

　　　Cu——阴极。

(2)不同的金属与同一电解质溶液构成的腐蚀电池。如图 2-3 所示,舰船的推进器是用青铜制造的,由于青铜的电位较高,钢制船壳体成为阳极而遭到腐蚀。

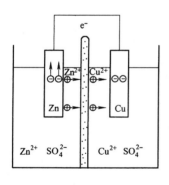

图 2-2　丹聂尔电池示意图

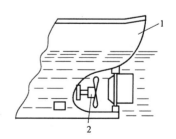

图 2-3　轮船船尾部分结构

1—船壳(钢板);2—推进器(青铜)

(3)同一种金属浸入同一种电解质溶液中,当局部的浓度(或温度)不同时,构成的腐蚀电池,通常称作浓差电池。可用奈恩斯特(Nernst)方程式计算:

$$E = E_0 + \frac{RT}{nF} \ln C \qquad\qquad\qquad (2\text{-}6)$$

式中　$C$——金属离子在溶液中的浓度；

　　　$E_0$——标准电极电位；

　　　$R$——气体常数；

　　　$F$——法拉第常数；

　　　$T$——绝对温度；

　　　$n$——参加反应的金属离子价数或交换电子数。

由式(2-6)看出,金属的电位与金属的离子浓度有关,还与溶液的温度有关。实际中,最有意义的浓差电池是氧浓差电池,它是由金属与氧含量不同的环境相接触时形成的。如土壤中金属管的锈蚀,海船的水线腐蚀等均属于氧浓差电池腐蚀。

#### 2.1.4.2　微观电池

由于金属表面的电化学不均匀性,在金属表面上微小区域或局部区域存在电位差,如工业纯 Zn 在稀的 $H_2SO_4$ 中形成的腐蚀电池即为微观电池。其特点是肉眼难于辨出电极的极性。微观电池主要有以下几种:

(1)金属化学成分不均匀,如碳钢中的碳化物,工业纯 Zn 中的 Fe 杂质等。由于它们的电位都高于基体金属,因而构成微观电池。

(2)金属组织的不均匀,如金属及合金的晶粒与晶界间存在着电位差异,一般晶粒是阴极,晶界能量高、不稳定为阳极;合金中第二相,多数情况,第二相是阴极相,基体为阳极相。但有些 Al 合金的第二相为阳极,如 Mg 质量分数大于 3% 的 Al-Mg 合金,$Mg_5Al_8$ 相、$Al_3Mg_2$ 及 $Mg_2Si$ 相是阳极相。此外,合金凝固时引起成分偏析,也能形成微观电池。

(3)金属表面的物理状态不均匀,如金属的各部分变形、加工不均匀、晶粒畸变,都会导致形成微观电池。一般形变大、内应力大的部分为阳极区,易遭受腐蚀。此外,温差、光照等不均匀,也可形成微观电池。

## 2.2　电极与电极电位

### 2.2.1　电极

一个完整的腐蚀电池,是由两个电极组成。一般把电池的一个电极称作半电池。从这个意义上说,电极不仅包含电极自身,而且也包括电解质溶液在内。由此,电极可定义为:电子导体与离子导体构成的体系。电极可分为单电极和多重电极。单电极是指在电极的相界面上只发生惟一的电极反应,而多重电极则可能发生多个电极反应。

### 2.2.2　电极电位

#### 2.2.2.1　电极电位

在金属与溶液的界面上进行的电化学反应称为电极反应。电极反应导致在金属和溶液的界面上形成双电层,双电层两侧的电位差,即为电极电位,也称为绝对电极电位。绝对电极电位无法测得,但可通过测量电池电动势的方法测出其相对电极电位值。

#### 2.2.2.2　平衡电极电位和非平衡电极电位

当金属电极上只有惟一的一种电极反应,并且该反应处于动态平衡时,金属的溶解速度等于金属离子的沉积速度,则建立起如下的电化学平衡:

$$Me^{n+} \cdot ne + mH_2O \rightleftharpoons Me^{n+} \cdot mH_2O + ne \qquad (2-7)$$

此时电极获得了一个不变的电位值,通常称该电位值为平衡电极电位。平衡电极电位也是可逆电极电位,即该过程的物质交换和电荷交换都是可逆的。平衡电极电位 $E$ 可用奈恩斯特(Nernst)公式计算:

$$E = E_0 + \frac{RT}{nF}\ln\frac{a_{氧化}}{a_{还原}} \qquad (2-8)$$

或

$$E = E_0 + \frac{RT}{nF}\ln C$$

式中    $a_{氧化}/a_{还原}$ ——物质氧化态与还原态活度比;

         $C$ ——金属离子在溶液中的浓度。

Cu 在 $CuSO_4$ 溶液中平衡时,建立的电极电位就是平衡电极电位,或称可逆电极电位。

金属电极上可能同时存在两个或两个以上不同物质参与的电化学反应,当动态平衡时,电极上不可能出现物质交换与电荷交换均达到平衡的情况,这种情况下的电极电位称为非平衡电极电位,或不可逆电极电位。非平衡电极电位可以是稳定的,也可以是不稳定的。稳定电极电位是在一个电极表面上同时进行两个不同的氧化、还原过程,当平衡时仅仅是电荷平衡而无物质平衡的电极电位。如 Fe 在稀 HCl 溶液中,在平衡时,建立的电极电位就是稳态电极电位。

稳态电极电位也可称作开路电位。即外电流为零时的电极电位( $E_{i=0}$ ),也可称作自腐蚀电位,用 $E_R$ 表示。

非平衡电极电位不能用奈恩斯特公式计算,只能由实验测定。表 2-1 列出了一些金属在不同介质中的非平衡电极电位。可见,非平衡电极电位与电解质的种类有关。溶液浓度、温度、流速及金属表面状态,对非平衡电极电位都有一定的影响。

表 2-1 几种金属的非平衡电极电位/V

| 金属 | NaCl 溶液( $w(NaCl) = 3\%$ ) | 0.05mol/L 的 $Na_2SO_4$ | 0.05mol/L 的( $Na_2SO_4 + H_2S$ ) |
|---|---|---|---|
| 镁 | $-1.6$ | $-1.36$ | $-1.65$ |
| 铝 | $-0.60$ | $-0.47$ | $-0.23$ |
| 锰 | $-0.91$ | — | — |
| 锌 | $-0.83$ | $-0.81$ | $-0.84$ |
| 铬 | $+0.23$ | — | — |
| 铁 | $-0.50$ | $-0.50$ | $-0.50$ |
| 镉 | $-0.52$ | — | — |
| 钴 | $-0.45$ | — | — |
| 镍 | $-0.02$ | $+0.035$ | $-0.21$ |
| 铅 | $-0.26$ | $-0.26$ | $-0.29$ |
| 锡 | $-0.25$ | $-0.17$ | $-0.14$ |
| 锑 | $-0.09$ | — | — |
| 铋 | $-0.18$ | — | — |
| 铜 | $+0.05$ | $+0.24$ | $-0.51$ |
| 银 | $+0.20$ | $+0.31$ | $-0.27$ |

### 2.2.2.3 标准电极电位

标准电极电位是指参加电极反应的物质都处于标准状态,即 25℃,离子活度为 1,分压为 $1 \times 10^5 Pa$ 时测得的电势(氢标电极为参比电极)。各种金属的标准电极电位列于表 2-2。标准电极电位也可用奈恩斯特公式计算。阴极平衡电位列于表 2-3。

表 2-2  常用金属的标准电极电位(对于 $Me \rightleftarrows Me^{n+} + ne$ 的电极反应)

| 电极过程 | $E_0/V$ | 电极过程 | $E_0/V$ |
|---|---|---|---|
| $Li \rightleftarrows Li^+$ | $-3.045$ | $V \rightleftarrows V^{3+}$ | $-0.876$ |
| $K \rightleftarrows K^+$ | $-2.925$ | $Zn \rightleftarrows Zn^{2+}$ | $-0.762$ |
| $Ba \rightleftarrows Ba^{2+}$ | $-2.90$ | $Cr \rightleftarrows Cr^{3+}$ | $-0.74$ |
| $Ca \rightleftarrows Ca^{2+}$ | $-2.87$ | $Fe \rightleftarrows Fe^{2+}$ | $-0.440$ |
| $Na \rightleftarrows Na^+$ | $-2.714$ | $Cd \rightleftarrows Cd^{2+}$ | $-0.402$ |
| $Mn \rightleftarrows Mn^{3+}$ | $-0.283$ | $Co \rightleftarrows Co^{2+}$ | $-0.277$ |
| $La \rightleftarrows La^{3+}$ | $-2.52$ | $Ni \rightleftarrows Ni^{2+}$ | $-0.250$ |
| $Mg \rightleftarrows Mg^{2+}$ | $-2.37$ | $Mo \rightleftarrows Mo^{3+}$ | $-0.2$ |
| $Sn \rightleftarrows Sn^{2+}$ | $-0.136$ | $Pb \rightleftarrows Pb^{2+}$ | $-0.126$ |
| $Be \rightleftarrows Be^{2+}$ | $-1.85$ | $Fe \rightleftarrows Fe^{3+}$ | $-0.036$ |
| $Al \rightleftarrows Al^{3+}$ | $-1.66$ | $H_2 \rightleftarrows H^+$ | $0.000$ |
| $Ti \rightleftarrows Ti^{2+}$ | $-1.63$ | $Cu \rightleftarrows Cu^{2+}$ | $+0.337$ |
| $Cu \rightleftarrows Cu^+$ | $+0.521$ | $Hg \rightleftarrows Hg^{2+}$ | $+0.789$ |
| $Zr \rightleftarrows Zr^{4+}$ | $-1.53$ | $Ag \rightleftarrows Ag^+$ | $+0.799$ |
| $Ti \rightleftarrows Ti^{3+}$ | $-1.21$ | $Hg \rightleftarrows Hg^{2+}$ | $+0.854$ |
| $V \rightleftarrows V^{2+}$ | $-1.18$ | $Pd \rightleftarrows Pd^{2+}$ | $+0.987$ |
| $Mn \rightleftarrows Mn^{2+}$ | $-1.18$ | $Pt \rightleftarrows Pt^{2+}$ | $+1.19$ |
| $Nb \rightleftarrows Nb^{3+}$ | $-1.1$ | $Au \rightleftarrows Au^{3+}$ | $+1.5$ |
| $Cr \rightleftarrows Cr^{2+}$ | $-0.913$ | $Au \rightleftarrows Au^+$ | $+1.68$ |

表 2-3  阴极过程的平衡电位

| 号 码 | 阴 极 反 应 | 电位/V |
|---|---|---|
| | 中性介质(pH=7) | |
| 1 | $Al(OH)_3 + 3e \rightarrow Al + 3OH^-$ | $-1.94$ |
| 2 | $TiO_2 + 2H_2O + 4e \rightarrow Ti + 4OH^-$ | $-1.27$ |
| 3 | $FeS_2 + 2e \rightarrow Fe + S^{2-}$ | $-1.00$ |
| 4 | $Cr(OH)_3 + 3e \rightarrow Cr + 3OH^-$ | $-0.886$ |
| 5 | $Zn(OH)_2 + 2e \rightarrow Zn + 2OH^-$ | $-0.83$ |
| 6 | $Fe(OH)_2 + 2e \rightarrow Fe + 2OH^-$ | $-0.463$ |
| 7 | $H^+ + H_2O + 2e \rightarrow H_2 + OH^-$ | $-0.414$ |
| 8 | $Cd(OH)_2 + 2e \rightarrow Cd + 2OH^-$ | $-0.395$ |
| 9 | $Co(OH)_2 + 2e \rightarrow Co + 2OH^-$ | $-0.316$ |
| 10 | $Fe_3O_4 + H_2O + 2e \rightarrow 3FeO + 2OH^-$ | $-0.315$ |

| 号 码 | 阴 极 反 应 | 电位/V |
|---|---|---|
| 11 | $Ni(OH)_2 + 2e \rightarrow Ni + 2OH^-$ | $-0.306$ |
| 12 | $Fe(OH)_3 + e \rightarrow Fe(OH)_2 + OH^-$ | $-0.146$ |
| 13 | $PbO + H_2O + 2e \rightarrow Pb + 2OH^-$ | $-0.136$ |
| 14 | $Cu_2O + H_2O + 2e \rightarrow 2Cu + 2OH^-$ | $+0.056$ |
| 15 | $CuO + H_2O + 2e \rightarrow Cu + 2OH^-$ | $+0.156$ |
| 16 | $Cu(OH)_2 + 2e \rightarrow Cu + 2OH^-$ | $+0.19$ |
| 17 | $AgCl + e \rightarrow Ag + Cl^-$ | $+0.22$ |
| 18 | $O_2 + 2H_2O + 2e \rightarrow H_2O_2 + 2OH^-$ | $+0.268$ |
| 19 | $Hg_2Cl_2 + 2e \rightarrow 2Hg + 2Cl^-$ | $+0.27$ |
| 20 | $Mn(OH)_3 + e \rightarrow Mn(OH)_2 + OH^-$ | $+0.514$ |
| 21 | $I_2 + 2e \rightarrow 2I^-$ | $+0.534$ |
| 22 | $CrO_4^{2-} + 4H_2O + 3e \rightarrow Cr(OH)_3 + 5OH^-$ | $+0.560$ |
| 23 | $O_2 + 2H^+ + 4e \rightarrow 2OH^-$ | $+0.815$ |
| 24 | $Br_2 + 2e \rightarrow 2Br^-$ | $+1.09$ |
| 25 | $MnO_4^- + 2H_2O + 3e \rightarrow MnO_2 + 4OH^-$ | $+1.140$ |
| 26 | $H_2O_2 + 2e \rightarrow 2OH^-$ | $+1.356$ |
| 27 | $Cl_2 + 2e \rightarrow 2Cl^-$ | $+1.36$ |
| 28 | $F_2 + 2e \rightarrow 2F^-$ | $+2.85$ |
| | 酸性介质(pH=0) | |
| 29 | $2H^+ + 2e \rightarrow H_2$ | $0.00$ |
| 30 | $Fe^{3+} + e \rightarrow Fe^{2+}$ | $+0.771$ |
| 31 | $NO_3^- + 3H^+ + 2e \rightarrow HNO_2 + H_2O$ | $+0.94$ |
| 32 | $NO_3^- + 4H^+ + 3e \rightarrow NO + 2H_2O$ | $+0.96$ |
| 33 | $ClO_3^- + 3H^+ + 2e \rightarrow HClO_2 + H_2O$ | $+1.21$ |
| 34 | $O_2 + 4H^+ + 4e \rightarrow 2H_2O$ | $+1.229$ |
| 35 | $Cr_2O_7^{2-} + 14H^+ + 6e \rightarrow 2Cr^{3+} + 7H_2O$ | $+1.33$ |
| 36 | $PbO_2 + 4H^+ + 2e \rightarrow Pb^{2+} + 2H_2O$ | $+1.455$ |
| 37 | $Mn^{3+} + e \rightarrow Mn^{2+}$ | $+1.51$ |
| | 碱性介质(pH=14) | |
| 38 | $Mg(OH)_2 + 2e \rightarrow Mg + 2OH^-$ | $-2.69$ |
| 39 | $Mn(OH)_2 + 2e \rightarrow Mn + 2OH^-$ | $-1.55$ |
| 40 | $O_2 + 2H_2O + 4e \rightarrow 4OH^-$ | $+0.401$ |
| 41 | $ClO_2^- + H_2O + 2e \rightarrow ClO^- + 2OH^-$ | $+0.66$ |

### 2.2.3 参比电极

参比电极是一个半电池,如图 2-4 所示。这种装置实际上是一个原电池。其电动势 $\Delta E$ 可借助电位计测定。测量时电流应尽可能低,这样

$$\Delta E = E_{试样} - E_{参比} \quad 或 \quad E_{试样} = \Delta E + E_{参比} \tag{2-9}$$

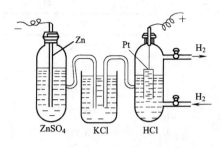

图 2-4 测量金属电极电位的装置

试验电极的电极电位绝对值很难测定,只能给出相对于参比电极的相对电位,即测量值 $\Delta E$。使用 $\Delta E$ 值时需要注明所用的参比电极。

常用的参比电极有以下几种:

(1)标准氢电极。标准氢电极是由电解镀铂丝浸在 $H^+$ 活度等于 1 的溶液和 $10^5 Pa$ 氢压气氛中构成的。规定在任何温度下,标准氢电极电势都为零,用 $E_H^\ominus$ 表示。

由于标准氢电极的实际制作与携带都不方便,所以,实际中广泛使用其他类型的参比电极。这些电极的制备容易,电势稳定,如甘汞电极,硫酸铜电极等。这些电极在腐蚀工程中是相当重要的。

(2)铜/硫酸铜电极。金属浸在含有自己离子的溶液中构成电极,如铜电极($Cu/CuSO_4$)等。金属电极的电极反应通式为:

$$Me \rightleftharpoons Me^{n+} + ne \qquad (2-10)$$

其电极电位表达式为:

$$E = E_0 + \frac{RT}{nF}\ln C \qquad (2-11)$$

硫酸铜电极是在工业中常用的参比电极。如地下管线阴极保护时,就使用它作参比电极。

(3)甘汞电极。甘汞电极是参比电极中用得最多的一种。可简化成:

$$Hg|Hg_2Cl_2|KCl(饱和水溶液) \parallel H(a_{H^+}=1), H_2 (1\times10^5 Pa)|Pt$$
$$(SCE) \qquad\qquad\qquad\qquad (NHE)$$

电池的左方称作饱和"甘汞电极",记作 SCE。

甘汞电极的优点是电位稳定,再现性好,缺点是对温度较敏感。

(4)银-氯化银电极。银-氯化银电极也是一种常用的参比电极。其优点是可以直接在中性氯化物溶液中使用,适合于微区测量,高温稳定性好,是在高温溶液中经常采用的一种参比电极。

表 2-4 列出了几种常用参比电极的电极电位。

表 2-4　一些常用参比电极的电极电位

| 种　类 | 电极的组成 | 电极电位/V(SHE) | |
|---|---|---|---|
| | | $E_{25}^\ominus$ | $dE/dt$ |
| 饱和甘汞电极 | $Hg/Hg_2Cl_2$,饱和 KCl 溶液 | 0.242 | $-0.76\times10^{-3}$ |
| 当量甘汞电极 | $Hg/Hg_2Cl_2$,1mol/L 的 KCl 溶液 | 0.280 | $-0.24\times10^{-3}$ |
| 海水甘汞电极 | $Hg/Hg_2Cl_2$,人工海水 | 0.296 | $-0.28\times10^{-3}$ |
| 饱和氯化银电极 | $Ag/AgCl$,饱和 KCl 溶液 | 0.196 | $-1.10\times10^{-3}$ |
| 海水氯化银电极 | $Ag/AgCl$,人工海水 | 0.250 | $-0.26\times10^{-3}$ |
| 饱和硫酸铜电极 | $Cu/CuSO_4$,饱和 $CuSO_4$ 溶液 | 0.316 | $+0.90\times10^{-3}$ |

注:电极电位 $E_{25}^\ominus + (t-325)dE/dt$,$t$ 为溶液温度。

## 2.3 极化

### 2.3.1 极化现象

把两块面积相等的锌片和铜片,置入盛有质量分数为 3% NaCl 溶液的同一容器中,如图 2-5 所示。在闭合开关之前,测出 Zn 及 Cu 电极的自腐蚀电位分别是:$E_{Zn} = -0.83V$,$E_{Cu} = +0.05V$。如回路电阻 $R = R_1$(导线、电流表及开关电阻) $+ R_2$(电解液电阻)$= 120 + 110 = 230\Omega$,此时,两电极的稳定电位差$(0.05 + 0.83 = 0.88V)$为原电池的电动势 $E_0$,当电池刚接通时,毫安表指示的起始瞬间电流值 $I_{始}$ 相当大。但瞬间电流很快下降,经过一段时间后,达到一个比较稳定的电流值 $I_2 = 200\mu A$(电流表指示),如图 2-6 所示。

$$I_{始} = \frac{E_0}{R} = \frac{0.05 - (-0.83)}{230} = 3826\mu A \tag{2-12}$$

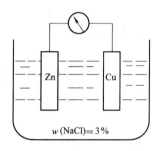

图 2-5 锌-铜腐蚀电池示意图

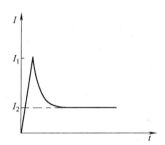

图 2-6 电极极化的 $I$-$t$ 曲线示意图

电流为什么会发生这种变化呢? 根据欧姆定律,回路电流:

$$I = \frac{\Delta E}{R} \tag{2-13}$$

式中 $\Delta E$——两电极电位差;

$R$——回路电阻。

分析,$I$ 减小的原因只有两种可能,一是电阻 $R$ 增大,二是电位差 $\Delta E$ 减小了。实际上,原电池回路中的电阻在通路后的短时间内并未发生变化。因此,电流急剧下降只能归结为两电极间的电位差发生了变化,实验已证实了这一点。图 2-7 是腐蚀电池接通电路前后电位随时间变化示意图。由图可见,当电路接通后,阳极电位向正方向变化,阴极电位向负方向变化,结果使原电池电位差由 $\Delta E_0$ 变为 $\Delta E_t$,显然 $\Delta E_t < \Delta E_0$。这种由于电极上有净电流通过,电极电位显著地偏离了未通净电流时的起始电位的变化现象通常称为极化。由于有电流通过而发生的电极电位偏离于原电极电位 $E_{i=0}$ 的变化值,称作过电位。通常用希腊字母 $\eta$ 表示:

$$\eta = E_{i=0} - E_0 \tag{2-14}$$

综上可知,电极极化(无论阳极极化还是阴极极化)程度与电流密度有关。因此探讨产生极化的原因及其影

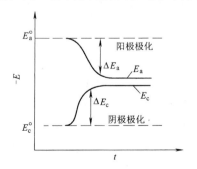

图 2-7 电位-时间关系曲线

41

响因素,对抑制或减少金属腐蚀具有很重要的意义。

### 2.3.2 极化原因

#### 2.3.2.1 阳极极化

通阳极电流电极电位向正的方向变化叫阳极极化。产生阳极极化原因:

(1)活化极化。阳极过程是金属离子从基体转移到溶液中并形成水化离子的过程:

$$Me^{n+} \cdot ne + m H_2O \rightarrow Me^{n+} \cdot m H_2O + ne \tag{2-15}$$

由此可见,只有阳极附近所形成的金属离子不断地迁移到电解质溶液中,该过程才能顺利进行。如果金属离子进入到溶液里的速度小于电子从阳极迁移到阴极的速度,则阳极上就会有过多的带正电荷金属离子的积累,由此引起电极双电层上的负电荷减少,于是阳极电位就向正方向移动,产生阳极极化。这种极化称为活化极化或电化学极化。其过电位用 $\eta_a$ 表示。

(2)浓差极化。在阳极过程中产生的金属离子首先进入阳极表面附近的溶液中,如果进入到溶液中的金属离子向远离阳极表面的溶液扩散得缓慢时,会使阳极附近的金属离子浓度增加,阻碍金属继续溶解,必然使阳极电位往正方向移动,产生阳极极化。这种极化称为浓差极化。浓差极化的过电位用 $\eta_c$ 表示。

(3)电阻极化。在阳极过程中,由于某种机制在金属表面上形成了钝化膜,阳极过程受到了阻碍,使得金属的溶解速度显著降低,此时阳极电位剧烈地向正的方向移动,由此引起的极化称为电阻极化。其过电位用 $\eta_r$ 表示。

由此可见,阳极极化对抑制、降低腐蚀速度是有利的,反之消除阳极极化就会促进阳极过程进行,加速腐蚀。

#### 2.3.2.2 阴极极化

通阴极电流电极电位向负的方向移动,这种现象称为阴极极化。其极化原因为:

(1)阴极活化极化。阴极过程是接收电子过程,即

$$D + ne \rightarrow (D \cdot ne) \tag{2-16}$$

如果由阳极迁移来的电子过多,由于某种原因阴极接受电子的物质与电子结合的速度进行得很慢,使阴极积累了剩余电子,电子密度增高,结果使阴极电位向负方向移动,产生阴极极化。这种由于阴极过程或电化学过程进行的缓慢引起的极化称作阴极活化极化或电化学极化,其过电位用 $\eta_a$ 表示。

(2)阴极浓差极化。阴极附近参与反应的物质或反应产物扩散较慢引起阴极过程受阻,造成阴极电子堆积,使阴极电位向负方向移动,由此引起的极化为浓差极化,其过电位用 $\eta_c$ 表示。

### 2.3.3 过电位

电极极化值($\Delta E$)是工作电位 $E$ 对其起始电位(净电流等于零)$E_{i=0}$ 的偏离值。在电极反应的一系列步骤中,任何一个步骤的速度缓慢都起到对整个电极反应过程的控制作用。因此,过电位可以看作是电极反应中某一确定的单元步骤受到阻碍而引起的电极极化的结果。

#### 2.3.3.1 活化极化过电位

(1)活化极化过电位。活化极化过电位不仅与一定的电极体系有关,并且与电极反应的电流密度之间存在一定的函数关系。

活化极化是指由于电极反应速度缓慢所引起的极化,或者说电极反应是受电化学反应速度控制,因此活化极化也称电化学极化。它在阴极、阳极过程中均可发生,但在析氢或氧去极化的阴极过程中尤为明显。1905 年,塔菲尔(Tafel)在研究氢在若干金属电极上发生电化学反应时,发现许多金属在很宽的电流密度范围内,析氢的过电位与电流密度之间呈现半对数关系。若将 $\eta$ 对 $\lg i$ 作图可得一直线。称此关系为塔菲尔关系,即

$$\eta_a = \pm \beta \lg \frac{i}{i^\circ}$$

或

$$\eta_a = a + b \ln i \tag{2-17}$$

式中　　$\eta_a$——电化学极化过电位;

　　　　$\beta$——Tafel 常数或 Tafel 直线斜率;

　　　　$i$——电流密度(阳极或阴极反应速度);

　　　　$i^\circ$——交换电流密度;

　　　　$a$——通过单位极化电流密度时的过电位;

　　　　$b$——极化曲线斜率,其值范围在 0.1～0.14V;

　　　　$\pm$——代表阳极、阴极极化。

$0 < a < 1$,$\beta$ 为常数,通常在 0.05～0.15V,一般取 0.1V。

氢电极的电化学极化曲线示于图 2-8。由图看出:过电位 $\eta_a$ 变化很小,而腐蚀电流密度 $i$ 变化很大。这说明,电极过程的过电位大小,除取决于极化电流外,还与交换电流密度有关。交换电流密度 $i^\circ$ 越小,过电位越大,耐蚀性越好;$i^\circ$ 越大,其过电位愈小,说明电极反应的可逆性大。交换电流密度 $i^\circ$ 是氧化-还原反应的特征函数。$i^\circ$ 与电极成分、溶液温度有关,还与电极表面状态有关。

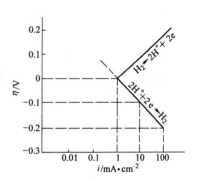

图 2-8　氢电极的电化学极化曲线

(2)交换电流密度。如果在一个电极上只进行式(2-7)所表示的一个电极反应,当这个电极反应处于平衡时,其阴极反应和阳极反应的速度相等,即 $|\vec{i_c}| = |\overleftarrow{i_a}| = i^\circ$。

显然 $i^\circ$ 是 $\vec{i_c}$ 和 $\overleftarrow{i_a}$ 的绝对值相等的电流密度,$i^\circ$ 称为电极反应的交换电流密度。可见,交换电流密度 $i^\circ$ 本身是在平衡电位下电极界面上出现的电荷交换速度的定量的度量值。它即表示氧化反应绝对速度,也可表示还原反应绝对速度,没有正向与反向之分。交换电流密度 $i^\circ$ 定量地描述了电极反应的可逆程度,即表示了电极反应的难易程度。

实际上,$i^\circ$ 总是具有一定的值。$i^\circ$ 越大,电极上通过一定极化电流时,电极电位偏离平衡电位越小;$i^\circ$ 越小,在相同极化电流密度下,电极电位偏离平衡电位越远。

可见,交换电流密度是电荷迁移过程的一个非常重要的动力学参数。不同电极反应的 $i^\circ$ 固然不同,在不同电极材料上进行同一个电极反应,其 $i^\circ$ 相差也很大。例如分别在金属汞、铁、铂金等电极上进行析氢反应,其 $i^\circ$ 相差几个数量级,这说明不同金属材料对同一种电极反应的催化能力是很不相同的。

#### 2.3.3.2　浓差极化过电位

在电极反应过程中,如果电化学反应进行得很快,而电解质中物质传输过程很缓慢,导

致反应物扩散迁移速度不能满足电极反应速度的需要；或生成物从电极表面向溶液深处扩散过程的滞后，使反应物或生成物在电极表面的浓度和溶液中的浓度出现差异，形成浓度差，由此引起了电位移动，称为浓差极化。

在实践中，阴极浓差极化要比阳极浓差极化重要得多。故在腐蚀研究中，常以氧为去极剂的阴极反应为例讨论浓差极化。

(1)极限扩散电流密度 $i_D$

氧向阴极扩散速度可由 Fick 第二定律得出：

$$v_1 = \frac{D}{\delta}(C - C_e) \tag{2-18}$$

式中　　$D$——扩散系数；

　　　　$\delta$——扩散层厚度；

　　　　$C_e$——电极表面氧的浓度；

　　　　$C$——溶液中氧的浓度。

电极反应速度可由法拉第定律得出：

$$v_2 = \frac{i}{nF} \tag{2-19}$$

式中　　$i$——电流密度；

　　　　$n$——价数；

　　　　$F$——法拉第常数。

若扩散控制时，氧向阴极扩散速度与电极反应速度相等，即 $v_1 = v_2$。则

电极反应速度：

$$i_d = \frac{DnF}{\delta}(C - C_e) \tag{2-20}$$

当电极反应达到稳态时，总的电流密度等于迁移电流密度和扩散电流密度之和：

$$i_{总} = i_m + i_d = i_{总} t_i + \frac{nFD}{\delta}(C - C_e)$$

$$i_{总} = \frac{nFD}{(1 - t_i)\delta}(C - C_e) \tag{2-21}$$

式中　　$i_m$——物质迁移电流；

　　　　$t_i$——$i$ 物质迁移数。

通电前，$i = 0$，$C = C_e$ 即电极表面氧原子浓度与溶液中氧原子浓度一致。

通电后，$i \neq 0$，$C > C_e$ 随电极反应的进行，电极附近氧原子不断消耗，$C_e$ 降低。当 $C_e \rightarrow 0$ 时：

$$i_d = \frac{nFD}{(1 - t_i)\delta}C \tag{2-22}$$

由于 $C_e \rightarrow 0$，电极表面几乎无反应离子或氧存在，因此该离子迁移数趋于零，即 $t_i \rightarrow 0$。此时，$i_d$ 值达到最大，即 $i_d \rightarrow i_D$。则

$$i_D = \frac{nFD}{\delta}C \tag{2-23}$$

式中　　$i_D$——极限扩散电流密度。

它间接地表示扩散控制的电化学反应速度。由式(2-23)可见：

1）温度降低，扩散系数 $D$ 值减小，$i_D$ 也减小，腐蚀速度降低。

2）反应物质浓度降低，如溶液中氧或氢离子浓度降低，腐蚀速度也减小。

3）通过搅拌或改变电极的形状，减少扩散层厚度将增大极限电流密度 $i_D$，加速腐蚀；反之，增加扩散层厚度，使极限扩散电流密度降低，从而提高耐蚀性。

（2）浓差极化过电位 $\eta_c$

浓差极化是由电极附近的反应离子与溶液中反应离子的浓度差引起的。以氢为例推导浓差极化过电位 $\eta_c$ 与电流密度的关系。

$$\text{反应前，氢电极电位为：} E_H = E_0 + \frac{0.059}{n} T \lg C_H \tag{2-24}$$

$$\text{反应后，氢电极电位为：} E_{H'} = E_0 + \frac{0.059}{n} T \lg C_{e\,H^+} \tag{2-25}$$

反应进行中，由于阴极过程消耗了 $H^+$，使电极表面 $H^+$ 浓度小于溶液中 $H^+$ 的浓度，即 $C_{eH^+} < C_{H^+}$，产生浓差极化。其过电位可表示为：

$$\eta_c = E'_H - E_H = \frac{0.059}{n} T \ln \frac{C_{eH^+}}{C_{H^+}} \tag{2-26}$$

由式(2-21)及式(2-22)，$i/i_d$ 之比为：

$$i/i_d = \frac{\dfrac{nFD}{(1-t_i)\delta}(C_{H^+} - C_{eH^+})}{\dfrac{nFD}{(1-t_i)\delta} C_{H^+}} = 1 - \frac{C_{eH^+}}{C_{H^+}}$$

$$\frac{C_{eH^+}}{C_{H^+}} = 1 - \frac{i}{i_D}$$

则

$$\eta_c = \frac{0.059}{n} T \lg\left(1 - \frac{i}{i_D}\right) \tag{2-27}$$

由此可见，只有当还原电流密度 $i$ 增加到接近极限电流密度 $i_D$、即 $i = i_D$ 时，$\eta_c \to \infty$，此时电极表面浓度 $C_e \to 0$；当 $i \ll i_D$ 时，$\eta_c \to 0$，说明只存在电化学极化而无浓差极化，如图2-9所示。

溶液流速增加，扩散层厚度降低，导致扩散电流密度 $i_D$ 增大，如图 2-10 所示。另外，温度、反应物浓度增加也会使极限电流密度增大，从而加剧阳极腐蚀。

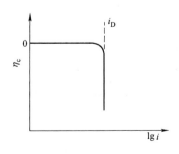

图 2-9　浓差极化曲线

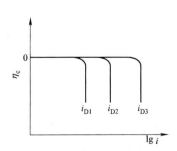

图 2-10　介质流速对浓差极化的影响

实际上，当浓差极化使电位负移到一定值时，在电极表面上可能出现新的电化学过程。

### 2.3.3.3 混合极化过电位

在一些实际的电极体系中,经常同时出现浓差极化和电化学极化两种情况,即电极过程的控制步骤是由扩散传质步骤和电化学步骤混合组成。在这种情况下,电极极化规律由电化学极化和浓差极化共同决定。其表达式:

$$\eta_T = \eta_a + \eta_c$$
$$= \pm\beta\lg\frac{i}{i^\circ} + 2.3\frac{RT}{nF}\lg\left(1 - \frac{i}{i_D}\right) \tag{2-28}$$

式中　$\eta_T$——混合极化过电位。

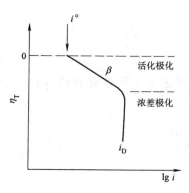

图 2-11　混合极化曲线

混合极化曲线示于图 2-11。

#### 2.3.3.4 电阻极化过电位

由于有电流通过,在电极表面上可能生成使电阻增加的物质(钝化膜),由此产生的极化现象,称为电阻极化。由电阻极化引起的过电位为电阻极化过电位。其表达式:

$$\eta_r = iR \tag{2-29}$$

在极化过程中,能形成氧化膜、盐膜、钝化膜等增加阳极电阻的物质均可引起电阻极化。电阻极化主要发生在阳极上,使阳极金属溶解速度显著降低。

### 2.3.4 极化曲线

#### 2.3.4.1 极化曲线概念

表示电极电位和电流之间关系的曲线叫作极化曲线。

极化曲线又可分为表观极化曲线和理想极化曲线。

理想极化曲线是以单电极反应的平衡电位作为起始电位的极化曲线。

对于绝大多数金属电极体系,由于金属自溶解效应,即使在最简单情况下,也是双电极反应。因此,在这种情况下,所测得的电极电位是自腐蚀电位而不是平衡电极电位。由实验测得的腐蚀电位与外加电流之间关系曲线称为表观极化曲线或实测极化曲线。显然表观极化曲线的起始电位只能是非平衡电极电位而不是平衡电极电位。

在研究金属腐蚀的过程中,常用外加电流方法来测定金属的阳极、阴极极化曲线。

测定阳极极化曲线时,把金属电极接在恒电位仪的工作电极上,通阳极电流,测得的极化曲线为阳极极化曲线。

测定阴极极化曲线时,把金属电极接在恒电位仪的工作电极上,通阴极电流,测得的极化曲线为阴极极化曲线。

在金属腐蚀与防护研究中,测定金属电极表观极化曲线是常用的一种研究方法。比如确定电化学保护参数、研究晶间腐蚀、相提取、测定孔蚀电位、确定应力腐蚀破裂电位等等,同时可通过测得的极化曲线或极化数据确定腐蚀电流,以及探讨腐蚀过程机理、控制因素等。

#### 2.3.4.2 极化曲线的测定方法

极化曲线的测定分稳态法和暂态法。暂态法极化曲线的形状与时间有关,测试频率不同,极化曲线的形状不同。暂态法能反映电极过程的全貌,便于实现自动测量,具有一系列的优点。但稳态法仍是最基本的研究方法。稳态法是指测量时与每一个给定电位对应的响应信号(电流)完全达到稳定不变的状态。

稳态法按其控制方式分恒电位法和恒电流法。

(1)恒电位法是以电位为自变量,测定电流与电位的函数关系 $i=f(E)$。

(2)恒电流法是以电流为自变量,测定电位与电流的函数 $E=f(i)$ 的关系。

恒电位法和恒电流法有各自的适用范围。恒电流法使用仪器较为简单,也易于控制,主要用于一些不受扩散控制的电极过程,或电极表面状态不发生很大变化的电化学反应。但当电流和电位间呈多值函数关系时,则测不出活化向钝化转变的过程,如图 2-12 中 *abef* 曲线。恒电位法适用范围较宽,不仅适合电流和电位的单值函数关系,也适用多值函数关系,如图 2-12 中 *abcdef* 曲线。采用恒电位法能真实地反映电极过程,测出完整的极化曲线。其测试装置如图 2-13 所示。

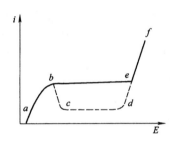

图 2-12　用稳态法测定的极化曲线示意图

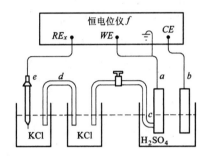

图 2-13　恒电位仪测定装置

*a*—研究电极;*b*—辅助电极(铂);*c*—鲁金毛细管;
*d*—盐桥;*e*—参比电极;*f*—恒电位仪

### 2.3.4.3　阳极极化曲线

电阻极化是发生在阳极过程中的一种特殊的极化行为。典型的实例是 Fe 在稀 $H_2SO_4$ 中的阳极极化曲线。图 2-14 示出了用恒电位法测定纯 Fe 在 $c(H_2SO_4)=0.5mol/L$ 溶液中阳极极化曲线的示意图。整个曲线可分为四个区:

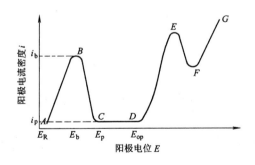

图 2-14　典型的阳极极化曲线

$i_b$—临界钝态电流密度(致钝电流密度);$i_p$—钝态电流密度(维钝电流密度);$E_R$—稳态电位(开路电位);
$E_p$—钝态电位(维钝电位);$E_b$—临界钝化电位(致钝电位);$E_{op}$—过钝化电位

(1)*A-B* 区——活性溶解区。金属的自腐蚀电位 $E_R$ 到临界钝化电位 $E_b$ 之间为活性溶解区,即 *A-B* 区。金属电极的阳极电流密度随电位升高而增大。金属处于活性溶解状态,以低价形式溶解。

$$Me \rightarrow Me^{n+} + ne \tag{2-30}$$

对于 Fe 来说:
$$Fe \rightarrow Fe^{2+} + 2e \tag{2-31}$$

溶解速度符合塔菲尔规律: $\eta = a + b\lg i = \pm \beta \lg \dfrac{i}{i^\circ}$ $\tag{2-32}$

(2) $B$-$C$ 区——活化-钝化过渡区。当电极电位达到临界钝化电位 $E_b$ 时,金属表面状态发生突变,电位继续增加,电流急剧下降,金属由活化态进入钝化态。此时,金属表面上生成过渡氧化物:

$$3Me + 4H_2O \rightarrow Me_3O_4 + 8H^+ + 8e \tag{2-33}$$

对于 Fe:
$$3Fe + 4H_2O \rightarrow Fe_3O_4 + 8H^+ + 8e \tag{2-34}$$

对应于 $B$ 点的电位 $E_b$、电流密度 $i_b$ 分别称为致钝电位和致钝电流密度。$B$ 点标志着金属钝化的开始,具有特殊的意义。

(3) $C$-$D$ 区——钝化区或稳定钝化区。在这个区金属处于钝态并以 $i_p$(维钝电流密度)速度溶解着。$i_p$ 基本上与电极电位无关,即随着电位增加,在一个相当宽的电位范围内金属阳极溶解速度几乎保持不变。此时金属表面上可能生成一层耐蚀性好的高价氧化物膜。

$$2Me + 3H_2O \rightarrow Me_2O_3 + 6H^+ + 6e \tag{2-35}$$

对于 Fe:
$$2Fe + 3H_2O \rightarrow Fe_2O_3 + 6H^+ + 6e \tag{2-36}$$

显然,金属氧化膜的溶解速度决定了金属的溶解速度,而金属按式(2-35)反应修复氧化膜。所以 $i_p$ 是维持稳定钝态所必需的电流密度。

(4) $D$-$E$ 区——过钝化区。过钝化区的特征是阳极电流密度再次随电位的升高而增大。当电位超过 $E_{op}$ 时,金属溶解速度急剧增加,这可能是由于氧化膜进一步氧化生成更高价的可溶性的氧化物的缘故。

$$Me_2O_3 + 4H_2O \rightarrow Me_2O_7^{2-} + 8H^+ + 8e \tag{2-37}$$

例如,不锈钢在钝化区 Cr 是以 $Cr^{3+}$ 形式溶解,而在过钝化区,溶解产物是重铬酸盐阴离子 $Cr_2O_7^{2-}$ 或铬酸盐 $CrO_4^{2-}$ 形式,而 Fe 在过钝化区,除了继续生成三价 Fe 离子外,还可能发生析氧的电极反应:

$$4OH^- \rightarrow O_2 + 2H_2O + 4e \tag{2-38}$$

## 2.4 去极化

### 2.4.1 去极化

凡是能消除或抑制原电池阳极或阴极极化过程的均叫作去极化。能起到这种作用的物质叫作去极剂,去极剂也是活化剂。

对腐蚀电池阳极极化起去极化作用的叫阳极去极化,对阴极起去极化作用的叫阴极去极化。

凡是在电极上能吸收电子的还原反应都能起到去极化作用。阴极去极化反应一般有下列几种类型:

(1)阳离子还原反应

$$Cu^{2+} + 2e \rightarrow Cu \tag{2-39}$$

$$Fe^{3+} + e \rightarrow Fe^{2+} \tag{2-40}$$

(2)析氢反应

$$2H^+ + 2e \rightarrow H_2 \tag{2-41}$$

（3）阴离子的还原反应

$$NO_3^- + 2H^+ + 2e \rightarrow NO_2^- + H_2O \tag{2-42}$$

$$Cr_2O_7^{2-} + 14H^+ + 6e \rightarrow 2Cr^{3+} + 7H_2O \tag{2-43}$$

（4）中性分子的还原反应

$$O_2 + 2H_2O + 4e \rightarrow 4OH^- \tag{2-44}$$

$$Cl_2 + 2e \rightarrow 2Cl^- \tag{2-45}$$

（5）不溶性膜或沉积物的还原反应

$$Fe_3O_4 + H_2O + 2e \rightarrow 3FeO + 2OH^- \tag{2-46}$$

$$Fe(OH)_3 + e \rightarrow Fe(OH)_2 + OH^- \tag{2-47}$$

另外,利用机械方式减少扩散层厚度、降低生成物浓度、在介质中加入过电位低的 Pt 盐等均可加速阴极过程。

上述各类反应中,最重要最常见的两种阴极去极化反应是氢离子和氧分子阴极还原反应。铁、锌、铝等金属及其合金在稀的还原酸溶液中的腐蚀,其阴极过程主要是氢离子还原反应。锌、铁等金属及其合金在海水、潮湿大气、土壤和中性盐溶液中的腐蚀,其阴极过程主要是氧去极化反应。

### 2.4.2 析氢腐蚀

#### 2.4.2.1 氢去极化与析氢腐蚀

以氢离子作为去极剂,在阴极上发生 $2H^+ + 2e \rightarrow H_2$ 的电极反应叫氢去极化反应。由氢去极化引起的金属腐蚀称为析氢腐蚀。

如果金属(阳极)与氢电极(阴极)构成原电池,当金属的电位比氢的平衡电位更负时,两电极间存在着一定的电位差,才有可能发生氢去极化反应。例如,在 pH 值为 7 的中性溶液中,氢电极的平衡电位可由奈恩斯斯公式求出:

$$E_H = E_0 + 0.059\lg[H^+] \tag{2-48}$$
$$= 0 + 0.059\lg[H^+]$$
$$= -0.413V$$

当金属(阳极)电位小于 $-0.413V$ 时,才有可能发生氢去极化腐蚀。

在酸性介质中一般电位负的金属如 Fe、Zn 等均能发生氢去极化腐蚀,电位更负的金属 Mg 及其合金在水中或中性盐溶液中也能发生氢去极化腐蚀。

#### 2.4.2.2 氢去极化的阴极极化曲线

氢离子被还原最终生成氢分子的总反应:

$$2H^+ + 2e \rightarrow H_2 \tag{2-49}$$

两个 $H^+$ 离子直接在电极表面同一位置上同时放电的几率很小,因此初始产物是 H 原子而不是 $H_2$ 分子。析氢反应可由下列几个连续步骤组成(一般在酸性溶液中):

（1）水化氢离子向电极扩散并在电极表面脱水

$$H^+ \cdot H_2O \rightarrow H^+ + H_2O \tag{2-50}$$

（2）氢离子与电极表面的电子结合(放电)形成原子氢,吸附在电极表面上。

$$H^+ + e \rightarrow H \tag{2-51}$$

(3)吸附在电极表面的 H 原子与刚发生放电的活性 H 原子结合成 $H_2$ 分子。

$$H(吸) + H[活性] \rightarrow H_2(吸附) \tag{2-52}$$

(4)氢分子形成气泡从表面逸出。

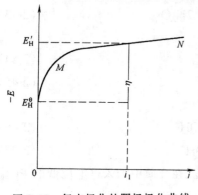

图 2-15 氢去极化的阴极极化曲线

上述步骤中,某一步骤进行得迟缓,整个析氢反应将会受到阻滞,此步骤即为全过程的控制步骤。一般 $H^+$ 离子与电子结合放电的电化学步骤最缓慢,使电子在阴极上堆积,由此产生阴极活化极化,阴极电位向负移动。如图 2-15 所示的典型的氢去极化阴极极化曲线 $E_H^\ominus MN$。由图可知,当阴极电流为零时,氢的平衡电位为 $E_H^\ominus$。可见在氢电极的平衡电位下将不能发生析氢反应。随阴极电流的增加,阴极极化程度增加,阴极电位向负移动的趋势增大;当阴极电位负到 $E_H'$ 时,才发生析氢反应,$E_H'$ 为析氢电位。析氢电位 $E_H'$ 与氢平衡电位 $E_H^\ominus$ 之差为析氢过电位,用 $\eta_H$ 表示。

$$\eta_H = E_H' - E_H^\ominus \tag{2-53}$$

析氢过电位是电流密度的函数,因此只有对应的电流密度的数值时,过电位才具有明确的定量意义。图 2-16 示出了电流密度与过电位的关系。由图看出,当电流密度较大时,$\eta$ 与 $\lg i$ 成直线关系,符合塔菲尔规律。

图 2-17 示出了在不同金属电极上析氢反应过电位 $\eta_H$ 与电流密度 $i$ 的对数关系。表 2-5 列出了一些金属析氢反应的常数 $a$、$b$ 值。表 2-6 列出一些金属的析氢过电位。

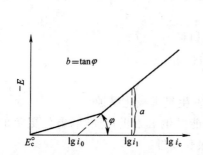

图 2-16 析氢过电位与电流密度的函数关系

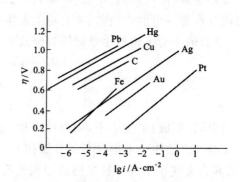

图 2-17 不同金属电极上的 $\eta_H$-$\lg i$ 关系曲线

表 2-5 在一些金属上进行析氢反应的常数 $a$ 和 $b$ 值(20℃)

| 金 属 | 溶 液 | $a$/V | $b$/V |
|---|---|---|---|
| Sb | $H_2SO_4$ $c(H_2SO_4) = 0.5mol/L$ | 1.56 | 0.110 |
| Hg | $H_2SO_4$ $c(H_2SO_4) = 0.5mol/L$ | 1.415 | 0.113 |
| Cd | $H_2SO_4$ $c(H_2SO_4) = 0.65mol/L$ | 1.4 | 0.120 |
| Zn | $H_2SO_4$ $c(H_2SO_4) = 0.5mol/L$ | 1.24 | 0.118 |
| Sn | $H_2SO_4$ $c(H_2SO_4) = 0.5mol/L$ | 1.24 | 0.116 |
| Cu | $H_2SO_4$ $c(H_2SO_4) = 0.5mol/L$ | 0.80 | 0.115 |

| 金 属 | 溶 液 | $a$ /V | $b$ /V |
|---|---|---|---|
| Ag | $H_2SO_4$ $c(H_2SO_4)=0.5mol/L$ | 0.95 | 0.116 |
| Fe | $H_2SO_4$ $c(H_2SO_4)=0.5mol/L$ | 0.70 | 0.125 |
| Ni | NaOH $c(NaOH)=0.11mol/L$ | 0.64 | 0.100 |
| Pd | KOH $c(KOH)=1.1mol/L$ | 0.53 | 0.130 |
| Pt(平滑的) | HCl $c(HCl)=1mol/L$ | 0.10 | 0.130 |

**表 2-6　一些金属的析氢过电位($i^o=1mA/cm^2$ 时)**

| 电极材料 | 电 解 质 | 过电位/V | 电极材料 | 电 解 质 | 过电位/V |
|---|---|---|---|---|---|
| Pb | $H_2SO_4$ $c(H_2SO_4)=0.5mol/L$ | 1.18 | C | $H_2SO_4$ $c(H_2SO_4)=1mol/L$ | 0.60 |
| Hg | HCl $c(HCl)=1mol/L$ | 1.04 | Cd | $H_2SO_4$ $c(H_2SO_4)=1mol/L$ | 0.51 |
| Be | HCl $c(HCl)=1mol/L$ | 0.63 | Al | $H_2SO_4$ $c(H_2SO_4)=0.5mol/L$ | 0.58 |
| In | HCl $c(HCl)=1mol/L$ | 0.80 | Ag | $H_2SO_4$ $c(H_2SO_4)=0.5mol/L$ | 0.35 |
| Pb | $H_2SO_4$ $c(H_2SO_4)=0.5mol/L$ | 1.18 | Cu | $H_2SO_4$ $c(H_2SO_4)=1mol/L$ | 0.48 |
| Mo | HCl $c(HCl)=1mol/L$ | 0.30 | W | $H_2SO_4$ $c(H_2SO_4)=0.5mol/L$ | 0.26 |
| Bi | $H_2SO_4$ $c(H_2SO_4)=1mol/L$ | 0.78 | Pt | $H_2SO_4$ $c(H_2SO_4)=0.5mol/L$ | 0.15 |
| Au | $H_2SO_4$ $c(H_2SO_4)=1mol/L$ | 0.24 | Ni | $H_2SO_4$ $c(H_2SO_4)=0.5mol/L$ | 0.30 |
| Pb | $H_2SO_4$ $c(H_2SO_4)=1mol/L$ | 0.14 | Fe | $H_2SO_4$ $c(H_2SO_4)=0.5mol/L$ | 0.37 |
| Zn | $H_2SO_4$ $c(H_2SO_4)=1mol/L$ | 0.72 | Sn | $H_2SO_4$ $c(H_2SO_4)=0.5mol/L$ | 0.57 |

　　在相同的条件下,析氢过电位愈大,意味着氢去极化过程就愈难进行,金属的腐蚀就愈慢。析氢过电位对研究金属腐蚀具有很重要的意义,因此,可用提高析氢过电位 $\eta_H$,降低氢去极化过程,控制金属的腐蚀速度。

**2.4.2.3　提高析氢过电位措施**

　　(1)加入析氢过电位高的合金元素。如加入 Hg、Pb 等合金元素,提高合金的析氢过电位,增加合金的耐蚀性。图 2-18 表明了合金元素对锌在稀硫酸中的腐蚀速度的影响。

　　(2)提高金属的纯度,消除或减少杂质。

　　(3)加入阴极缓蚀剂提高阴极析氢过电位。如在酸性溶液中加 As、Sb、Hg、盐,在阴极上析出 As、Sb、Hg,增加了金属的析氢过电位,从而提高了合金的耐蚀性。

**2.4.3　氧去极化腐蚀**

**2.4.3.1　氧去极化腐蚀**

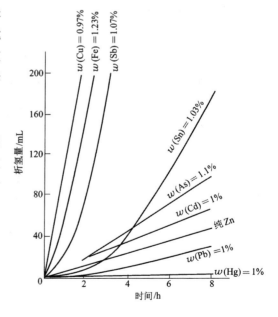

图 2-18　不同杂质对锌在 $c(H_2SO_4)$ $=0.25mol/L$ 的硫酸中腐蚀速度的影响

当电解质溶液中有氧存在时,在阴极上发生氧去极化反应,

在中性或碱性溶液中:

$$O_2 + 2H_2O + 4e \rightarrow 4OH^-$$ (2-54)

在酸性溶液中:

$$O_2 + 4H^+ + 4e \rightarrow 2H_2O$$ (2-55)

由此引起阳极金属不断溶解的现象称作氧去极化腐蚀。

当原电池的阳极电极电位较氧电极的平衡电位负时,即 $E_a < E_{O_2}^o$,才有可能发生氧去极化腐蚀。

氧的平衡电极电位可用奈恩斯特方程式计算:如在 pH = 7 的中性溶液中,$p_{O_2} = 2.1 \times 10^4$ Pa,氧的平衡电位为:

$$E = E_0 + \frac{2.3RT}{nF} \lg \frac{p_{O_2}}{[OH^-]^4}$$ (2-56)

$$E = 0.401 + \frac{0.059}{4} \lg \frac{0.21}{[10^{-7}]^4} = 0.815V$$

此式表明,在中性溶液中有氧存在时,如果金属的电位小于 0.815V,就可能发生氧去极化腐蚀。

许多金属及其合金在中性或碱性溶液中,在潮湿大气、海水、土壤中都可能发生氧去极化腐蚀,甚至在流动的弱酸性溶液中也会发生氧去极化反应。因此,与析氢腐蚀比较,氧去极化腐蚀更为普遍和重要。

### 2.4.3.2 氧去极化的阴极极化曲线

由于氧去极化的阴极过程与氧向金属表面输送过程及氧的离子化反应有关,所以氧去极化的阴极极化曲线比较复杂。

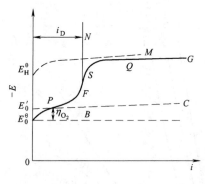

图 2-19 氧还原过程的总的阴极极化曲线

图 2-19 为氧去极化阴极过程的极化曲线,由于控制因素不同,这条曲线可以分为四个部分:

(1)阴极过程由氧离子化反应控制,即 $V_反 \ll V_输$。

由图 2-19 看出当阴极电流为零时,氧的平衡电极电位为 $E_0^o$,在此电位下不能发生氧去极化反应。当阴极电位负到一定程度即达到 $E_0'$ 时,才能发生氧去极化反应。$E_0'$ 为氧去极化电极电位。此阶段由于氧供应充分,阴极过程主要取决于氧的离子化反应,即活化极化过程。$E_0'PBC$ 线表明了氧离子化过电位($\eta_{O_2}$)与阴极极化电流密度之间的关系:

$$\eta_{O_2} = a + b\ln i = \pm \beta \lg \frac{i}{i^o}$$ (2-57)

式中　　$\eta_{O_2}$——氧去极化过电位,$\eta_{O_2} = E_0' - E_0^\ominus$;

$E_0^\ominus$——氧平衡电极电位;

$a$——单位电流密度时的过电位,与电极材料、表面状态有关的常数;

$b$——与电极材料无关,一般约为 0.118V。

此式说明,同等条件下,$\eta_{O_2}$ 愈小,表示氧去极化反应愈容易进行。

(2)阴极过程由氧的扩散过程控制,即 $V_{输} \ll V_{反}$。

随着电流密度的不断增大,氧扩散过程缓慢引起浓差极化。当 $i = i_D$ 时,阴极极化过程如图 2-19 中曲线 $FSN$ 所示。在这种情况下,电极电位急剧地向负方向移动,整个阴极过程完全由氧的扩散过程控制。此阶段的浓差极化的过电位 $\eta_c$ 与电流密度关系为:

$$\eta_c = \frac{RT}{nF} \times 2.3\lg\left(1 - \frac{i}{i_D}\right) \tag{2-58}$$

式(2-58)表明,阴极过程与电极材料无关,而完全取决于氧的极限扩散电流密度。

(3)阴极过程由氧的离子化反应与氧的扩散过程混合控制,即 $V_{输} = V_{反}$。

当阴极电流为 $\frac{1}{2}i_D < i < i_D$ 时,阴极过程与氧的离子化反应及氧的扩散过程都有关,即由活化极化与浓差极化混合控制。在这种情况下,阴极过程的过电位与电流密度的关系为:

$$\eta_T = \eta_a + \eta_c = \pm\beta\lg\frac{i}{i^\circ} + 2.3\frac{RT}{nF}\lg\left(1 - \frac{i}{i_D}\right) \tag{2-59}$$

(4)阴极过程由氧去极化及氢去极化共同控制。

由图 2-19 看出,当 $i = i_D$ 时,极化曲线将保持着 $FSN$ 的走向。实际上,电位向负方向移动不可能无限度,因为电位负到一定数值时,在电极上除了氧参与去极化反应外,还可能有某种新的物质参与电极反应。如在水溶液中,当电位负到 -1.23V 时,阴极上会出现析氢反应的阴极过程。此时,电极过程就由吸氧和析氢过程混合控制,如图 2-19 中曲线 $FSQG$ 所示。此时电极上总的阴极电流密度由氢去极化的电流密度和氧去极化的电流密度共同组成:

$$i = i_{O_2} + i_{H_2} \tag{2-60}$$

#### 2.4.3.3 影响氧去极化腐蚀的因素

多数情况下,发生的氧去极化腐蚀主要由扩散过程控制。腐蚀电流受氧去极化反应的极限电流密度影响。因此,凡是影响极限扩散电流密度的因素均能影响氧去极化腐蚀。如氧的扩散系数、氧的浓度以及扩散层厚度等。

(1)氧的浓度。根据 $i_D = nFD\dfrac{c}{\delta}$ 公式,极限扩散电流密度随溶解氧的浓度增加而增加。对于阳极活化体系(非钝化体系),氧去极化腐蚀速度随着氧的浓度增加而增加,如图 2-20 所示。

对于阳极可钝化体系,氧去极化腐蚀速度与氧的浓度关系要复杂得多,见图 2-21。图中 $N$ 代表可钝化金属的阳极极化曲线,氧浓度 $c_1 < c_2 < c_3$。当氧浓度由 $c_1$ 增大到 $c_2$ 时,氧的平衡电位 $E_{c1}$ 正移到 $E_{c2}$。当溶液其他条件不变时,金属腐蚀速度由 $\lg i_{D1}$ 增加到 $\lg i_{D2}$。当氧浓度增加到 $c_3$ 时,极限电流密度 $\lg i_{D3}$ 大于金属的临界钝化电流密度 $i_b$,此时金属由活化溶解状态转入钝化态,金属的腐蚀速度降到 $i_p$,即维钝电流密度。

(2)流动速度。在氧浓度一定的情况下,极限扩散电流密度与扩散层厚度 $\delta$ 成反比。溶液流速增加使扩散层厚度减小,腐蚀

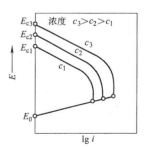

图 2-20　活化金属的腐蚀速度与氧浓度的关系

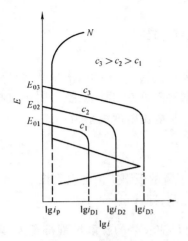

图 2-21　氧浓度对活化-钝化
金属腐蚀速度的影响

速度增加。图 2-22 示出了活化体系受介质流速影响的示意图。由图可知,腐蚀速度随溶液流速的增加而增加。当流速增加到某一定值后,由于氧供应充足,阴极由氧的扩散控制变成了活化控制。此时阳极极化曲线不再与浓差极化部分相交,而与活化极化部分相交(图 2-22 中 $D$ 点),此时活化控制的腐蚀速度与介质的流速无关。

图 2-23 表示了溶液流速对可钝化体系的影响。在氧扩散控制的条件,体系未进入钝态前,腐蚀速度随流速增加而增加。当流速达到或超过速度 3 时,极限扩散电流密度 $i_D$ 已达到或超过临界钝化电流密度 $i_b$,金属由活化态转变为钝态。此时阳极(金属)的腐蚀由氧扩散控制转变为阳极电阻极化控制,其腐蚀速度为维钝电流密度 $i_p$(图中 $D$ 点速度)。但是,当溶液流速继续增加时,如速度达到 4,腐蚀过程又转为氧扩散控制,其腐蚀速度将迅速增加。这是由于流速过大液体的冲击或气泡作用将钝化膜冲破导致活化溶解。

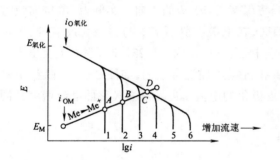

图 2-22　流速对扩散控制的活化
金属腐蚀速度影响

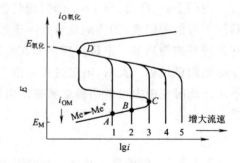

图 2-23　流速对扩散控制下的活化-
钝化金属的腐蚀速度的影响

(3)温度。通常溶液温度升高有利于提高界面反应速度。因此,在一定的温度范围内腐蚀速度将随温度升高而加速,如图 2-24 所示。但是在敞口系统中,温度升高会使氧的溶解度降低。尤其在近沸点温度时,腐蚀速度显著降低(图 2-24 中曲线 2)。

在封闭系统中(图 2-24 中曲线 1),温度升高使气相中氧分压增大,氧分压增大将增加氧在溶液中的溶解度,因此腐蚀速度将随温度增高而增大。

(4)盐浓度　这里所说的盐是指那些不具有氧化性或缓蚀作用的盐。随着盐浓度增加,溶液的电导率增大,腐蚀速度明显加快。如在中性溶液中当 NaCl 质量分数达到 3% 时,铁的腐蚀速度达到最大值,如图 2-25 所示。随着 NaCl 质量分数增加,氧的溶解度显著降低,铁的腐蚀速度迅速降低。

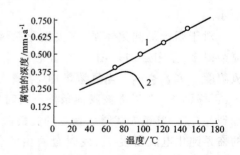

图 2-24　铁在水中的腐蚀速度与温度的关系
1—封闭系统;2—敞口系统

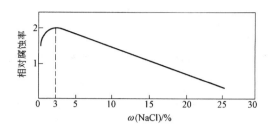

图 2-25　NaCl 浓度对铁在充气溶液中腐蚀率的影响

## 2.5　腐蚀极化图

### 2.5.1　伊文思(Evans)极化图

在研究金属腐蚀过程时,常用图解法来分析腐蚀过程和腐蚀速度的相对大小。尤其是讨论某些因素对腐蚀速度的影响时,图解法显得更方便。

如暂不考虑电位随电流变化细节,可将两个电极反应所对应的阴极、阳极极化曲线简化成直线画在一张图上,这种简化了的图称为伊文思极化图(图 2-26)。其横坐标用电流强度表示,纵坐标用电位表示。在一个均相的腐蚀电极上,如果只进行两个电极反应,则金属阳极溶解的电流强度 $I_a$ 一定等于阴极还原反应的电流强度 $I_c$。

在实验室里,一般用外加电流测定阴、阳极极化曲线来绘制伊文思极化图。

### 2.5.2　腐蚀电流

图 2-27 为伊文思腐蚀图。图中 $AB$ 为阳极极化曲线,$BC$ 为阴极极化曲线,$OG$ 表示欧姆电位降直线,$CH$ 为考虑到欧姆电位降和阴极极化电位降的总综合线。

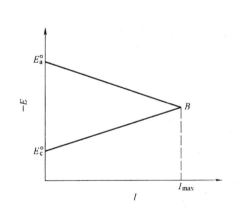

图 2-26　伊文思极化图示意图

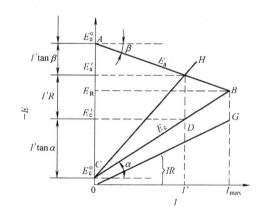

图 2-27　伊文思腐蚀图

当电流增加、电极电位移动不大时,表明电极过程受到的阻碍较小,也就是说电极的极化率较小。电极的极化率是用极化曲线的斜率即其倾斜角的正切表示。图中阳极极化率为 $\tan\beta$,阴极极化率为 $\tan\alpha$。若考虑欧姆压降,且腐蚀电流为 $I'$ 时:

阳极极化的电位降为 $\Delta E_a$:

$$E'_a - E^\circ_a = \Delta E_a = I'\tan\beta \tag{2-61}$$

阴极极化电位降为 $\Delta E_c$：

$$E'_c - E^o_c = \Delta E_c = I' \tan\alpha \tag{2-62}$$

用 $P_a$、$P_c$ 分别代表阳极和阴极的极化率时,式(2-61)及式(2-62)可变成：

$$E'_a - E^o_a = I' P_a \tag{2-63}$$

$$E'_c - E^o_c = I' P_c \tag{2-64}$$

即

$$P_a = \frac{\Delta E_a}{I'}$$

$$P_c = \frac{\Delta E_c}{I'}$$

实际上,$P_a$、$P_c$ 分别表示阳极、阴极的极化性能。

欧姆压降 $E'_a E'_c$ 为 $\Delta E_r$：

$$\Delta E_r = I' R \tag{2-65}$$

腐蚀电池(AHC 体系)的总压降为：

$$E^o_c - E^o_a = I' \tan\beta + I' \tan\alpha + I' R = I' P_a + I' P_c + I' R$$

$$I' = \frac{E^o_c - E^o_a}{P_a + P_c + R} \tag{2-66}$$

式(2-66)表明腐蚀电池的腐蚀电流与初始电位差、系统电阻和极化性能之间的关系。

多数情况下,电解质溶液的电阻非常小,也就是说欧姆电阻可忽略不计,则腐蚀速度可达到最大。即 $R \to 0$ 时,$I' \to I_{max}$,则

$$I_{max} = \frac{E^o_c - E^o_a}{P_a + P_c} \tag{2-67}$$

此式表明了,最大腐蚀电流($I_{max}$)与初始电位差及极化率间的关系。

### 2.5.3 腐蚀控制因素

腐蚀极化图是研究电化学腐蚀的重要工具。可用来确定腐蚀控制因素,还可用来分析腐蚀过程及影响因素等。

A 初始电位差与腐蚀电流的关系

当腐蚀电池的电阻趋近于零且其他条件相同时,腐蚀电池的初始电位差愈大(腐蚀原电池驱动力大),其腐蚀电流愈大,如图2-28所示。反之,其腐蚀电流愈小。

B 极化率与腐蚀电流关系

由公式(2-67)可知,当腐蚀电池中欧姆电阻可忽略,且初始电位一定的情况下,极化率愈小其腐蚀电流愈大,如图 2-29 所示。反之,其腐蚀电流愈小。

C 氢过电位与腐蚀速度的关系

阴极析氢过电位的大小与阴极电极材料的性能及表面状态有关,即在不同金属表面上氢过电位不同。由图 2-30 看出,虽然锌较铁的电位负,但由于 Zn 的氢过电位比 Fe 氢过电位高,锌在还原性酸溶液中的腐蚀速度反而比 Fe 小;如果在溶液中加入少量的 Pt 盐,由于氢在析出的铂上的过电位比 Fe、Zn 都低,所以铁和锌的腐

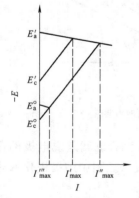

图 2-28 初始电位差对
腐蚀电流的影响

蚀速度都明显增加。

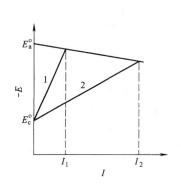

图 2-29　腐蚀电流与极化率的关系

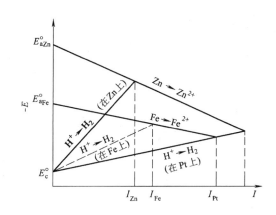

图 2-30　析氢过电位与腐蚀速度的关系

## 2.6　金属的钝化

金属的钝性在腐蚀科学中占有很重要的地位。钝化对控制金属在许多介质中的稳定性,提高金属的耐蚀性是极为重要的。但由于钝化现象的复杂性,人们对于产生钝化的机制、钝化膜的组成与性质等问题依然不十分清楚,仍有大量未知的问题,需要我们去研究和探索。

### 2.6.1　金属的钝化现象

钝态的概念最初是来自法拉第对 Fe 在 $HNO_3$ 溶液中溶解行为的观察。把一块铁片放在 $HNO_3$ 溶液中,观察其溶解速度与 $HNO_3$ 浓度的关系。发现铁片的溶解速度随硝酸的浓度增加而增大,但当 $HNO_3$ 的质量浓度达到 30% ~ 40% 时,溶解度达到最大值,当 $HNO_3$ 质量浓度大于 40% 时,铁的溶解速度随 $HNO_3$ 浓度增加而迅速下降;继续增加 $HNO_3$ 浓度,其溶解速度达到最小,如图 2-31 所示,这时把铁转移到稀的硫酸中铁不再发生溶解。此时铁且具有金属光泽,它的行为如同贵金属一样。勋巴恩(Schnbein)称铁在浓 $HNO_3$ 中获得的耐蚀状态为钝态。像铁那样的金属或合金在某种条件下,由活化态转为钝态的过程称为钝化,金属(合金)钝化后所具有的耐蚀性称为钝性。

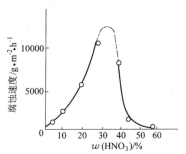

图 2-31　工业纯铁的溶解速度与硝酸浓度的关系(25℃)

钝化现象具有重要的实际意义。可利用钝化现象提高金属或合金的耐蚀性,如人们向铁中加入 Cr、Ni、Al 等金属研制成不锈钢、耐热钢等;另外在有些情况下又希望避免钝化现象的出现。如电镀时阳极的钝化常带来有害的后果,它使电极活性降低,从而降低了电镀效率等。

### 2.6.2　钝化原因及其特性曲线

#### 2.6.2.1　钝化原因

引起金属钝化的因素有化学及电化学两种。化学因素引起的钝化,一般是由强氧化剂引起的。如硝酸，硝酸银、氯酸、氯酸钾、重铬酸钾、高锰酸钾以及氧等，它们也是钝化剂。有些非氧化性酸也能使金属钝化，如 Mo 在 HCl 中、Mg 在 HF 中的钝化。电化学钝化是指外加电流的阳极极化产生的钝化。如 Fe 在 0.5mol/L 的 $H_2SO_4$ 溶液中，外加电流引起的钝化。

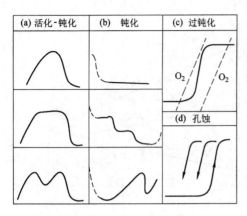

图 2-32　不同的金属钝化体系的
阳极极化曲线的主要特征

#### 2.6.2.2　钝化曲线的几种类型

不同的金属或合金的钝化体系将表现出各自不同特征。按活化-钝化过渡区、钝化区和过钝化区等特征，可把钝化体系的阳极极化曲线的主要特征归纳为如图 2-32 中所示的几种情况。

(1)活化-钝化过渡区(图 2-32(a))　有三种可能出现的曲线特征：其中最简单的情况只出现单一电流峰(图 3-32(a)中的第①种情况)；例如，Fe-稀 $H_2SO_4$ 体系就属于这类情况。第三种形式极化曲线中，则有多个电流峰出现(图 3-32(a)中第③种情况)。

(2)钝化区　对于多数钝化金属来说，在钝化区，稳态阳极电流是不随电位而变化的(图 2-32(b)中的第①种情况)，而对某些金属如 Co 则表现出逐级钝化的情况。即不同电位区间，其钝化程度也不相同(图 2-32(b)中第②种情况)。另外，少数金属，如 Ni，在钝化区内，它的钝态电流密度是随电位增加而增加的(如图 2-32(b)中第③种情况)。

(3)过钝化区　过钝化区的特征是，电位达到或超过钝化电位时，阳极溶解电流又突然随电位升高而增加，金属表面经受全面腐蚀(图 2-32(c))。当电位进一步升高，过钝化电流达到某一极限值时，过钝化电流对金属表面具有抛光作用。有两种过钝化模式，一种，如金属 Cr 所表现的那样，过钝化溶解产物是高价离子形式；另一种，如 Fe，它的过钝化溶解和钝化区溶解的离子一样。当溶液中存在对钝化膜有破坏作用的阴离子时，且电位达到某一临界电位(孔蚀电位)，则金属发生孔蚀。此时阳极极化曲线的形状如图 2-32(d)所示。当电流回扫时，曲线与原来的不重合。

#### 2.6.3　钝化膜的性质

多数钝化膜是由金属氧化物组成的。在一定条件下，铬酸盐、磷酸盐、硅酸盐及难溶的硫酸盐和氯化物也能构成成相膜。钝化膜与溶液的 pH 值、电极电位及阴离子性质，浓度有关。

如果把已钝化的金属，通阴极电流进行活化处理，测量活化过程中电位随时间的变化，可得到阴极充电曲线，如图 2-33 所示。由图可见，曲线上出现了电位变化很缓慢的平台，这表明还原钝化膜需要消耗一定的电量。研究发现，某些金属(Cd、Ag、Pb 等)的活化电位不仅与致钝电位很相近，还和使金属钝化的氧化物的平衡电位很相近。这说明钝化膜的生成与消失是在近于可逆条件下进行的。佛莱德(Flade)发现，在很快达到活化电位之前，金属所达到的电极电位愈正，钝态被破坏时溶液的酸性将愈强。这

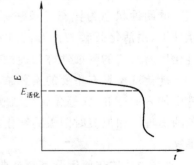

图 2-33　在钝态金属上测得
的阴极充电曲线示意图

个特征电位值称为 Flade 电位($E_F$)。佛朗克(Franck)发现,溶液 pH 值与 Flade 电位之间存在线性关系。这一结果与其他研究结果一致。钝态的 Fe、Cr、Ni 电极分别在 0.5mol/L 的 $H_2SO_4$ 中,当温度为 25℃时,$E_F$ 与 pH 值的关系如下:

$$E_F^{Fe} = 0.63 - 0.059pH \tag{2-68}$$

$$E_F^{Cr} = -0.22 - 2 \times 0.059pH \tag{2-69}$$

$$E_F^{Ni} = 0.22 - 0.059pH \tag{2-70}$$

由上式表明,$E_F$ 愈正,钝化膜的活化倾向愈大;$E_F$ 愈负,钝化膜的稳定性愈强。显然 Cr 钝化膜的稳定性比 Ni、Fe 钝化膜稳定性高。

虽然目前关于 Flade 电位的物理意义的说法尚不统一,但仍可用来相对地衡量钝化膜的稳定性。

某些活性的阴离子,如 $SCN^-$、卤素离子 $Cl^-$ 等对钝化膜的破坏作用最大。大量研究表明,在含 $Cl^-$ 离子的溶液中,钝化膜的结构发生了改变。并且由于氯离子半径小,穿透力强,最易透过膜内微小的孔隙,并与金属相互作用形成可溶性的化合物。恩格尔(Engell)和斯托利卡(Stolica)发现氯化物浓度在 $3 \times 10^{-4}$mol/L 时,钝态的铁电极上出现孔蚀,他们认为这是由于氯离子穿过氧化膜和 $Fe^{3+}$ 离子发生反应引起的。其反应为:

$$Fe^{3+} + 3Cl^- \rightarrow FeCl_3 \tag{2-71}$$

$$FeCl_3 \rightarrow Fe^{3+} + 3Cl^- \tag{2-72}$$

钝化膜穿孔发生溶解所需要的最低电位值称作孔蚀临界电位,简称孔蚀电位。或称击穿电位,用 $E_{br}$ 表示。图 2-34 示出了孔蚀电位与 $Cl^-$ 浓度的关系。由图看出,随着 $Cl^-$ 浓度增加,临界孔蚀电位将迅速降低。

不锈钢的点蚀电位与卤族离子浓度关系可用下式表示:

$$E_{br}^{x^-} = a + b\lg a_{x^-} \tag{2-73}$$

式中 $a$、$b$ 是与钢种、卤族离子种类有关的常数。

18-8 不锈钢在卤化物溶液中的点蚀电位 $E_{br}$ 如下:

$$E_{br}^{Cl^-} = -0.88\lg a_{Cl^-} + 0.168V \tag{2-74}$$

$$E_{br}^{Br^-} = -0.126\lg a_{Br^-} + 0.294V \tag{2-75}$$

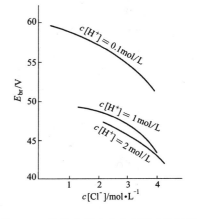

图 2-34　临界击穿电位与[$Cl^-$]的关系

一般孔蚀电位愈正,发生孔蚀愈困难。使不锈钢发生点蚀的程度按 $Cl^- > Br^- > I^-$ 顺序降低。

### 2.6.4　钝化理论

金属由活化态进入钝态是一个较复杂的过程。由于金属形成钝化膜的环境及形成钝化膜的机制不同,不可能有统一的理论。能为多数人接受的钝化理论主要有两种。

#### 2.6.4.1　成相膜理论

该理论认为钝化金属的表面存在一层非常薄、致密、而且覆盖性能良好的三维固态产物膜。该膜形成的独立相(成相膜)的厚度一般在 $1 \sim 10$nm 之间,它可用光学法测出。这些固相产物大多数是金属氧化物。此外,磷酸盐、铬酸盐、硅酸盐以及难熔的硫酸盐、卤化物等在一定的条件下也可构成钝化膜。

### 2.6.4.2 吸附理论

吸附理论认为,金属钝化并不需要生成成相的固态产物膜。只要在金属表面或部分表面上形成氧或含氧粒子的吸附层就够了。这种吸附层只有单分子层厚,它可以是原子氧或分子氧,也可以是 $OH^-$ 或 $O^-$。吸附层对反应活性的阻滞作用有如下几种说法:

(1)认为吸附氧饱和了表面金属的化学亲和力,使金属原子不再从晶格上移出,使金属钝化;

(2)认为含氧吸附层粒子占据了金属表面的反应活性点,例如边缘、棱角等处。因而阻滞了金属表面的溶解;

(3)认为吸附改变了"金属/电解质"的界面双电层结构,使金属阳极反应的激活能显著升高,因而降低了金属的活性。

两种钝化理论都能解释一些实验事实。共同点是,由于在金属表面上生成一层极薄的膜,从而阻碍了金属的溶解。不同点在于对成膜的解释,吸附理论认为形成单分子层的二维吸附层导致钝化;成相膜理论认为至少要形成几个分子层厚的三维膜才能保护金属。实际上,金属在钝化过程中,在不同的条件下,吸附膜与成相膜可能分别起主导作用。

## 习题与思考题

1. 解释下列词语:

腐蚀原电池、宏观电池、浓差电池、微观电池、电极、平衡电极电位、稳态电极电位、非平衡极电位、自腐蚀电位、金属电极、单电极、二重电极、极化、析氢过电位、阳极极化、阴极极化、浓差极化、活化极化、电阻极化、去极化、去极剂、析氢腐蚀、吸氧腐蚀、钝性、致钝电流密度、维钝电流密度

2. 说明下列各符号意义,并对画有横线的符号写出其表达式:

$i_D$、$\eta_a$、$i_b$、$i_{corr}$、$E_b$、$E_p$、$E_{op}$、$\eta_c$、$\eta_r$、$P_a$、$P_c$、$E_R$、$E_{br}$、$i_p$、$I_{max}$

3. 简述测定 18-8 不锈钢在 0.5mol/L 的 $H_2SO_4$ 溶液的阳极极化曲线的实验步骤,并对所测得的阳极极化曲线进行分析。

4. 已知 Fe 和纯 Pb 在 25℃ 0.5mol/L 的 $H_2SO_4$ 溶液中的动力学参数 $i^o_{H^+}/H_2(Fe) = 10^{-6}A/cm^2$,$\beta_{H^+}/H_2(Fe) = 100mV$。$i^o_{H^+}/H_2(Pb) = 10^{-12}A/cm^2$,$\beta^{H^+}/H_2(Pb) = 100mV$。试问:

(1)在相同极化条件下,在哪种金属上的析氢反应速度大(用表达式表示)?

(2)用作盛装稀 $H_2SO_4$ 设备的内衬,应该选用 Fe 还是 Pb,为什么?

5. 用腐蚀极化图和文字说明:Fe 在 HCl 中发生腐蚀时,氢离子浓度增大对腐蚀行为的影响。

6. 简述钝化产生的原因及钝化的意义。

7. 简述金属在极化过程中腐蚀速度减慢的原因。

8. 在还原酸性介质中,Zn、Fe 的腐蚀如图 2-30 所示,比较二者腐蚀速度,并说明其原因。

9. 流速对扩散控制下腐蚀的活化-钝化金属的腐蚀速度的影响如图 2-23 所示,分别标出 $A$、$B$、$C$、$D$ 各点的腐蚀速度,并说明原因。

10. 写出下列各小题的阳极和阴极反应式。

a. 铜和锌连接起来,且浸入质量分数为 3% 的 NaCl 水溶液中。

b. 在 a 中加入少量 HCl。

c. 在 a 中加入少量铜离子。

d. 铁全浸在淡水中。

e. 镀镉钢表面划伤并浸入海水中。

11．一个铁钉完全浸泡在充氧的水中,它会在什么部位发生腐蚀? 写出阳极和阴极反应式。

12．试计算出铁与标准氢电极相联接时的电流与腐蚀速度(铁阳极处的电解质中每1000g水含有8g铁,铁阳极面积为150cm²)。

13．要在面积为500cm²的汽车板上镀覆0.05cm厚的镍,所用电流为7.5A,需多少时间镀完?

# 3  全面腐蚀与局部腐蚀

金属腐蚀可分为全面腐蚀和局部腐蚀两大类。

从工程技术上看,全面腐蚀相对局部腐蚀其危险性小些,而局部腐蚀危险极大。往往在没有什么预兆的情况下,金属构件就突然发生断裂,甚至造成严重的事故。

从各类腐蚀失效事故统计来看:全面腐蚀占17.8%,局部腐蚀占82.2%。其中应力腐蚀断裂为38%,点蚀为25%,缝隙腐蚀为2.2%,晶间腐蚀为11.5%,选择腐蚀为2%,焊缝腐蚀为0.4%,磨蚀等其他腐蚀形式为3.1%。可见局部腐蚀的严重性。

局部腐蚀的类型很多,主要有点蚀(孔蚀)、缝隙腐蚀、晶间腐蚀、选择腐蚀,应力腐蚀、腐蚀疲劳、湍流腐蚀等。

## 3.1  全面腐蚀

### 3.1.1  全面腐蚀的特征

全面腐蚀是常见的一种腐蚀。全面腐蚀是指整个金属表面均发生腐蚀,它可以是均匀的也可以是不均匀的。钢铁构件在大气、海水及稀的还原性介质中的腐蚀一般属于全面腐蚀。

全面腐蚀一般属于微观电池腐蚀。通常所说的铁生锈或钢失泽,镍的"发雾"现象以及金属的高温氧化均属于全面腐蚀。

### 3.1.2  全面腐蚀速度及耐蚀标准

对于金属腐蚀,人们最关心的是腐蚀速度。只有知道准确的腐蚀速度,才能选择合理的防蚀措施及为结构设计提供依据。全面腐蚀速度也称均匀腐蚀速度,常用的表示方法有重量法和深度法。

A  重量法

重量法是用试样在腐蚀前后重量的变化(单位面积、单位时间内的失重或增重)表示腐蚀速度的方法。其表达式为:

$$V_{+\Delta w} = \frac{W_1 - W_0}{st} \tag{3-1}$$

$$V_{-\Delta w} = \frac{W_0 - W_2}{st} \tag{3-2}$$

式中  $W_0$——试样原始重量;

$W_1$——未清除腐蚀产物的试样重量;

$W_2$——清除腐蚀产物的试样重量;

±——分别代表增重、失重。

用重量法计算的腐蚀速度只表示平均腐蚀速度,即是均匀腐蚀速度。

B  深度法

用重量法表示腐蚀速度很难直观知道腐蚀深度,如制造农药的反应釜的腐蚀速度用腐蚀深度表示就非常方便。这种方法适合密度不同的金属,可用下式计算:

$$B = \frac{8.76}{\rho}V \qquad (3\text{-}3)$$

式中　$B$——按深度计算的腐蚀速度,mm/a;

　　　$V$——按重量计算的腐蚀速度,$g/m^2 \cdot h$;

　　　$\rho$——金属材料的密度,$g/cm^3$。

实际上,式(3-3)是将平均腐蚀速度换算成单位时间内的平均腐蚀深度的换算公式。

C　耐蚀标准

对均匀腐蚀的金属材料,判断其耐蚀程度及选择耐蚀材料,一般采用深度指标。表 3-1 列出了金属材料耐蚀性的分类标准。

表 3-1　金属材料耐蚀性 10 级标准

| 耐蚀性类别 | 腐蚀速度 /mm·a$^{-1}$ | 失　　重/g·m$^{-2}$·h$^{-1}$ | | | | | | 耐蚀等级 |
|---|---|---|---|---|---|---|---|---|
| | | 铁基合金 | 铜及其合金 | 镍及其合金 | 铅及其合金 | 铝及其合金 | 镁及其合金 | |
| Ⅰ.完全耐蚀 | <0.001 | <0.0009 | <0.001 | 0.001 | 0.0012 | <0.0003 | <0.0002 | 1 |
| Ⅱ.很耐蚀 | 0.001~0.005 | 0.0009~0.0045 | 0.001~0.0051 | 0.001~0.005 | 0.0012~0.0065 | 0.0003~0.0015 | 0.0002~0.002 | 2 |
| | 0.005~0.01 | 0.0045~0.009 | 0.0051~0.01 | 0.005~0.01 | 0.0065~0.012 | 0.0015~0.003 | 0.001~0.002 | 3 |
| Ⅲ.耐蚀 | 0.01~0.05 | 0.009~0.045 | 0.01~0.051 | 0.01~0.05 | 0.012~0.065 | 0.003~0.015 | 0.002~0.01 | 4 |
| | 0.05~0.1 | 0.045~0.09 | 0.051~0.1 | 0.05~0.1 | 0.065~0.12 | 0.015~0.031 | 0.012~0.02 | 5 |
| Ⅳ.尚耐蚀 | 0.1~0.5 | 0.09~0.45 | 0.1~0.51 | 0.1~0.5 | 0.12~0.65 | 0.031~0.154 | 0.02~0.1 | 6 |
| | 0.5~1.0 | 0.45~0.9 | 0.51~1.02 | 0.5~1.0 | 0.65~1.2 | 0.154~0.31 | 0.1~0.2 | 7 |
| Ⅴ.欠耐蚀 | 1.0~5.0 | 0.9~4.5 | 1.02~5.1 | 1.0~5.0 | 1.2~6.5 | 0.31~1.54 | 0.2~1.0 | 8 |
| | 5.0~10.0 | 4.5~9.1 | 5.1~10.2 | 5.0~10.0 | 6.5~12.0 | 1.54~3.1 | 1.0~2.0 | 9 |
| Ⅵ.不耐蚀 | >10 | >9.1 | >10.2 | >10.0 | >12.0 | >3.1 | >2.0 | 10 |

D　常用腐蚀速度间的换算系数

我国以国际单位制作为法定计量单位。表 3-2 列出了常用腐蚀速度单位的换算系数。

表 3-2　常用腐蚀速度单位的换算系数

| A ＼ B | g/(m²·h) | mg/(dm²·d)<br>(mdd) | mm/a | in/a | mil/a |
|---|---|---|---|---|---|
| g/(m²·h) | 1 | 240 | $8.76/\rho$ | $0.3449/\rho$ | $344.9/\rho$ |
| mg/(dm²·d) | 0.004167 | 1 | $0.0365/\rho$ | $0.001437/\rho$ | $1.437/\rho$ |
| mm/a | $0.1142\rho$ | $27.4\rho$ | 1 | 0.0394 | 39.4 |
| in/a(ipy) | $2.899\rho$ | $696\rho$ | 25.4 | 1 | 1000 |
| mil/a(mpy) | $0.002899\rho$ | $0.696\rho$ | 0.0254 | 0.001 | 1 |

## 3.2　点腐蚀

点腐蚀(孔蚀)是一种腐蚀集中在金属(合金)表面数十微米范围内且向纵深发展的腐蚀形式,简称点蚀。

点蚀是一种典型的局部腐蚀形式,具有较大的隐患性及破坏性。在石油、化工、海洋业中可以造成管壁穿孔,使大量的油、气等介质泄漏,有时甚至会造成火灾,爆炸等严重事故。

### 3.2.1　点蚀的形貌与特征

A　点蚀的形貌

点蚀表面直径等于或小于它的深度。一般只有几十微米。其形貌各异,有蝶形浅孔,有窄深形、有舌形等等。

B　点蚀发生的条件

(1)表面易生成钝化膜的金属材料,如不锈钢、铝、铅合金;或表面镀有阴极性镀层的金属,如碳钢表面镀锡、铜、镍等。

(2)在有特殊离子的介质中易发生点蚀,如不锈钢在有卤素离子的溶液中易发生点蚀。

(3)电位大于点蚀电位($E_{br}$)易发生点蚀。

### 3.2.2　点蚀机理

A　点蚀电位和保护电位

图 3-1 示出了可钝化金属典型的"环形阳极极化曲线"示意图。图中,$E_{br}$是点蚀电位,$E_p$是保护电位。这两个电位是表征金属材料点蚀敏感性的基本电化学参数。它把具有活化-钝化转变行为的阳极极化曲线划分为三个电位区:

(1)$E > E_{br}$,将形成新的点蚀孔(点蚀形核),已有的点蚀孔继续长大;

(2)$E_{br} > E > E_p$,不会形成新的点蚀孔,但原有的点蚀孔将继续扩展长大;

(3)$E \leqslant E_p$,原有点蚀孔全部钝化,不会形成新的点蚀孔。所以 $E_{br}$ 值越正耐点蚀性能越好。$E_p$ 与 $E_{br}$ 值越接近,说明钝化膜修复能力愈强。

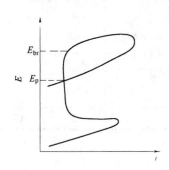

图 3-1　钝化金属典型的"环形"阳极极化曲线示意图

B　点蚀源形成的孕育期

点蚀包括点蚀核的形成到金属表面出现宏观可见的蚀孔。蚀孔出现的特定点称为点蚀源。形成点蚀源所需要的时间为诱导时间,称孕育期。孕育期长短取决于介质中 $Cl^-$ 的浓度、pH 值及金属的纯度,一般时间较长。Engell 等人认为,孕育期的倒数与 $Cl^-$ 浓度呈线性关系:

$$1/\tau = K[Cl^-] \tag{3-4}$$

$Cl^-$ 浓度在一定临界值以下不发生点蚀。

C 点蚀坑的生长

关于点蚀生长机制众说纷纭,较公认的是蚀孔内的自催化酸化机制,即闭塞电池作用。

现在以不锈钢在充气的含 $Cl^-$ 离子的中性介质中的腐蚀过程为例,讨论点蚀孔生长过程。

如图 3-2 所示,蚀孔一旦形成,孔内金属处于活化状态(电位较负),蚀孔外的金属表面仍处于钝态(电位较正),于是蚀孔内外构成了膜-孔电池。孔内金属发生阳极溶解形成 $Fe^{2+}$($Cr^{3+}$、$Ni^{2+}$ 等)离子:

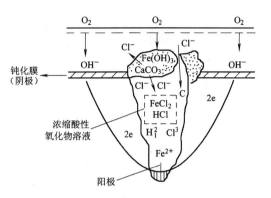

图 3-2 不锈钢在充气含 $Cl^-$ 介质中
的点蚀示意图

孔内 阳极反应:

$$Fe \rightarrow Fe^{2+} + 2e \tag{3-5}$$

孔外 阴极反应:

$$\frac{1}{2}O_2 + H_2O + 2e \rightarrow 2OH^- \tag{3-6}$$

孔口 pH 值增高,产生二次反应:

$$Fe^{2+} + 2OH^- \rightarrow Fe(OH)_2 \tag{3-7}$$

$$Fe(OH)_2 + 2H_2O + O_2 \rightarrow Fe(OH)_3 \downarrow \tag{3-8}$$

$Fe(OH)_3$ 沉积在孔口形成多孔的蘑菇状壳层。使孔内外物质交换困难,孔内介质相对孔外介质呈滞流状态。孔内 $O_2$ 浓度继续下降,孔外富氧,形成氧浓差电池。其作用加速了孔内不断离子化,孔内 $Fe^{2+}$ 浓度不断增加,为保持电中性,孔外 $Cl^-$ 向孔内迁移,并与孔内 $Fe^{2+}$ 形成可溶性盐($FeCl_2$)。孔内氯化物浓缩、水解等使孔内 pH 值下降,pH 值可达 $2\sim3$,点蚀以自催化过程不断发展下去。

孔底 由于孔内的酸化,$H^+$ 去极化的发生及孔外氧去极化的综合作用,加速了孔底金属的溶解速度。从而使孔不断向纵深迅速发展,严重时可蚀穿金属断面。

D 点蚀程度

点蚀程度可用点蚀系数或点蚀因子来表示:

$$点蚀系数 = \frac{最大腐蚀深度}{平均腐蚀深度} 或点蚀因子 = \frac{P}{d} \tag{3-9}$$

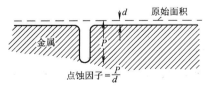

图 3-3 最深点蚀、平均侵蚀
深度及点蚀因子的示意图

式中 $P$——最大腐蚀深度;

$d$——平均腐蚀深度。

图 3-3 示出了最深点蚀、平均侵蚀深度及点蚀因子的关系。

### 3.2.3 影响点蚀的因素及预防措施

合金成分、表面状态及介质的组成,pH 值、温度等,都是影响点蚀的主要因素。

### 3.2.3.1 材料因素

(1)合金元素的影响 不锈钢中 Cr 是最有效提高耐点蚀性能的合金元素。随着含 Cr 量的增加,点蚀电位向正方向移动。如与 Mo、Ni、N 等合金元素配合,效果最好。Cr、Mo 含量对含 N 不锈钢耐点蚀性能的影响,如图 3-4 及图 3-5 所示。降低钢中的 P、S、C 等杂质含量可降低点蚀敏感性。如经电子束重熔的超低碳 25Cr1Mo 不锈钢具有高的耐点蚀性能。

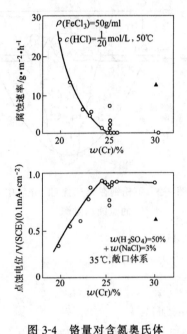

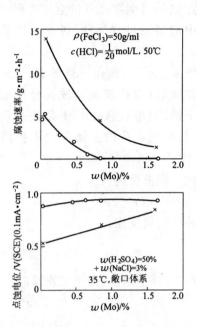

图 3-4 铬量对含氮奥氏体
不锈钢点蚀性能的影响

○—奥氏体; ▲—奥氏体-铁素体
(钢成分:$w(Ni) = 5\% \sim 18\%$, $w(N) = 0.20\% \sim 0.40\%$)

图 3-5 Mo 量对 Cr-Ni-N 奥氏体
不锈钢点蚀性能的影响

(钢成分:○—$w(Cr) = 23\% \sim 24\%$, $w(Ni) = 7\% \sim 10\%$, N;
×—$w(Cr) = 20\%$, $w(Ni) = 4\% \sim 6\%$, N)

(2)热处理的影响 奥氏体不锈钢经过固溶处理后耐点蚀。

### 3.2.3.2 环境因素

(1)卤素因素 不锈钢的点蚀是在特定的腐蚀介质中发生的。在含卤素离子的介质中,点蚀敏感性增强,其作用大小按顺序为:$Cl^- > Br^- > I^-$。一般认为,点蚀发生与介质浓度有关,而临界浓度又因材料的成分和状态不同而异。不锈钢点蚀电位与 $Cl^-$ 及 $Br^-$ 浓度关系参见式(2-74)和式(2-75)。

(2)溶液中其他离子的作用 溶液中若存在 $Fe^{3+}$、$Cu^{2+}$、$Hg^{2+}$ 等离子可加速点蚀发生。工业上,常用 $FeCl_3$ 作为不锈钢点蚀的试验剂。

$OH^-$、$SO_4^{2-}$、$NO_3^-$ 等含氧阴离子能抑制点蚀,抑制 18-8 不锈钢点蚀作用的大小顺序为:$OH^- > NO_3^- > SO_4^{2-} > ClO_4^-$,抑制铝点蚀的顺序为:$NO_3^- > CrO_4^- > SO_4^{2-}$。

(3)溶液 pH 值的影响 在 $w(NaCl)$ 为 3% 的 NaCl 溶液中,随着 pH 值升高,点蚀电位显著地向正移,如图 3-6。而在酸性介质中,pH 值对点蚀电位的影响,目前还没有一致的说法。

(4)温度的影响　在 NaCl 溶液中,温度升高能显著地降低不锈钢点蚀电位 $E_{br}$,使点蚀坑数目急剧增多。点蚀坑数目的急剧增多,被认为与 $Cl^-$ 反应能力增加有关,见图 3-7。

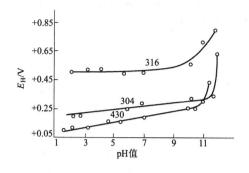
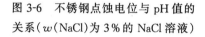

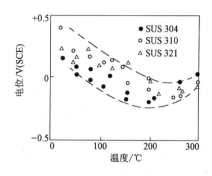

图 3-6　不锈钢点蚀电位与 pH 值的
关系($w(NaCl)$ 为 3% 的 NaCl 溶液)

图 3-7　温度对奥氏体不锈钢点蚀
电位的影响(0.1mol/L 的 NaCl 溶液)

(5)介质流动的影响　介质处于流动状态,金属的点蚀速度比介质处于静止状态时小。实践表明,一台不锈钢泵经常运转,点蚀程度较轻,长期不运转很快出现蚀坑。

#### 3.2.3.3　预防点蚀的措施

(1)加入抗点蚀的合金元素。含高 Cr、Mo 或含少量 N 及低 C 的不锈钢抗点蚀效果最好。如双相不锈钢及超纯铁素体不锈钢抗点蚀性能非常好。

(2)电化学保护。防止点蚀的较好方法是对金属设备采用恰当的电化学保护。在外加电流作用下,将金属的极化电位控制在保护电位 $E_p$ 以下。

(3)使用缓蚀剂。对于循环体系,加入缓蚀剂可抑制点蚀,常用的缓蚀剂有硝酸盐、亚硝酸盐、铬酸盐、磷酸盐等。

## 3.3　缝隙腐蚀

### 3.3.1　缝隙腐蚀条件

金属结构件一般都采用铆、焊、螺钉等方式连接,因此在连接部位容易形成缝隙。缝隙宽度一般在 $0.025\sim0.1mm$,足以使介质滞留在其中,引起缝隙内金属的腐蚀。这种腐蚀形式称为缝隙腐蚀。

与点蚀不同,缝隙腐蚀可发生在所有金属和合金上,且钝化金属及合金更容易发生。任何介质(酸碱盐)均可发生缝隙腐蚀,但含 $Cl^-$ 的溶液更容易发生。

### 3.3.2　缝隙腐蚀机理

关于缝隙腐蚀机理用氧浓差电池与闭塞电池联合作用机制可得到圆满解释。缝隙腐蚀发展的自催化过程与点蚀发展机理相似,可参阅 3.2 节。

### 3.3.3　缝隙腐蚀的控制

(1)合理设计。在结构设计上尽可能合理,避免形成缝隙,实在不能避免缝隙时,采取妥善排流、避免死角等措施。

(2)用垫片。可采用非吸湿材料的垫片。

(3)阳极保护。采用阳极保护,使电位低于 $E_p$。

(4)选择耐缝隙腐蚀材料。选择含高 Cr、Mo、Ni 的不锈钢,如 18Cr-12Ni-3Mo-Ti,18Cr-19Ni-3Mo-Ti 等合金。Ti-Pd 合金具有极强的耐缝隙腐蚀能力,但由于昂贵尚不能广泛应用。而 Ti-0.3Mo-0.8Ni(Ti-Code12)合金由于具有优良的耐缝隙腐蚀性能且价廉,目前在化工、石油,尤其制盐业上代替了 Ti-Pd 合金及不锈钢,倍受青睐。

## 3.4 晶间腐蚀

晶间腐蚀是金属材料在特定的腐蚀介质中沿着材料的晶界发生的一种局部腐蚀。这种腐蚀是在金属(合金)表面无任何变化的情况下,使晶粒间失去结合力,金属强度完全丧失,导致设备突发性破坏。

许多金属(合金)都具有晶间腐蚀倾向。其中不锈钢、铝合金晶间腐蚀较为突出。在工业中,尤其在石油、化工和原子能工业中,晶间腐蚀占很大的比例,可导致设备破坏,危及正常生产。如有应力存在,由晶间腐蚀转变为沿晶应力腐蚀破裂的事故就更多了。

### 3.4.1 晶间腐蚀产生的条件

(1)组织因素  晶界与晶内的物理化学状态及化学成分不同,导致其电化学性质不均匀。如晶界的原子排列较为混乱,缺陷多,易产生晶界吸附(C、S、P、B、Si)或析出碳化物、硫化物、$\sigma$ 相等。晶界为阳极、晶粒为阴极相,析出第二相一般为阴极相。

(2)环境因素  腐蚀介质能显示出晶粒与晶界的电化学不均匀性。易发生晶间腐蚀的金属材料有不锈钢、铝合金及含钼的镍基合金等。

### 3.4.2 晶间腐蚀的机理

现代晶间腐蚀理论有两种:贫化理论和晶间杂质偏聚理论。本节用贫化理论讨论(18-8型)奥氏体不锈钢的晶间腐蚀机理。

#### 3.4.2.1 组织与晶间腐蚀敏感性关系

多数金属材料一般都要经历热处理和焊接等冶金过程。这些过程都会引起合金组织变化,如在晶界上析出碳化物或其他相。

不锈钢(18-8)中碳的质量分数一般在 0.02%～0.15%范围内。在室温下,碳在不锈钢中的溶解度为 0.02%～0.03%(质量分数),因此,碳处于饱和固溶状态,可见碳在奥氏体中的溶解度将随温度而变化。当加热温度在 1050～1100℃ 以上时,碳溶解在奥氏体中,溶解量为 0.1%～0.15%。若从高温缓冷至室温时,大量的 $Cr_{23}C_6$ 从奥氏体中析出;如从高温急冷至室温(淬火),则碳过饱和固溶于钢中,但这种过饱和固溶体是不稳定的。在低温重新加热过程中(回火),碳以 $Cr_{23}C_6$ 形成沉淀析出,使奥氏体不锈钢的晶间腐蚀敏感性增加。其变化过程可示意地表示在图 3-8 中。如图所示,经高温淬火后的晶粒间界上,无任何析出,如图 3-8(a);在回火过程中出现了局部非常细小的碳化物,如图 3-8(b);在一定温度范围(敏

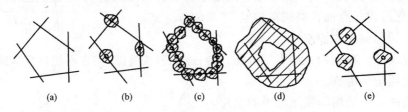

(a)　　　　(b)　　　　(c)　　　　(d)　　　　(e)

图 3-8　奥氏体不锈钢晶界结构在回火过程中的变化

化温度范围)内随回火时间的延长析出的 $Cr_{23}C_6$ 以连续的网状存在如图 3-8(c)、(d),此时晶间腐蚀最敏感,在此温度范围内继续延长时间,即长时间回火处理,将发生碳化物的聚集,晶间腐蚀将逐渐消除,如图 3-8(e)。

### 3.4.2.2 贫化理论

贫化理论认为,晶间腐蚀是由于晶界析出新相,造成晶界附近某一成分的贫乏化。如奥氏体不锈钢回火过程中(400～800℃)过饱和碳部分或全部以 $Cr_{23}C_6$ 形式在晶界析出,见图 3-9。$Cr_{23}C_6$ 析出后,碳化物附近的碳与铬的浓度急剧下降。由于 $Cr_{23}C_6$ 的生成所需的碳是来自晶粒内部,铬主要由碳化物附近的晶界区提供。数据表明,铬沿晶界扩散的活化能为 162～252kJ/mol,而铬由晶粒内扩散活化能约 540kJ/mol,因此铬沿晶界扩散速度要比晶粒内扩散速度快得多。晶界附近区域的 Cr 很快消耗尽,而晶粒内铬扩散速度慢,补充不上,因此出现贫铬区。当贫铬区的含铬量远低于钝化所需的临界浓度

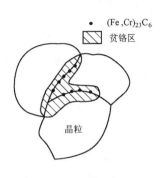

图 3-9 奥氏体不锈钢晶界上铬析出示意图

(12.5%原子百分比)时(严重时铬含量趋近于零),在晶界上就形成了贫铬区,一般贫铬区约 $10^{-5}$cm 宽。当处于适宜的介质条件下,就会形成腐蚀原电池,$Cr_{23}C_6$ 及晶粒为阴极,贫铬区为阳极而遭受腐蚀,如图 3-9 所示。

### 3.4.2.3 杂质偏聚或第二相析出理论

对于低碳和超低碳不锈钢来说,不存在碳化物在晶界析出引起贫铬的条件。但一些实验表明,低碳,甚至超低碳不锈钢,特别是高铬、钼钢,在 650～850℃受热时,在强氧化性介

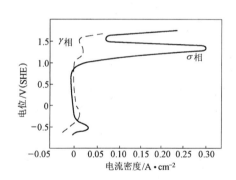

图 3-10 不锈钢中 $\gamma$ 相及 $\sigma$ 相的阳极极化曲线

质中,或其电位处于过钝化区时,也发生晶间腐蚀。认为这种晶间腐蚀与 $\sigma$ 相在晶界析出有关。$\sigma$ 相是铁、铬金属间化合物,还可能溶解部分合金元素钼,它的形成温度为 600～850℃。因此,奥氏体不锈钢在析出 $\sigma$ 相的温度区内长时间受热,会产生由 $\sigma$ 相析出引起的晶间腐蚀。有人测定了 $\sigma$ 相的阳极极化曲线,如图 3-10 所示。可以看出,在过钝化电位下,发生 $\sigma$ 相选择溶解。由此说明,这类晶间腐蚀是由沿晶界分布的 $\sigma$ 相选择溶解引起的。

另外,超低碳 18Cr-9Ni 钢,经 1050℃固溶处理后,在强氧化性介质中,发生的晶间腐蚀,显然不是碳化物相和 $\sigma$ 相析出引起的。Amigo 等人认为硅含量对不锈钢在强氧化性介质中晶间腐蚀有影响,如图 3-11 所示,当硅质量分数约为 1%时影响最大。

有人认为,若晶界上有杂质偏析,$w(P)>0.01\%$,$w(Si)>0.1\%$ 时,在强氧化性介质中发生选择性溶解也引起晶间腐蚀。这与 Amigo 等人的报告相符合。

Al-Mg-Zn 合金及含 Mg 量较高的 Al-Mg 合金,由于晶界上析出 $MgZn_2$ 或 $Mg_5Al_8$ 而发生选择性溶解,导致这些合金的晶间腐蚀。

### 3.4.2.4 铁素体不锈钢的晶间腐蚀

铁素体不锈钢也有晶间腐蚀问题,一般在 900℃以上高温区快冷(淬火或空冷)易产生晶间

腐蚀。即使极低碳、氮含量的超纯铁素体不锈钢也难免产生晶间腐蚀。但在700~800℃重新加热可消除晶间腐蚀。由此可见,铁素体不锈钢焊后在焊缝金属和熔合线处易产生晶间腐蚀。关于产生与消除晶间腐蚀倾向的条件及规律与奥氏体不锈钢不同,甚至相反。但研究表明,铁素体不锈钢的晶间腐蚀的本质与奥氏体不锈钢相同。即由晶界上析出铬的碳化物造成的。碳在铁素体不锈钢中的固溶度远比在奥氏体不锈钢中少,而且碳原子在铁素体中扩散速度较在奥氏体中约大两个数量级。这些特点使铁素体不锈钢甚至自高温区快冷时也较易在晶界析出碳化物,形成贫铬区。如采用较慢冷却速度或中温退火,铬由晶内向晶界迅速扩散,从而消除贫铬区。引起铁素体不锈钢产生晶间腐蚀的碳化物为 $(Cr、Fe)_7C_3$ 型。

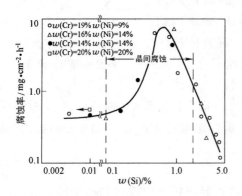 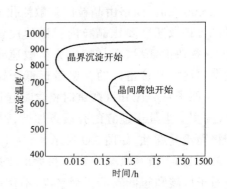

图 3-11　合金腐蚀率与 Si 含量的关系
（在 $HNO_3 + Cr^{6+}$ 溶液中,峰值区是晶间腐蚀）

图 3-12　18Cr-9Ni 不锈钢晶界析出与晶间腐蚀倾向
（$w(C) = 0.05\%$,1250℃ 固溶,$H_2SO_4 + CuSO_4$ 溶液）

### 3.4.3　影响晶间腐蚀的因素

#### 3.4.3.1　加热温度与时间

图 3-12 表明了 18Cr-9Ni 钢晶界析出 $Cr_{23}C_6$ 与晶间腐蚀倾向的关系。由图看出,晶间腐蚀倾向与碳化物析出有关,但二者发生的温度与加热范围并不完全一致。在温度高于750℃时,不产生晶间腐蚀,这是由于析出的碳化物虽聚集成颗粒状但不连续,另外,铬扩散较快。而温度在600~700℃区间,$Cr_{23}C_6$ 析出连续并呈网状,因此,晶间腐蚀倾向最严重。当温度低于600℃,铬和碳扩散速度随温度降低而变慢,需长时间才能产生晶间腐蚀倾向,温度低于450℃基本不产生晶间腐蚀倾向。

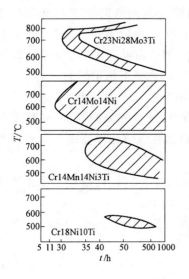

图 3-13　四种不锈钢的 TTS 曲线

晶间腐蚀倾向敏感性与加热温度和时间关系的曲线,称为温度-时间-敏化图,简称为 TTS 曲线。TTS 曲线与合金成分有关。图 3-13 示出了四种成分的不锈钢 TTS 曲线。由图看出,钢的最短加热时间和晶间腐蚀敏感性大小（图中划线区）都与它的成分有关。

TTS 曲线有助于我们制定正确的不锈钢热处理制度

及焊接工艺,从而避免产生晶间腐蚀。

检验某种钢材是否有晶间腐蚀倾向,一般采用敏化处理工艺。钢材加热到晶间腐蚀最敏感的温度,恒温处理一定时间,这种处理工艺称为敏化处理,产生晶间腐蚀倾向最敏感的温度叫敏化温度。如18-8不锈钢最敏感温度650~700℃,产生晶间腐蚀倾向所需要的最短时间为1~2h。

#### 3.4.3.2 合金成分

不锈钢中,除了主要成分Cr、Ni、C外,还含有Mo、Ti、Nb等合金元素。它们对晶间腐蚀的作用如下:

(1)碳:奥氏体不锈钢中碳量愈高,晶间腐蚀倾向愈严重,导致晶间腐蚀碳的临界浓度为0.02%(质量分数)。

(2)铬:能提高不锈钢耐晶间腐蚀的稳定性。当铬含量较高时,允许增加钢中含碳量。例如,当不锈钢中铬的质量分数从18%提高到22%时,碳的质量分数允许从0.02%增加到0.06%。

(3)镍:增加不锈钢晶间腐蚀敏感性。可能与镍降低碳在奥氏体钢中的溶解度有关。

(4)钛、铌:都是强碳化物生成元素,高温时能形成稳定的碳化物TiC及NbC,减少了碳在回火时的析出,从而防止了铬的贫化。

#### 3.4.4 防止晶间腐蚀的措施

(1)降低含碳量。一般通过重熔方式将钢中碳的质量分数降至0.03%以下。这样即使在700℃较长时间回火也不会产生晶间腐蚀。也可采用AOD法炼制超低碳不锈钢($w(C+N)\leqslant 0.002\%$)。

(2)加入固定碳的合金元素。加入与碳亲和力大的合金元素,如Ti、Nb等,防止晶间腐蚀。对于含Ti、Nb元素的18-8不锈钢,在高温下使用时,要经过稳定化处理。即在常规的固溶处理后,还要在850~900℃保温1~4h,然后空冷至室温,以充分生成TiC、NbC。

(3)固溶处理。固溶处理能使碳化物不析出或少析出。但对含Ti、Nb的不锈钢还要进行稳定化处理。

(4)采用双相钢。采用铁素体和奥氏体双相钢有利于抗晶间腐蚀。由于铁素体在钢中大多沿奥氏体晶界分布,含铬量又较高,因此,在敏化温度受热时,不产生晶间腐蚀。目前,双相钢是抗晶间腐蚀的优良钢种。

## 3.5 选择腐蚀

选择性腐蚀是指多元合金中较活泼组分或负电性金属的优先溶解。这种腐蚀只发生在二元或多元固溶体中,如黄铜脱锌,铜镍合金脱镍,铜铝合金脱铝等。比较典型的选择性腐蚀是黄铜脱锌。

#### 3.5.1 黄铜脱锌

A 现象与特征

黄铜脱锌与锌含量有关。$w(Zn)<15\%$时,一般不脱锌,但不抗冲蚀;锌量增加,脱锌敏感性增加,$w(Zn)>30\%$时,黄铜表面由黄色变为红色。

脱锌有两种类型:一种是层状脱锌,即均匀型脱锌。一般含锌量较高的黄铜在酸性介质中易产生均匀型脱锌;另一种是塞状脱锌。含锌较低的黄铜在中性、碱性及弱酸性介质中,如用做海水热交换器的黄铜,经常出现脱锌腐蚀现象。

    B   脱锌机理

    关于黄铜脱锌,目前有两种理论。一种认为黄铜中的锌优先溶解而残留铜;另一种认为溶解-沉积理论。对后者,多数人认为脱锌分三个步骤:1)黄铜溶解;2)锌离子留在溶液中;3)铜回镀在基体上。

    以黄铜在海水中为例,讨论脱锌机理。

    近代脱锌理论认为,脱锌是锌、铜(阳极)溶解后,$Zn^{2+}$留在溶液中,而$Cu^{2+}$迅速形成$Cu_2Cl_2$。$Cu_2Cl_2$又分解成$Cu$和$CuCl_2$的电化学过程。

$$Cu_2Cl_2 \rightleftharpoons Cu + CuCl_2 \tag{3-10}$$

阳极反应:
$$Zn \rightarrow Zn^{2+} + 2e \tag{3-11}$$
$$Cu \rightarrow Cu^{2+} + e \tag{3-12}$$

阴极反应:
$$\frac{1}{2}O_2 + H_2O + 2e \rightarrow 2(OH)^- \tag{3-13}$$

$Cu_2Cl_2$的形成及分解反应:
$$Cu^{2+} + 2Cl^- \rightarrow Cu_2Cl_2 \tag{3-14}$$
$$Cu_2Cl_2 \rightarrow Cu + CuCl_2 \tag{3-15}$$

分解生成的活性铜回镀在基体上。

    C   控制脱锌的方法

    (1)选用对脱锌不敏感的合金。如锌质量分数低于15%的黄铜,或Monel合金($Ni_{70}Cu_{30}$)。

    (2)在$\alpha$黄铜中加入抑制脱锌的合金元素。如在$\alpha$黄铜中加入少量的砷或锑可有效的抑制黄铜脱锌。但这种方式对$\alpha + \beta$黄铜不适用。

    (3)砷的作用。砷可抑制$\alpha$黄铜脱锌,其作用在于降低了$Cu^{2+}$浓度,抑制$Cu_2Cl_2$分解:

$$3Cu^{2+} + As \rightarrow 3Cu^+ + As^{3+} \tag{3-16}$$

    $\alpha$-黄铜在中性水溶液中电位低于$Cu^{2+}/Cu$的电位,而高于$Cu_2^+/Cu$的电位,显然只有前者能生成活性铜。$\alpha$黄铜的脱锌必须经过$Cu_2Cl_2$形成$Cu^{2+}$的中间过程,而砷能抑制$Cu^{2+}$的产生,也就抑制了$\alpha$黄铜的脱锌。另外$As^{3+}$还可优先沉积在基体上,增加了合金吸氧过电位,因此降低$\alpha$黄铜的脱锌速度。

    对于$\alpha + \beta$黄铜,$Cu_2^+/Cu$及$Cu^{2+}/Cu$的电位都高于$\alpha + \beta$黄铜的电位。即$Cu^{2+}$、$Cu^+$都可参与阴极反应,从而加速脱锌过程。因此砷的加入对$\alpha + \beta$黄铜脱锌不起抑制作用。

### 3.5.2   石墨化腐蚀

    灰口铸铁在土壤、矿水、盐水等环境中使用时常发生选择性腐蚀。灰口铸铁的铁素体相对石墨是阳极,石墨为阴极。铁被溶解下来,只剩下粉末状的石墨沉积在铸铁的表面上,称此现象为"石墨化"腐蚀。虽然石墨化腐蚀是一个缓慢而均匀的过程,但仍具有一定的危险性。如长期埋在土壤中的灰口铸铁管道发生的石墨化腐蚀,它可使铸铁丧失强度和金属特性。

    另外,在实际中,有时也会遇到铝青铜脱铝腐蚀,硅青铜的脱硅腐蚀以及钨钴合金的脱钴腐蚀等。

## 3.6 应力腐蚀

### 3.6.1 应力腐蚀的概述

应力与环境共同作用下的腐蚀是局部腐蚀的一大类型。材料除受环境作用外还受各种应力作用,因此会导致较单一因素下更严重的腐蚀破坏形式。

由于材料在环境中受应力作用方式不同,其腐蚀形式也不同。一般可分为:应力腐蚀、腐蚀疲劳、磨损腐蚀,湍流腐蚀,冲蚀等。在这类腐蚀中受拉应力作用的应力腐蚀是危害最大的局部腐蚀形式之一,材料会在没有明显预兆的情况下突然断裂。

应力腐蚀(英文缩写SCC)是指金属材料在特定腐蚀介质和拉应力共同作用下发生的脆性断裂。

SCC是普遍而历史悠久的现象。公元前一世纪至公元一世纪间,古代波斯王国青铜少女头像上具有脆性开裂裂纹及裂纹大量分支的SCC特征,19世纪下叶黄铜弹壳开裂,19世纪末蒸汽机车的锅炉碱脆,20世纪20年代铝合金在潮湿大气中的SCC,30年代奥氏体不锈钢SCC,40年代含S的油、气设备出现的开裂事故,50年代航空技术中钛合金SCC等等。可见,SCC的现象是普遍存在,又是"灾难性的腐蚀"。因此在满足新兴工业对材料要求的同时,不能不考虑SCC对设备安全的威胁。SCC广泛涉及国防、化工、电力、石油、宇航、海洋开发,原子能等部门,是近年来在腐蚀领域中研究最多的课题。

SCC的破坏事故在工程中比例相当高。据美国杜邦公司统计,1968～1969年,在全部设备腐蚀破坏中SCC占21.6%。另据联邦德国一家大化工厂统计,1968～1972年间,在全国设备腐蚀破坏事故中,SCC超过总数的1%。表3-3列举了美国和日本的部分调查结果。

表 3-3　SCC占总腐蚀破坏事故的百分比

| 调查范围 | 材　　料 | 调查年限 | 占总腐蚀破坏/% |
|---|---|---|---|
| 美国杜邦化学公司 | 各种材料 | 3 年 | 23 |
| 日本三菱化工机械公司 | 各种材料 | 10 年 | 45.6 |
| 日本国内综合调查 | 不锈钢 | 10 年 | 35.3 |
| 日本石油化工厂 | 各种材料 | 10 年 | 42.2 |
| 美国原子能电站 | 各种材料 | 10 年 | 18.7 |

我国有关SCC所造成的破坏事故未做系统的统计和估算,但问题也是严重的,例如,2.5万kW汽轮机末级叶轮由于SCC而造成的叶轮开裂事故,原子反应堆的热交换管由于SCC而发生严重泄漏事故等。由SCC造成的经济损失是相当可观的,因此对材料的SCC研究已成为腐蚀领域重要课题。

### 3.6.2 应力腐蚀发生的条件和特征

#### 3.6.2.1 应力腐蚀发生的条件

一般认为发生应力腐蚀断裂需要具备三个基本条件:

(1)敏感材料。合金比纯金属更易发生应力腐蚀开裂。一般认为纯金属不会发生应力腐蚀断裂。据报导,纯度达 99.999% 的铜在含氨介质中没有发生腐蚀断裂,但含有 $w(P)=$ 0.004% 或 $w(Sb)=0.01\%$ 时,则发生了应力腐蚀开裂,纯铁中碳的质量分数为 0.04%C 时,在热硝酸盐溶液中就容易产生硝脆等,说明合金比纯金属更易产生应力腐蚀开裂。

(2)特定的腐蚀介质。对于某种合金,能发生应力腐蚀断裂与其所处的特定的腐蚀介质有关。而且介质中能引起 SCC 物质浓度一般都很低,如 $N_2O_4$ 中含有痕量的 $O_2$ 就可使 Ti 合金贮罐发生破裂,在核电站高温水介质中仅含质量分数为百万分之几的 $Cl^-$ 和 $O_2$ 时,奥氏体不锈钢就可发生应力腐蚀开裂。表 3-4 列举了一些易产生应力腐蚀断裂的合金和特定的环境介质。

表 3-4　发生 SCC 的合金/环境体系

| 合 金 | 腐 蚀 介 质 |
|---|---|
| 低碳钢 | 热硝酸盐溶液、碳酸盐溶液、过氧化氢 |
| 碳钢和低合金钢 | 氢氧化钠、三氯化铁溶液、氢氰酸、沸腾氯化镁( $w(MgCl_2)=42\%$ )溶液、海水 |
| 高强度钢 | 蒸馏水、湿大气、氯化物溶液、硫化氢 |
| 奥氏体不锈钢 | 氯化物溶液、高温高压含氧高纯水、海水、$F^-$、$Br^-$、NaOH-$H_2S$ 水溶液、NaCl-$H_2O_2$ 水溶液, 二氯乙烷等 |
| 铜合金 | 氨蒸气、汞盐溶液、含 $SO_2$ 大气、氨溶液、三氯化铁、硝酸溶液 |
| 镍合金 | 氢氧化钠溶液、高纯水蒸气 |
| 铝合金 | 氯化钠水溶液、海水、水蒸气、含 $SO_2$ 大气、熔融氯化钠、含 $Br^-$、$I^-$ 水溶液 |
| 镁合金 | 硝酸、氢氧化钠、氢氟酸溶液、蒸馏水、NaCl-$H_2O_2$ 溶液、NaCl-$K_2CrO_4$ 溶液、海洋大气、$SO_2$-$CO_2$ 湿空气 |
| 钛合金 | 含 $Cl^-$、$Br^-$、$I^-$ 水溶液、$N_2O_4$、甲醇、三氯乙烯、有机酸 |

(3)拉伸应力。拉伸应力有两个来源。一是残余应力(加工、冶炼、装配过程中产生),温差产生的热应力及相变产生的相变应力;二是材料承受外加载荷造成的应力。一般以残余应力为主,约占事故的 80% 左右,在残余应力中又以焊接应力为主。

金属与合金所承受的拉应力愈小,断裂时间愈长。应力腐蚀可在极低的应力下(如屈服强度的 5%～10% 或更低)产生。一般认为当拉伸应力低于某一个临界值时,不再发生断裂破坏,这个临界应力称应力腐蚀开裂门槛值,用 $K_{1SCC}$ 或临界应力 $\sigma_{th}$ 表示。

另外,从电化学角度看,SCC 在一定的临界电位范围内产生。一般发生在钝化-活化过渡区或钝化-过钝化区。表 3-5 及图 3-14 分别列出及示出了 SCC 与电位的关系。

表 3-5　在各种环境中碳钢产生应力腐蚀开裂的电位范围

| 环境介质 | 碳 化 工作液 | 饱 和 $NH_4HCO_3$ | (质量分数)25% NaOH | (质量分数)35% NaOH | $c(NaOH)$ =8mol/L NaOH | $c(NH_4NO_3)$ =4mol/L $NH_4NO_3$ |
|---|---|---|---|---|---|---|
| 温度/℃ | 40 | 40 | 40 | 80 | — | — |
| 断裂电位范围/ mV(SCE) | -600 ～ -800 | -400 ～ -800 | -500 ～ -1200 | -800 ～ -980 | -400 ～ -800 | +1400 ～ -200 |

### 3.6.2.2 应力腐蚀断裂特征

应力腐蚀断裂从宏观上属于脆性断裂。即使塑性很高的材料也无颈缩、无杯锥状现象。由于腐蚀介质作用,断口表面颜色呈黑色或灰黑色。晶间断裂呈冰糖块状,穿晶断裂具有河流花样等特征。SCC断口微观特征较复杂,视具体合金与环境而定,显微断口上往往可见腐蚀坑及二次裂纹。SCC方式有穿晶断裂、晶间型断裂、穿晶与晶间混合型断裂。断裂的途径与具体的材料-环境有关。裂纹走向与主拉伸应力的方向垂直。腐蚀裂缝的纵深比其宽度要大几个数量级。裂纹一般呈树枝状。

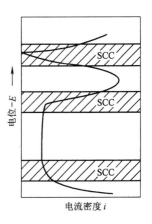

图 3-14　发生应力腐蚀断裂的电位区

### 3.6.2.3 应力腐蚀断裂与时间的关系

应力腐蚀断裂是材料在应力和环境共同作用下,经过孕育期产生裂纹,然后裂纹逐渐扩展,达到临界尺寸。当裂纹尖端的应力强度因子 $K_1$ 达到材料的断裂韧性 $K_{1c}$ 时,而发生失稳断裂。应力腐蚀断裂过程可分为三个阶段:

(1)孕育期。孕育期是在无预制裂纹或金属无裂纹、无蚀孔、缺陷时,裂纹的萌生阶段,即裂纹源形成所需要的时间。因此又称为潜伏期、引发期或诱导期。孕育期的长短取决于合金的性能、腐蚀环境以及应力大小。一般约占总断裂时间 $t_f$ 的 90% 左右。

(2)裂纹扩展期。该期是裂纹成核后直至发展到临界尺寸所经历的时间。这一阶段裂纹扩展速度与应力强度因子大小无关。裂纹扩展主要由裂纹尖端的电化学过程控制。实验证明,在这一阶段裂纹扩展速度介于没有应力下腐蚀破坏速度和单纯的力学断裂速度之间,一般在 0.5~10mm/h 的范围内。表3-6列出了一些合金应力腐蚀裂纹扩展数据。

表 3-6　各种合金的 SCC 裂纹扩展速度

| 合　　金 | 裂纹扩展速度/mm·h⁻¹ | 合　　金 | 裂纹扩展速度/mm·h⁻¹ |
|---|---|---|---|
| 碳　　钢 | 1 | 不锈钢(室温酸性氯化物) | 25(mm/a) |
| 铝合金 | 1~5 | 钛合金 | 10 |
| 铜合金 | 1~5 | 高强度钢 | 10 |
| 不锈钢(沸腾 $MgCl_2$) | 1~5 | | |

(3)失稳断裂。这一阶段,裂纹的扩展由纯力学因素控制。扩展速度随应力增大而加快,直至断裂。

在有预制裂纹、蚀坑的情况下,应力腐蚀断裂过程只有裂纹扩展和失稳快速断裂两个阶段。

### 3.6.2.4 裂纹扩展速率(da/dt)与 $K_{1SCC}$ 关系

当裂纹尖端的 $K_1 > K_{1SCC}$ 时,裂纹就会不断扩展。单位时间内裂纹的扩展量叫做应力腐蚀裂纹扩展速率,用 da/dt 表示。

在应力腐蚀断裂过程中,裂纹的扩展速率 da/dt 随着应力强度因子 $K_1$ 而变化。图

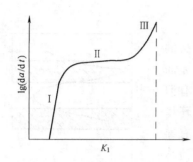

图 3-15　SCC 裂纹扩展速率与应力
强度因子 $K_1$ 的关系曲线示意图

3-15所示的曲线,称 $da/dt$-$K_1$ 曲线。由图可见曲线上存在三个不同区域。

(1)区域 I　当 $K_1$ 稍大于 $K_{1SCC}$ 时,裂纹经过一段孕育突然加速发展,即在 I 区内,裂纹生长速率对 $K_1$ 值较敏感;

(2)区域 II　$da/dt$ 与 $K_1$ 无关,通常说的裂纹扩展速率就是指该区速率,因为它主要由电化学过程控制,较强烈地依赖于溶液的 pH 值,黏度和温度;

(3)区域 III　失稳断裂区,裂纹深度已接近临界尺寸 $a_{cr}$,当超过这个值时,应力强度因子达到 $K_{1c}$ 时,裂纹生长率迅速增加直至发生失稳断裂。

### 3.6.2.5　应力敏感系数

慢应变速率法(SSRT)是测定材料的 SCC 敏感性的快速试验法。评价合金应力腐蚀敏感性的参数可用应力腐蚀敏感系数 $\varepsilon_f$ 来表示:

$$\varepsilon_f = \frac{E_{fh}}{E_{fk}} \tag{3-17}$$

式中　$E_{fh}$——介质中塑性应变率;

　　　$E_{fk}$——空气中塑性应变率。

$\varepsilon_f$ 值愈大,愈耐应力腐蚀。表 3-7 列出了不同体系 SCC 的应变速率。

表 3-7　不同体系 SCC 的应变速率

| 体　系 | 应变速率/$s^{-1}$ | 体　系 | 应变速率/$s^{-1}$ |
|---|---|---|---|
| 铝合金,氯化物溶液 | $10^{-4}$ 和 $10^{-7}$ | 不锈钢,氯化物溶液 | $10^{-6}$ |
| 铜合金,含氨和硝酸盐溶液 | $10^{-6}$ | 不锈钢,高温高压水溶液 | $10^{-7}$ |
| 钢,碳酸盐、氢氧化钠或硝酸盐溶液和液氨 | $10^{-6}$ | 钛合金,氯化物溶液 | $10^{-5}$ |

### 3.6.3　应力腐蚀机理

实际中 SCC 的体系太多,导致材料破裂的因素又非常复杂。所以不能企图用某一种机理解释众多的应力腐蚀断裂问题。这里仅介绍较普遍接受的三种机理。

#### 3.6.3.1　阳极快速溶解理论

何尔(Hoar)和希纳斯(Hines)首先提出阳极快速溶解理论。该理论认为裂纹一旦形成,裂纹尖端的应力集中导致裂纹尖端前沿区发生迅速屈服,晶体内位错沿着滑移面连续地到达裂纹尖端前沿表面,产生大量瞬间活性溶解质点,导致裂纹尖端(阳极)快速溶解。据有关文献报导,裂纹尖端处的电流密度高达 $0.5A/cm^2$,而裂纹两侧仅约为 $10^{-5}A/cm^2$。图 3-16 示出了裂纹尖端、阳极溶解、裂纹扩展模型。裂纹尖端的溶解速度(电流密度 $i_a$)与裂纹扩展速度 $v$ 有如下关系:

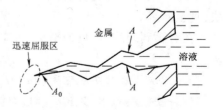

图 3-16　裂纹端部金属阳极
溶解引起裂纹扩展的模型

$$i_a = v(nF\rho/m) \tag{3-18}$$

式中　$m$——金属的原子量；

　　　$\rho$——金属的密度；

　　　$n$——溶解金属的离子价数；

　　　$F$——法拉第常数。

如在沸腾的 $MgCl_2$ 溶液中，18-8 不锈钢在无拉应力条件下，阳极溶解电流密度只有 $10^{-5}A/cm^2$，而在应力腐蚀条件下，裂纹尖端处的阳极电流密度达到 $0.4\sim2.0A/cm^2$，这相当于裂纹尖端扩展速度为 $0.5\sim2.5mm/h$。这一结果表明，实测的阳极电流密度与快速溶解理论相符合。

### 3.6.3.2　闭塞电池理论

该理论认为，在已存在的阳极溶解的活化通道上，腐蚀优先沿着这些通道进行，在应力协同作用下，闭塞电池腐蚀所引发的蚀孔扩展为裂纹，产生 SCC。这种闭塞电池作用与前面的孔蚀相似，也是一个自催化的腐蚀过程，在拉应力作用下使裂纹不断扩展，直至断裂。如图 3-17 所示。

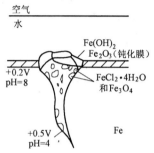

图 3-17　由闭塞电池腐蚀所引起的 SCC 示意图

### 3.6.3.3　膜破裂理论，又称滑移-溶解理论

这种理论认为，金属表面是由钝化膜覆盖，并不直接与介质接触。在应力或活性离子($Cl^-$)的作用下易引起钝化膜破裂，露出活性的金属表面。介质沿着某一择优途径浸入并溶解活性金属，最终导致应力腐蚀断裂。对于穿晶型应力腐蚀断裂，用滑移-溶解理论可以得到满意的解释。图 3-18 示出了滑移导致膜破裂的机理。图 3-18(a)示出了膜没有发生破裂情况，由于应力小，氧化膜较完整、塑性好。若膜较完整且结合强度高，即使外加应力增大只能

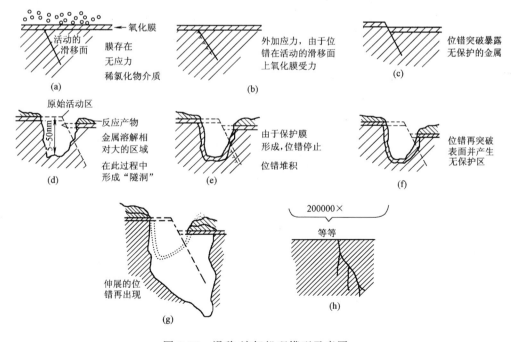

图 3-18　滑移-溶解机理模型示意图

造成位错在滑移面上塞积,也不会暴露基体金属,如图 3-18(b)所示。当外力达到一定程度时,位错开动后膜破裂。另外,膜厚 $t$ 与滑移台阶高度 $h$ 相对大小也很重要,当 $h \geqslant t$ 时,容易暴露出新鲜的基体金属,如图 3-18(c),基体金属与介质相接触,发生阳极快速溶解,在此过程中形成"隧洞",如图 3-18(d)。"隧洞"的形成是因为阳极溶解直至遇到障碍为止。如由于 $O_2$ 的吸附,活性离子的转换,形成薄的钝化膜等。这些表面膜的形成,使溶解区重新进入钝态。此时位错停止移动,即位错停止沿滑移面滑移(位错锁住),造成位错重新开始塞积,如图 3-18(e)所示。在应力或活性离子的作用下,位错再次开动表面钝化膜破裂,又开始形成无膜区,暴露金属又产生快速溶解。重复上述步骤,膜一次次修复(再钝化),一次次破裂溶解,最终导致穿晶应力腐蚀破裂,如图 3-18(f)、(g)、(h)。这种钝化膜破裂理论对铜合金在氨溶液中是较适用的。应力腐蚀破裂速度基本上受表面膜生长速度控制。

### 3.6.4 应力腐蚀控制方法

目前对所有能引起 SCC 的金属(合金)-介质体系,提出较一致的控制方法是十分困难的。但是裂纹形核、裂纹扩展以及断裂(失稳扩展)的发生与冶金因素、环境、力学因素是相关的。

#### 3.6.4.1 影响应力腐蚀断裂的因素

图 3-19 概括了产生应力腐蚀断裂的各种因素。

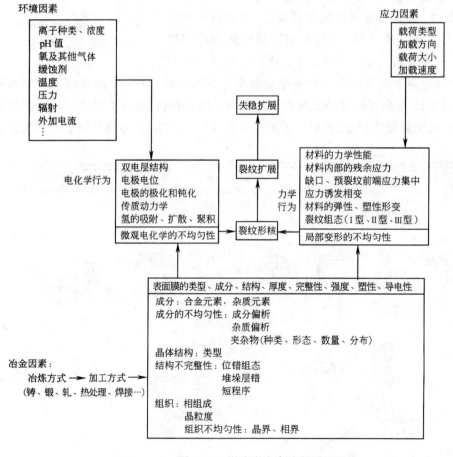

图 3-19　影响应力腐蚀断裂的因素

78

#### 3.6.4.2 防止或减轻应力腐蚀的措施

(1)合理选材 尽量避免金属或合金在易发生应力腐蚀的环境介质中使用。如接触海水的热交换器,采用普通软钢比不锈钢更好。双相钢抗 SCC 性能最好,如用 1Cr21Ni5Ti 双相钢的弯曲试样在沸腾的 $w(MgCl_2)=42\%$ 的溶液中做试验,试样经 2000h 仍未破裂。

(2)控制应力 在制造和装配金属构件时,应尽量使结构具有最小的应力集中系数,并使与介质接触的部分具有最小的残余应力。残余应力往往是引起 SCC 的主要原因,热处理退火可消除残余应力。如碳钢构件在 650℃ 退火 1h,可消除焊接引起的残余应力;冷加工后的黄铜件,如经过退火消除残余应力后,可避免在含 $H_2O$ 及 $NH_3$ 气氛或含 $NH_4^+$ 的水溶液中开裂。

(3)改变环境 通过除气、脱氧、除去矿物质等方法可除去环境中危害较大的介质组分。还可通过控制温度、pH 值,添加适量的缓蚀剂等,达到改变环境的目的。例如,汽轮机发电机组用水,需要预先处理,降低 NaOH 的含量;核反应设备的不锈钢热交换器中,需将水中 $Cl^-$ 及 $O_2$ 的含量降低到 $10^{-6}$ 以下,在含油气中加入粗吡啶,沸水中加入 $NaNO_3$ 都是防止 SCC 的有效措施。

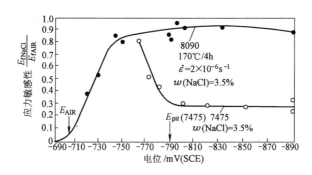

图 3-20 应力敏感性与外加电位的关系

(4)电化学保护 金属(合金)发生 SCC 与电位有关。有些体系存在一个临界断裂电位值,如图 3-20 所示。8090 合金在电位高于 -700MV 时则断裂,低于此值不断裂。更多的体系存在一定的 SCC 敏感电位范围,通常是钝化-活化区。(见图 3-14 及表 3-5)。因此,可通过电化学保护使金属离开 SCC 敏感区,从而抑制 SCC。

(5)涂层 好的镀层(涂层)可使金属表面和环境隔离开,从而避免产生 SCC。如输送热溶液的不锈钢管子外表面用石棉层绝热,由于石棉层中有 $Cl^-$ 离子渗出,可引起不锈钢表面破裂,当不锈钢外表面涂上有机硅涂料后就不再破裂了。

## 3.7 腐蚀疲劳

腐蚀疲劳是指材料或构件在交变应力与腐蚀环境的共同作用下产生的脆性断裂。这种破坏要比单纯的交变应力造成的破坏或单纯的腐蚀作用造成的破坏严重得多。在工程技术上腐蚀疲劳是造成安全设计的金属结构件发生突然破坏的最重要原因之一。如抽油杆钢只有很短的使用寿命,美国石油工业每年要损失数百万美元来更换抽油杆;船用螺旋桨、矿山用的牵引钢丝绳、汽车弹簧和轴、涡轮机叶片等常常发生腐蚀疲劳破坏;另外,在化学工业、原子能工业,宇航工业中发生的腐蚀疲劳断裂事故屡见不鲜。腐蚀疲劳造成的危害仅次于应力腐蚀。因而,这种破坏造成的经济损失也是相当可观的。

### 3.7.1 腐蚀疲劳的特点

腐蚀疲劳有如下特点:

(1)腐蚀疲劳的 $S$-$N$ 曲线与纯力学疲劳的 $S$-$N$ 曲线形状不同,由图 3-21 可知,腐蚀疲劳不存在疲劳极限。一般以预指的循环周次($N = 10^7$)的应力作为腐蚀疲劳强度。

(2)腐蚀疲劳与应力腐蚀不同,只要存在腐蚀介质,纯金属也能发生腐蚀疲劳。

(3)腐蚀疲劳强度与抗拉强度间没有一定的联系。图 3-22 表明了海水中金属的腐蚀疲劳强度与其抗拉强度的关系不明显,但在空气中腐蚀疲劳强度随抗拉强度增加而明显提高(一般所说的腐蚀疲劳是指空气以外的腐蚀环境中的疲劳行为)。

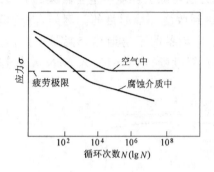

图 3-21 钢的腐蚀疲劳曲线

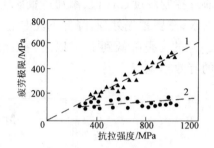

图 3-22 介质对钢腐蚀疲劳强度的影响
1—空气;2—海水

(4)腐蚀疲劳裂纹多起源于表面腐蚀坑或表面缺陷,往往成群出现,裂纹主要是穿晶型,并随腐蚀发展裂纹变宽。

(5)腐蚀疲劳断口即有腐蚀的特征又有疲劳的特征(疲劳辉纹)。而纯力学疲劳断口分两种情况,对于塑性材料断口为纤维状,呈暗灰色;脆性材料断口呈现出一些结晶形状。

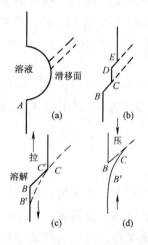

图 3-23 蚀孔应力集中模型示意图
(a)—产生点蚀;(b)—生成 $BCDE$ 滑移台阶;(c)—$BC$ 台阶溶解生成 $B'C'$ 新表面;(d)—滑移生成 $BCB'$ 裂纹

### 3.7.2 腐蚀疲劳机理

腐蚀疲劳的全过程包括疲劳源的形成,疲劳裂纹的扩展和断裂破坏。关于腐蚀疲劳的机理已建立起多种模型,下面简要地介绍两种机理。

A 蚀孔应力集中模型

图 3-23 是该模型示意图。该图表示出腐蚀疲劳裂纹扩展过程。金属表面的蚀孔,或其他局部腐蚀造成的缝隙等是发生腐蚀疲劳的疲劳源。在蚀孔底,应力集中产生滑移,如图 3-23(a)。由于蚀坑底部优先发生滑移形成滑移台阶,如图 3-23(b),滑移台阶在腐蚀介质作用下发生溶解形成新的活性表面,如图 3-23(c)。滑移台阶的溶解使逆向加载时,表面不能复原成为裂纹源。反复加载时,使裂纹不断扩展如图 3-23(d)。

B 堆积位错的优先溶解模型

该模型认为腐蚀集中在滑移线外,溶解向位错堆积处发展,释放了位错,促进滑移粗大化,在交变应力作用下,使裂纹扩展直至断裂。

### 3.7.3 影响腐蚀疲劳的因素

影响腐蚀疲劳的主要因素有力学因素、环境因素以及材料因素。

A 力学因素

由于腐蚀疲劳受多种因素影响,交变应力的频率对腐蚀疲劳的影响尚不能一概而论。在给定的时间内,应力不对称系数 $k$ 值一定时,频率较高对裂纹扩展速率影响较大;在给定的周期数内,$k$ 值一定时,频率愈低,裂纹扩展速度愈显著。

$k$ 值高,腐蚀的影响增大,$k$ 值低,一般反映出材料固有的疲劳性能。

加载方式,一般说,扭转疲劳大于旋转弯曲疲劳,旋转弯曲疲劳大于抗压疲劳。

B 环境因素

介质的 pH 值对腐蚀疲劳影响很大。一般在 pH＜4 时,疲劳寿命较低;在 pH＝4～12 时,疲劳寿命逐渐增加,pH＞12 时,与纯疲劳寿命相当。

介质中含氧量增加,腐蚀疲劳寿命降低。认为氧主要影响裂纹扩展速度。

介质中卤素,尤其 $Cl^-$ 能加速裂纹形成和扩展。

温度对腐蚀疲劳亦有显著的影响。一般温度高,腐蚀疲劳寿命降低。

C 材料因素

耐蚀性较高的金属及合金,如钛、铜及其合金等,以及耐点蚀的不锈钢对腐蚀疲劳的敏感性小;而高强铝合金,镁合金对腐蚀疲劳的敏感性较大。

碳钢、低合金钢热处理对腐蚀疲劳行为的影响较小,提高强度的热处理有降低腐蚀疲劳的倾向。

钢中的杂质、夹杂物对腐蚀疲劳裂纹形成有促进作用。

### 3.7.4 控制腐蚀疲劳的措施

合理选材。一般来说,抗点蚀能力高的材料,其抗腐蚀疲劳性能也较高。

改善材料耐蚀性,表面涂、镀耐蚀材料,可改善耐蚀疲劳性能。如镀锌钢丝在海水中的疲劳寿命得到显著的提高。

在介质中添加适当的缓蚀剂。如重铬酸盐、硝酸盐等。在盐水中加入重铬酸盐可以提高碳钢的腐蚀疲劳抗力。

对海洋金属构件及设备施加阴极保护,可以防止腐蚀疲劳。

另外改进设计,改变或降低应力均可提高材料抗腐蚀疲劳能力,如喷丸处理,表面硬化处理等。

## 3.8 磨损腐蚀

腐蚀介质与金属表面间的相对运动引起金属加速破坏或腐蚀称为磨损腐蚀,简称磨蚀。多数金属和合金在流动介质中,如气体、水溶液,有机体系、液态金属以及含有固体颗粒、含气泡的液体中,在机械力和电化学的共同作用下遭受磨损腐蚀。其中悬浮在液体中的固体颗粒尤为有害。磨损腐蚀的形貌常常是光滑的金属(合金)表面上呈现出带有方向性的沟、凹槽谷波纹及圆孔等,且一般按流体的流动方向切入金属表面层。如水电站的水轮机、船舶的螺旋桨,热交换器的入口管、弯管、弯头等都会遭受到磨损腐蚀。

### 3.8.1 湍流腐蚀

流体雷诺数 $Re$ 小于 2300,流体质点迹线有条不紊为层流;雷诺数 $Re$ 大于 2300,流体质点迹线紊乱,流速及压强不规则的涨落为湍流。由湍流导致的腐蚀称为湍流腐蚀。

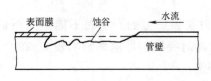

图 3-24　冷凝管内壁湍流腐蚀示意图

湍流腐蚀大都发生在设备或部件的某些特定部位,介质流速急剧增大形成湍流。如管壳式热交换器,离入口管端高出少许的部位,是流体从大管径转入小管径的过渡区间,此处易形成湍流。当流体流入到管内很快又恢复为层流。图 3-24 是换热器入口管管壁湍流腐蚀示意图。

遭到湍流腐蚀的金属表面,常常呈现深谷或马蹄形的凹槽。一般按流体的流动方向切入金属表面层,蚀谷光滑没有腐蚀产物积存。

湍流不仅加速了阴极去极化作用,而且又附加一个流体对金属表面的切力,这个高切应力能够把已经形成的腐蚀产物膜剥离并让流体带走。如果流体中含有气泡或固体颗粒,还会使切应力的力矩得到增强,使金属表面磨损腐蚀更加严重。

在输送流体的管道内,流体按水平方向或垂直方向运动时,管壁的腐蚀是均匀减薄的,但在流体突然被迫改变方向的部位,如弯管、U 形换热管等的拐弯部位,其管壁就要比其他部位磨损快甚至穿洞,如图 3-25 所示。这种由高速流体或含颗粒、气泡的高速流体直接不断冲击金属表面所造成的磨蚀,又称为冲击腐蚀,但仍属于湍流腐蚀的范畴。冲击腐蚀亦是高速流体的机械破坏与电化学腐蚀共同破坏的结果。

图 3-25　弯管受到冲蚀破坏示意图

### 3.8.2 空泡腐蚀

空泡腐蚀是流体与金属(合金)构件相对高速运动时,在金属表面局部区域产生涡流,伴随有气泡在金属表面迅速生成和破灭,造成材料表面粗化,导致材料丧失使用性能的一种破坏形式,亦称腐蚀空化或气蚀。在水轮机叶片和船用螺旋桨的背面常出现空泡腐蚀。

空泡腐蚀形成的条件比较复杂,当流速足够大时,它的静压力将低于流体的蒸气压力,于是流体中便有气泡产生。

如螺旋桨等的几何构型不能满足流体力学的要求,与海水做高速相对运动时使金属构件的局部区域产生涡流,形成一个压力突变区。在低压区引起溶解气体的析出或介质的气化,遂有气泡在金属表面形成,当流体从高压区迅速压入低压区时,气泡受压而迅速破灭。这个过程使螺旋桨接触的流体呈现出乳白混浊的现象。

气泡破灭时对金属表面施加冲击波,有如"水锤"作用,使金属表面膜不断地被锤破。试验计算表明,"水锤"作用对金属施加的压力可达 140MPa。这个压力足以使金属发生塑性变形。因此遭受气蚀的金属表面可观察到有滑移线的出现。

目前认为,气蚀是电化学腐蚀和气泡破灭的冲击波对金属综合作用造成的。或者可把气蚀看成为气泡形成与破灭交替进行的特殊条件下的磨蚀。气蚀的过程,如图 3-26 所示。

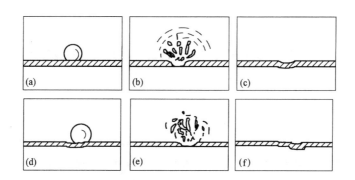

图 3-26 气蚀示意图

(a)—金属表面膜上生成气泡;(b)—气泡破灭,导致膜破坏;(c)—裸露的金属表面被腐蚀并重新成膜;

(d)—在同地点易形成新气泡;(e)—气泡破灭,膜再次破裂;(f)—裸露的金属又被腐蚀,并重新形成新膜

### 3.8.3　防止磨损腐蚀的措施

(1)结构设计合理。改善流体流动状态,减少造成湍流和涡流的产生条件(见 9.2.5 节)。

(2)正确选材。根据工件条件、工艺等因素可选适宜的耐磨材料。

(3)表面处理。如采用喷丸、冷加工等增加表面硬度的措施。

(4)电化学保护。如可在冷凝器一端采用钢制花板,以对海水热交换器不锈钢管束的入口端提供阴极保护。

### 习题与思考题

1. 解释名词及符号意义:

　全面腐蚀、局部腐蚀、点蚀、晶间腐蚀、应力腐蚀、腐蚀疲劳、湍流腐蚀、缝隙腐蚀、$K_{1SCC}$、$\mathrm{d}a/\mathrm{d}t$

2. 以不锈钢在充气的 NaCl 溶液中孔蚀为例,简述小孔腐蚀的机理。

3. 根据贫 Cr 理论指出合金元素 Cr、Ni、C、Ti、Nb 等对奥氏体不锈钢抗晶间腐蚀的作用及它们之间的相互关系。

4. 提高 18Cr-9Ni 不锈钢的抗点蚀性能可在钢中加入哪些元素?

5. 何谓金属的钝性?对于 $Fe/H_2SO_4$(质量分数 50%、常温)腐蚀体系,用什么方法能使 Fe 获得钝性?又在什么条件下 Fe 的钝性会受到破坏?

6. 应力腐蚀裂纹扩展速率 $\mathrm{d}a/\mathrm{d}t$ 与 $K_1$ 值之间的关系如图 3-15 所示,试指出曲线上的两个端点各代表材料的什么特征值,并根据此图说明裂纹扩展速率与 $K_1$ 值的关系。

7. 在海水中使用的镀 Zn、镀 Sn 钢板一旦划破后,两种不同镀层的保护效果有什么不同,为什么?

8. 金属的孔蚀一般会在什么条件下发生?某化工厂有一台海水冷却换热器,由于碳钢管束腐蚀严重,想改用铝材或不锈钢的换热器,对此谈谈你的看法。

9. 在某工业废水溶液中,三种合金材料的实验室腐蚀试验结果如下:

| 材　　料 | 密度/g·cm⁻³ | 失重/g·m⁻²·d⁻¹ | 点蚀因子 |
| --- | --- | --- | --- |
| A | 2.7 | 40 | 1 |
| B | 9.0 | 62 | 2 |
| C | 7.8 | 5.6 | 9.2 |

计算一年后每种材料最大侵蚀深度(mm)。g·m⁻²·d⁻¹为每天每平方米失重的克数。

# 4 金属在各种环境中的腐蚀

## 4.1 金属在大气中的腐蚀

金属材料或构筑物在大气条件下发生化学或电化学反应引起材料的破损称为大气腐蚀。大气腐蚀是常见的一种腐蚀现象。全世界在大气中使用的钢材量一般超过其生产总量的60%。例如,钢梁、钢轨、各种机械设备、车辆等都是在大气环境下使用。据统计由于大气腐蚀而损失的金属约占总的腐蚀量的50%以上,因此了解和研究大气腐蚀的机理、影响因素及防止方法是非常必要的。

### 4.1.1 大气腐蚀的分类

从全球范围看,大气的主要成分几乎是不变的,见表4-1。只有其中的水分含量将随地域、季节、时间等条件而变化。主要参与大气腐蚀过程的是氧和水气,其次是二氧化碳。因此可根据金属表面的潮湿程度的不同,把大气腐蚀分为三类:

**表 4-1 大气的基本组成(不包括杂质,10℃ )**

| 成 分 | 质量分数/% | 成 分 | 质量分数/% | 成 分 | 质量分数/$10^{-6}$ |
|---|---|---|---|---|---|
| 空 气 | 100 | 水气($H_2O$) | 0.70 | 氦(He) | 0.7 |
| 氮($N_2$) | 75 | 二氧化碳($CO_2$) | 0.04 | 氙(Xe) | 0.4 |
| 氧($O_2$) | 23 | 氖(Ne) | $12 \times 10^{-4}$ | 氢($H_2$) | 0.04 |
| 氩(Ar) | 1.26 | 氪(Kr) | $3 \times 10^{-4}$ | | |

(1)干大气腐蚀。干大气腐蚀是在金属表面不存在液膜层时的腐蚀。其特点是在金属表面形成不可见的保护性氧化膜(1～10nm)和某些金属失泽现象。如铜、银等在被硫化物污染的空气中所形成的一层膜。

(2)潮大气腐蚀。潮大气腐蚀是指金属在相对湿度小于100%的大气中,表面存在肉眼看不见的薄的液膜层(10nm～1μm)发生的腐蚀。例如,铁即使没受雨淋也会生锈。

(3)湿大气腐蚀。湿大气腐蚀指金属在相对湿度大于100%,如水分以雨、雾、水等形式直接溅落在金属表面上,表面存在肉眼可见的水膜(1μm～1mm)发生的腐蚀。

大气腐蚀速度与金属表面水膜厚度的关系,如图4-1所示。

由图可见,腐蚀速度与水膜厚度的规律大致可划分四个区域:

(1)区域 Ⅰ 金属表面只有约几个水分子厚(1～10nm)水膜,还没有形成连续的电解质溶液,相当于干的大气腐蚀,腐蚀速度很小。

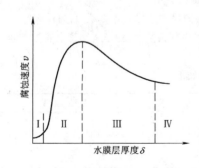

图 4-1 大气腐蚀速度与金属
表面水膜厚度的关系

（2）区域Ⅱ　当金属表面水膜厚度约在1μm时，由于形成连续电解液层，腐蚀速度迅速增加，发生潮的大气腐蚀。

（3）区域Ⅲ　水膜厚度增加到1mm时，发生湿的大气腐蚀，氧欲通过液膜扩散到金属表面显著困难，因此腐蚀速度明显下降。

（4）区域Ⅳ　金属表面水膜厚度大于1mm，相当于全浸在电解液中的腐蚀，腐蚀速度基本不变。

通常所说的大气腐蚀是指在常温下潮湿空气中的腐蚀。

### 4.1.2　大气腐蚀机理

大气腐蚀的特点是金属表面处于薄层电解液下的腐蚀过程，因此其腐蚀规律符合电化学腐蚀的一般规律。

#### 4.1.2.1　大气腐蚀的电化学过程

当金属表面形成连续的电解液薄层时，大气腐蚀的阴极过程主要是氧去极化。

阴极过程：

$$O_2 + 2H_2O + 4e \rightarrow 4OH^- \tag{4-1}$$

阳极过程：

$$Me \rightarrow Me^{n+} + ne \tag{4-2}$$

铁、锌等金属全浸在还原性酸溶液中，阴极过程主要是氢去极化，但在城市污染的大气所形成的酸性水膜下，这些金属的腐蚀主要是氧去极化腐蚀。

在薄的液膜条件下，大气腐蚀的阳极过程受到较大阻滞，因为氧更容易到达金属表面，生成氧化膜或氧的吸附膜，使阳极处于钝态。阳极钝化及金属离子化过程困难是造成阳极极化的主要原因。

当液膜增厚，相当于湿的大气腐蚀时，氧到达金属表面有一个扩散过程，因此腐蚀过程受氧扩散过程控制。

因此潮的大气腐蚀主要受阳极过程控制，而湿大气腐蚀主要受阴极过程控制。

#### 4.1.2.2　锈蚀机理

由于大气腐蚀的条件不同，锈层的成分和结构往往是很复杂的。一般认为，锈层对于锈层下基体铁的离子化将起到强氧化剂的作用。Evans认为大气腐蚀的锈层处在潮湿条件下，锈层起强氧化剂作用。在锈层内阳极反应发生在金属/$Fe_3O_4$界面上：

$$Fe \rightarrow Fe^{2+} + 2e \tag{4-3}$$

阴极反应发生在$Fe_3O_4$/FeOOH界面上：

$$6FeOOH + 2e \rightarrow 2Fe_3O_4 + 2H_2O + 2OH^- \tag{4-4}$$

可见锈层参与了阴极过程，图4-2为Evans锈层模型图。由图清楚看出锈层内发生$Fe^{3+} \rightarrow Fe^{2+}$的还原反应，锈层参与了阴极过程。

当锈层干燥时，即外部气体相对湿度下降时，锈层和底部基体钢在大气中氧的作用下，锈层重新氧化成$Fe^{3+}$的氧化物，可见在干湿交替的条件下，锈层能加速钢的腐蚀过程。

碳钢锈层结构一般分内外两层。内层紧靠钢和锈的界面上，附着性好，结构较致密，主

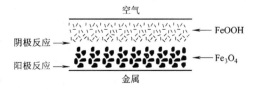

图4-2　Evans锈层模型示意图

85

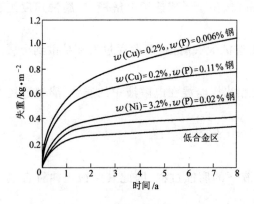

图 4-3　钢的大气腐蚀与时间关系（工业大气中）

要由致密的带少许 $Fe_3O_4$ 晶粒和非晶 $FeOOH$ 构成；外层由疏松的结晶 $\alpha$-$FeOOH$ 和 $\gamma$-$FeOOH$ 构成。

锈层生成的动力学规律，如图 4-3 所示。其曲线遵循幂定律：

$$P = Kt^n \tag{4-5}$$

式中　$P$——失重量；

　　　$K$——常数；

　　　$t$——暴露时间；

　　　$n$——常数。

这种关系式也适用于钢的镀锌层、镀铝层和 $w(Al)=55\%$ 的 Al-Zn 镀层的大气试验数据。

### 4.1.3　工业大气中金属腐蚀特点

工业大气中的 $SO_2$、$NO_2$、$H_2S$、$NH_3$ 等都增加大气的腐蚀作用，加快金属的腐蚀速度。表 4-2 列出了几种常用金属在不同大气环境中的平均腐蚀速度。

表 4-2　常用金属在不同大气环境中的腐蚀速度

| 腐蚀环境 | 平均腐蚀速度/$mg \cdot dm^{-2} \cdot d^{-1}$ | | |
| --- | --- | --- | --- |
| | 钢 | 铜 | 锌 |
| 农村大气 | — | 0.17 | 0.14 |
| 海洋大气 | 2.9 | 0.31 | 0.32 |
| 工业大气 | 1.5 | 1.0 | 0.29 |
| 海　水 | 25 | 10 | 8.0 |
| 土　壤 | 5 | 3 | 0.7 |

石油、煤等燃料的废气中含 $SO_2$ 最多，因此，在城市和工业区 $SO_2$ 的含量可达 $0.1 \sim 100mg/m^3$。

图 4-4 示出了抛光钢片在纯净空气中，含 $SO_2$ 的空气及含有固体杂质的空气中腐蚀随相对湿度增加的试验结果。由图看出：

（1）空气非常纯时，腐蚀速度相当小，随着湿度增加仅有轻微增加。

（2）在污染的空气中，空气的相对湿度低于 $70\%$ 时，即使是长期暴露，腐蚀速度也是很慢的。但有 $SO_2$ 存在的条件下，当相对湿度略高于 $70\%$ 时，腐蚀速度急剧增加。

（3）被硫酸铵和煤烟粒子污染的空气加速金属腐蚀。

可见在污染的大气中，在低于临界湿度时，金属表面没有水膜，金属受到的是由于化学作用引起的腐蚀，腐蚀

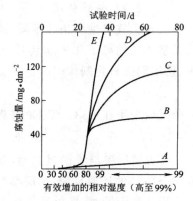

图 4-4　抛光钢在不同大气环境中腐蚀与相对湿度的关系

$A$—纯净空气；$B$—有$(NH_4)SO_4$ 颗粒，无 $SO_2$；$C$—仅 $0.01\%SO_2$（质量分数），没有颗粒；$D$—$(NH_4)SO_4$ 颗粒 $+0.01\%SO_2$（质量分数）；$E$—烟粒 $+0.01\%SO_2$（质量分数）

速度很小。当高于临界湿度时,由于水膜的形成,发生了电化学腐蚀,腐蚀速度急剧增加。

大气中 $SO_2$ 对不耐 $H_2SO_4$ 腐蚀的金属,如 Fe、Zn、Cd、Ni 的影响十分明显,如图 4-5 所示。碳钢的腐蚀速度随大气中 $SO_2$ 含量呈直线关系上升。

多数研究认为,$SO_2$ 的腐蚀作用机制是硫酸盐穴自催化过程。

$SO_2$ 促进金属大气腐蚀的机制,主要有两种方式:其一,认为部分 $SO_2$ 在空气中能直接氧化成 $SO_3$,$SO_3$ 溶于水后形成 $H_2SO_4$;其二,认为有一部分 $SO_2$ 吸附在金属表面上,与 Fe 作用生成易溶的硫酸亚铁,$FeSO_4$ 进一步氧化并由于强烈的水解作用生成了 $H_2SO_4$,$H_2SO_4$ 再与 Fe 作用,按这种循环方式加速腐蚀。因此,整个过程具有自催化作用,即所谓锈层中硫酸盐穴的作用。

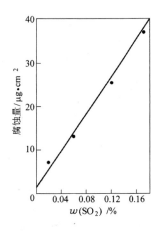

图 4-5 大气中 $SO_2$ 含量对碳钢腐蚀的影响

其反应如下:

$$Fe + SO_2 + O_2 \rightarrow FeSO_4 \qquad (4-6)$$

$$4FeSO_4 + O_2 + 6H_2O \rightarrow 4FeOOH + 4H_2SO_4 \qquad (4-7)$$

$$2H_2SO_4 + 2Fe + O_2 \rightarrow 2FeSO_4 + 2H_2O \qquad (4-8)$$

Schwarz 认为锈层内 $FeSO_4$ 生成机构如图 4-6 所示的模型。

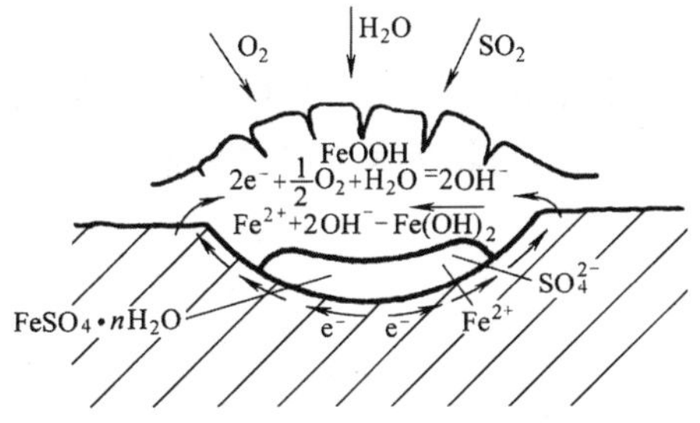

锈层的保护能力受其形成时占主导地位的条件影响。如果生成的锈层被硫酸盐侵蚀,锈层几乎无保护能力。相反,如最初锈层很少受硫酸盐污染,其保护性较好。

综上所述,碳钢不能靠自身形成保护膜。所以在室外大气条件下,通常要附加表面保护层,如防锈漆、镀 Zn、Al 等,或加入耐大气腐蚀的合金元

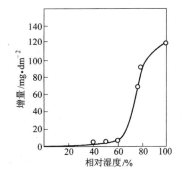

图 4-6 锈层内 $FeSO_4$ 生成机构

素,如 Cu、P 等使锈层具有很好的保护作用。

#### 4.1.4 影响大气腐蚀的因素及防蚀方法

影响大气腐蚀的因素很多,这里主要讨论影响大气腐蚀的几个主要因素:湿度、大气成分等。

##### 4.1.4.1 湿度

湿度是决定大气腐蚀类型和速度的一个重要因素。每种金属都存在一个腐蚀速度开始急剧增加的湿度范围,人们把大气腐蚀速度开始剧增时的大气相对湿度值称为临界湿度。对于铁、钢、铜、锌,临界湿度约在 $70\% \sim 80\%$ 之间。由图 4-7 可见,湿度小于临界湿度时,腐蚀速度很慢,几乎不被腐蚀。由此可见,若能把湿度降至临界湿度以下,可防止金

图 4-7 铁在质量分数为 $0.01\%$ 的 $SO_2$ 的空气中经 55 天后的增重与相对湿度的关系

属发生大气腐蚀。

#### 4.1.4.2 大气成分

大气组成除表 4-1 的基本组成外,由于地理环境不同,常含有 $SO_2$、$H_2S$、$NaCl$ 及尘埃等杂质。这些大气污染物质,不同程度地加速腐蚀。其中特别有害的是 $SO_2$。煤、石油燃烧的废气中都含有大量 $SO_2$,由于冬季的燃料消耗比夏季多,所以冬季 $SO_2$ 的污染更严重,对腐蚀的影响也就更大。例如铁、锌等金属在 $SO_2$ 大气中生成易溶的硫酸盐化合物,它们的腐蚀速度和大气中 $SO_2$ 含量呈直线关系上升。在海洋大气中含有不少微小的海水滴,所以海洋大气中含有较多的微小的 $NaCl$ 颗粒,若这些 $NaCl$ 颗粒落在金属的表面上,它有吸湿作用,且增大了表面液膜层的电导,氯离子本身有很强的侵蚀性,因而使腐蚀变得更严重。

大气中固体颗粒杂质通常称为尘埃。它的组成十分复杂,除海盐粒外,还有碳和碳化物、硅酸盐、氮化物、铵盐等固体颗粒。城市大气中尘埃的含量约 $2mg/m^3$,而工业大气中的尘埃甚至可达 $1000mg/m^3$ 以上。

尘埃对大气腐蚀的影响有三种方式:

(1)尘埃本身具有腐蚀性,如铵盐颗粒能溶入金属表面的水膜,提高电导或酸度,促进了腐蚀。

(2)尘埃本身无腐蚀作用,但能吸附腐蚀物质,如碳粒能吸附 $SO_2$ 和水气生成腐蚀性的酸性溶液。

(3)尘埃沉积在金属表面形成缝隙而凝聚水分,形成氧浓差引起缝隙腐蚀。

所以,露置在大气环境中的金属构件和仪器设备也应当防尘。

#### 4.1.4.3 防止大气腐蚀的方法

(1)提高金属材料的耐蚀性　在碳钢中加入 $Cu$、$P$、$Cr$、$Ni$ 及稀土元素可提高其耐大气腐蚀性能。例如,美国的 Cor-Ten 钢($Cu$-$P$-$Cr$-$Ni$ 系低合金钢),其耐大气腐蚀性能为碳钢的 $4\sim8$ 倍。

(2)采用有机和无机涂层及金属镀层。

(3)采用气相缓蚀剂。

(4)降低大气湿度　主要用于仓储金属制品的保护。

另外,合理设计构件,防止缝隙中存水,去除金属表面上的灰尘等都有利于防蚀。尤其要开展环境保护,减少大气污染,这不仅有利于人民健康,而且对延长金属材料在大气中的使用寿命也是相当重要的。

## 4.2　金属在海水中的腐蚀

海洋约占地球表面积的 70%,海水是自然界中数量最大且具有腐蚀性的天然电解质。我国的海岸线长达 18000km,海域广阔。我国沿海地区的工厂常用海水作为冷却介质,冷却器的铸铁管在海水作用下,一般只能使用 $3\sim4$ 年,海水泵的铸铁叶轮只能使用 3 个月左右,碳钢冷却箱的内壁腐蚀速度可达 $1mm/a$ 以上。近年来海洋开发受到重视,各种海上运输工具、各种类型的舰船,海上采油平台,开采和水下输送及储存设备等金属构件受到海水和海洋大气腐蚀的威胁愈来愈严重,所以研究海洋环境中金属的腐蚀及其防护在国民经济中具有重要意义。

#### 4.2.1 海水腐蚀特点

##### 4.2.1.1 盐类及导电率

海水作为腐蚀性介质,其特点是含多种盐类,盐分中主要是 NaCl,一般常把海水近似地看作质量分数为 3% 或 3.5% 的 NaCl 溶液。实际海水中含盐量用盐度或氯度表示。盐度是指 1000g 海水中溶解固体盐类物质的总克数,一般海水的盐度在 3.2% ~ 3.75% 之间,通常取 3.5% 为海水的盐度平均值。表 4-3 列举了海水中主要盐类含量。由表看出,海水中氯离子的含量很高,占总盐量的 58.04%,使海水具有较大的腐蚀性。

**表 4-3  海水中主要盐类含量**

| 成　　分 | 100g 海水中盐的克数 | 占总盐量/% |
|---|---|---|
| NaCl | 2.7213 | 77.8 |
| $MgCl_2$ | 0.3807 | 10.9 |
| $MgSO_4$ | 0.1658 | 4.7 |
| $CaSO_4$ | 0.1260 | 3.6 |
| $K_2SO_4$ | 0.0863 | 2.5 |
| $CaCO_2$ | 0.0123 | 0.3 |
| $MgBr_2$ | 0.0076 | 0.2 |
| 合计 | 3.5 | 100 |

海水平均电导率为 $4 \times 10^{-2} S \cdot cm^{-1}$,远远超过河水和雨水的电导率。

##### 4.2.1.2 溶解氧

海水中溶解氧,是海水腐蚀的重要因素。正常情况下海水表面层被空气饱和,氧的浓度随水温一般在 $(5 \sim 10) \times 10^{-6}$ 范围内变化。表 4-4 列出了氧在海水中的溶解度。由表看出盐的浓度和温度愈高,氧的溶解度愈小。

**表 4-4  氧在海水中的溶解度/$cm^3 \cdot L^{-1}$**

| 温度/℃ | 盐的浓度(质量分数)/% | | | | | |
|---|---|---|---|---|---|---|
| | 0.0 | 1.0 | 2.0 | 3.0 | 3.5 | 4.0 |
| 0 | 10.30 | 9.65 | 9.00 | 8.36 | 8.04 | 7.72 |
| 10 | 8.02 | 7.56 | 7.09 | 6.63 | 6.41 | 6.18 |
| 20 | 6.57 | 6.22 | 5.88 | 5.52 | 5.35 | 5.17 |
| 30 | 5.57 | 5.27 | 4.95 | 4.65 | 4.50 | 4.34 |

##### 4.2.1.3 海水的电化学特点

海水是典型的电解质溶液,因此电化学腐蚀的基本规律对于海水中金属的腐蚀是适用的。

(1)多数金属,除了特别活泼金属镁及其合金外,在海水中的腐蚀过程都是氧去极化过程,腐蚀速度由氧扩散过程控制。

(2)对于大多数金属(铁、钢、锌等),它们在海水中发生腐蚀时,其阳极过程的阻滞作用很小,主要是海水中 Cl⁻ 离子浓度高。因此在海水中用增加阳极阻滞方法来减轻海水腐蚀的可能性不大,只有添加合金元素钼,才能抑制 Cl⁻ 对钝化膜的破坏作用,改进材料在海水中的耐蚀性。

(3)海水的电导率很高,电阻性阻滞很小,所以对海水腐蚀来说,不只是微观电池的活性较大,宏观电池的活性也较大。因此在海水中,异种金属接触引起的电偶腐蚀有相当大的破坏作用。如舰船的青铜螺旋桨则可引起远达数十米处的钢船壳体的腐蚀。

(4)海水中金属易发生局部腐蚀破坏。如点蚀,缝隙腐蚀,湍流腐蚀和空泡腐蚀等。

### 4.2.2 影响海水腐蚀的因素

海水是天然的电解质,海水中几乎含有地球上所有化学元素的化合物,成分是很复杂的。除了含有大量盐类外,海水中溶解氧、海洋生物和腐烂的有机物,海水的温度、流速与 pH 值等都对海水腐蚀有很大的影响。

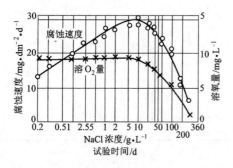

图 4-8　钢的腐蚀速度与 NaCl 浓度的关系

(1)盐类。海水中的盐类以 NaCl 为主。海水中盐的浓度与钢的腐蚀速度最大的盐浓度范围相近。当溶盐浓度超过一定值,由于氧的溶解度降低,使金属腐蚀速度下降,见图 4-8。

(2)pH 值。海水一般处于中性,pH 值在 7.2～8.6 之间。海水中的 pH 值可因光合作用而稍有变化;在深海处 pH 值略有降低,不利于金属表面生成保护性的盐膜。

(3)溶解氧。海水中的溶解氧是海水腐蚀的重要因素。因为大多数金属在海水中的腐蚀受氧去极化作用控制。溶解氧含量还随海水深度不同而变化,海水表面与大气接触含氧量高达 $12 \times 10^{-6}$。自海平面至 $-800m$ 深处,含氧量逐渐减少并达到最低值,这是因为海洋动物要消耗氧气;从 $-800m$ 再降 $-1000m$,溶氧量又开始上升,并接近海水表面的氧浓度,这是因为深海水温度较低、压力较高的缘故。

(4)温度。一般认为,海水温度每升高 10℃,化学反应速度提高约 10%,海水中金属的腐蚀速度将随之增加。但是,温度升高氧在海水中的溶解度下降,每升高 10℃,氧的溶解度约降低 20%,使金属的腐蚀速度略有降低。此外,温度变化还与海洋生物有关。总之,海水温度与金属腐蚀速度之间的关系是相当复杂的。

(5)流速。许多金属发生腐蚀与海水流速有较大关系。尤其对铁、铜等常用金属存在一个临界流速,超过此流速时,金属腐蚀明显加快。但含钛和含钼的不锈钢,在高速海水中的抗蚀性能较好。表 4-5 列出了碳钢腐蚀速度与海水流速的关系。

表 4-5　碳钢腐蚀速度与海水流速的关系

| 海水流速/m·s⁻¹ | 0 | 1.0 | 3.0 | 4.5 | 6.0 | 7.5 |
|---|---|---|---|---|---|---|
| 腐蚀速度/mg·cm⁻²·d⁻¹ | 0.3 | 1.1 | 1.6 | 1.8 | 1.9 | 1.95 |

(6)海洋生物　海洋生物在船舶或海上构筑物表面附着形成缝隙,容易诱发缝隙腐蚀。

90

另外,微生物的生理作用会产生氨、$CO_2$ 和 $H_2S$ 等腐蚀物质,如硫酸盐还原菌作用产生 $S^{2-}$,会加速金属腐蚀。

### 4.2.3 海水中常用金属材料的耐蚀性

金属材料在海水中的耐蚀性差别很大,其中耐蚀性最好的是钛合金和 Ni-Cr 合金,而铸铁和碳钢耐蚀性较差。不锈钢的均匀腐蚀速度虽然很小,但在海水中易产生点蚀。常用金属材料耐海水腐蚀性能见表 4-6。

**表 4-6 常用金属材料的耐海水腐蚀性能**

| 合 金 | 全浸区腐蚀率/ $mm \cdot a^{-1}$ | | 潮汐区腐蚀率/ $mm \cdot a^{-1}$ | | 冲击腐蚀性能 |
| --- | --- | --- | --- | --- | --- |
| | 平 均 | 最 大 | 平 均 | 最 大 | |
| 低碳钢(无氧化皮) | 0.12 | 0.40 | 0.3 | 0.5 | 劣 |
| 低碳钢(有氧化皮) | 0.09 | 0.90 | 0.2 | 1.0 | 劣 |
| 普通铸铁 | 0.15 | — | 0.4 | — | 劣 |
| 铜(冷轧) | 0.04 | 0.08 | 0.02 | 0.18 | 不 好 |
| 顿巴黄铜($w(Zn)=10\%$) | 0.04 | 0.05 | 0.03 | — | 不 好 |
| 黄铜(70Cu-30Zn) | 0.05 | — | — | — | 满 意 |
| 黄铜(22Zn-2Al-0.02As) | 0.02 | 0.18 | — | — | 良 好 |
| 黄铜(20Zn-2Al-0.02As) | 0.04 | — | — | — | 满 意 |
| 黄铜(60Cu-40Zn) | 0.06 | 脱 Zn | 0.02 | 脱 Zn | 良 好 |
| 青铜($w(Sn)=5\%$,$w(Pb)=10\%$) | 0.03 | 0.1 | — | — | 良 好 |
| 铝青铜($w(Al)=7\%$,$w(Si)=2\%$) | 0.03 | 0.08 | 0.01 | 0.05 | 良 好 |
| 铜镍合金 | 0.008 | 0.03 | 0.05 | 0.3 | $w(Fe)=0.15\%$,良好 |
| (70Cu-30Ni) | | | | | $w(Fe)=0.45\%$,优秀 |
| 镍 | 0.02 | 0.1 | 0.4 | — | 良 好 |
| 蒙乃尔[65Ni-31Cu-4(Fe+Mn)] | 0.03 | 0.2 | 0.5 | 0.25 | 良 好 |
| 因科镍尔合金(80Ni-13Cr) | 0.05 | 0.1 | — | — | 良 好 |
| 哈氏合金(53Ni-19Mo-17Cr) | 0.001 | 0.001 | — | — | 优 秀 |
| $Cr_{13}$ | — | 0.28 | — | — | 满 意 |
| $Cr_{17}$ | — | 0.20 | — | — | 满 意 |
| $Cr_{18}Ni_9$ | — | 0.18 | — | — | 良 好 |
| $Cr_{28}$-$Ni_{20}$ | — | 0.02 | — | — | 良 好 |
| Zn($w(Zn)=99.5\%$) | 0.028 | 0.03 | — | — | 良 好 |
| Ti | 0.00 | 0.00 | 0.00 | 0.00 | 优 秀 |

### 4.2.4 防止海水腐蚀的措施

防止海水腐蚀主要采取以下措施:

(1)研制和应用耐海水腐蚀的材料 如钛、镍、铜及其合金,耐海水钢(Mariner)。

(2)阴极保护 腐蚀最严重处采用护屏保护较合理,亦可采用简易可行的牺牲阳极法。

(3)涂层 除应用防锈油漆外,还可采用防止生物玷污的双防油漆,对于潮汐区和飞溅区的某些固定的钢结构可以使用蒙乃尔合金包覆。

## 4.3　金属在土壤中的腐蚀

土壤是由土粒、水溶液、气体、有机物、带电胶粒和黏液胶体等多种组分构成的极为复杂的不均匀多相体系。不同土壤的腐蚀性差别很大。由于土壤的组成和性能的不均匀,极易构成氧浓差电池腐蚀,使地下金属设施遭受严重局部腐蚀。埋在地下的油、气、水管线以及电缆等因穿孔而漏油、漏气或漏水,或使电信设备发生故障。而这些往往很难检修,给生产带来很大的损失和危害。

土壤腐蚀是一种很重要的腐蚀形式。对于先进国家来说,地下的油、气、水管线长达数百万公里以上,每年因腐蚀损坏而替换的各种管子费用就有几亿美元之多。随着石油工业的发展,研究土壤腐蚀规律,寻找有效的防蚀途径具有很重要的实际意义。

### 4.3.1　土壤腐蚀的特点

#### 4.3.1.1　土壤的特性

(1)土壤多相性。土壤是由土粒、水、空气,有机物等多种组分构成的复杂的多相体系。实际的土壤一般是这几种不同组分按一定比例组合在一起的。

(2)土壤导电性。由于在土壤中的水分能以各种形式存在,土壤中总是或多或少地存在一定的水分,因此土壤有导电性。土壤也是一种电解质。土壤的孔隙及含水的程度又影响着土壤的透气性和电导率的大小。

(3)土壤的不均匀性。土壤中的氧气,有的溶解在水中,有的存在于土壤的缝隙中。土壤中氧浓度与土壤的湿度和结构都有密切关系,氧含量在干燥砂土中最高,在潮湿的砂土中次之,而在潮湿密实的粘土中最少。这种充气不均匀性正是造成氧浓差电池腐蚀的原因。

(4)土壤的酸碱性。大多数土壤是中性的,pH 值在 6.0～7.5 之间。有的土壤是碱性的,如我国西北的盐碱土,pH 值为 7.5～9.0。也有一些土壤是酸性的,如腐殖土和沼泽土 pH 值为 3～6。一般认为,pH 值越低,土壤的腐蚀性越大。

#### 4.3.1.2　土壤腐蚀的电化学过程

大多数金属在土壤中的腐蚀都属于氧去极化腐蚀。金属在土壤中的腐蚀与在电解液中的腐蚀本质是一样的。以 Fe 为例,

阳极过程:

$$Fe + nH_2O \rightarrow Fe^{2+} \cdot nH_2O + 2e \tag{4-9}$$

阳极反应速度主要受金属离子化过程的难易程度控制。

在 pH 值低的土壤中,$OH^-$ 很少。由于不能生成 $Fe(OH)_2$,使 $Fe^{2+}$ 离子浓度在阳极区增大。在中性和碱性土壤中生成的 $Fe(OH)_3$ 溶解度很小,沉淀在钢铁表面上,对阳极溶解有一定的阻滞作用。土壤中如含有碳酸盐,也可能在阳极表面生成不溶性沉积物,起保护膜的作用。土壤中氯离子和硫酸根离子能与 $Fe^{2+}$ 离子生成可溶性的盐,因而加速阳极溶解。

阴极过程:

$$\frac{1}{2}O_2 + H_2O + 2e \rightarrow 2OH^- \tag{4-10}$$

在弱酸性、中性和碱性土壤中,阴极反应主要是氧的去极化作用。由于土壤中的水溶解氧是有限的,对土壤腐蚀起主要作用的是缝隙和毛细管中的氧。土壤中的传递过程比较复杂,进行得也比较慢。在潮湿的粘性土壤中,由于渗水能力和透气性差,氧的传递是相当困难的,

使阴极过程受阻。当土壤水分的 pH 值大于 5 时,腐蚀产物能形成保护层,腐蚀受到抑制。

### 4.3.2 土壤腐蚀的几种形式

#### 4.3.2.1 充气不均匀引起的腐蚀

这种腐蚀主要指地下管线穿过不同的地质结构及潮湿程度不同的土壤带时,由于氧的浓度差别引起的宏观电池腐蚀,如图 4-9 所示。

#### 4.3.2.2 杂散电流引起的腐蚀

杂散电流是一种漏电现象。其主要来源是应用直流电的大功率电气装置,如电气化铁路,电解及电镀、电焊机等装置,由于绝缘不好产生的杂散电流引起宏观电池的腐蚀。图 4-10 为杂散电流腐蚀实例示意图。

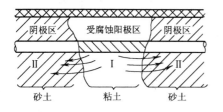

图 4-9 管道在结构不同的土壤中
所形成的氧浓差电池

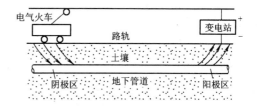

图 4-10 土壤中的杂散电流
腐蚀实例示意图

如图所示,当铁轨与土壤间的绝缘不良时,有一部分电流就会从铁轨漏失到土壤中。如果在铁轨附近埋设有金属管道,杂散电流经土壤进入金属管道后,再经土壤及轨道返回到电源。在这种情况下,相当两个宏观电池作用:铁轨(地面)-阳极,土壤-电解质,管道(地下)-阴极;管道(地下)-阳极,土壤-电解质,铁轨(地面)-阴极。

第一种电池会引起地面上铁轨腐蚀,发现这种腐蚀更新铁轨并不困难。而第二种电池引起的地下管线腐蚀就很难发现,修复也麻烦。

#### 4.3.2.3 微生物引起的腐蚀

对腐蚀有作用的细菌并不多,其中最重要的是硫酸杆菌和硫酸盐还原菌(厌氧菌)。这两种细菌能将土壤中硫酸盐还原产生 $S^{2-}$,其中仅小部分消耗在微生物自身的新陈代谢上,大部分可作为阴极去极化剂,促进腐蚀反应。

土壤的 pH 值在 4.5～9.0 时,最适宜硫酸盐还原菌生长,pH 值在 3.5 以下或 11 以上时,这种菌的活动及生长就很难了。

### 4.3.3 防止土壤腐蚀的措施

防止土壤腐蚀可采取以下措施:

(1)采用涂料或包覆玻璃布防水。

(2)采用电化学保护,多采用牺牲阳极法,阴极保护与涂料联合使用效果更好。

(3)采用金属涂层或包覆金属,镀锌层等。

## 4.4 金属在工业环境中的腐蚀

在石油、矿业、核动力工业、化纤及其他许多工业部门的生产环境及生产过程中都与有机、无机酸,碱及盐介质有关。这些介质对金属设备腐蚀作用不同,因此了解其对金属的腐蚀规律,对延长设备使用寿命,保证正常及安全生产至关重要。

### 4.4.1 金属在酸溶液中的腐蚀

酸是一类能在水溶液中电离,形成 $H_3O^+$ 离子化合物的总称。一般用 $H^+$ 代表 $H_3O^+$。

氧化性酸与非氧化性酸对金属的腐蚀情况大不相同。在腐蚀过程中,非氧化性酸的特点是腐蚀的阴极过程基本上是氢去极化过程,增加溶液酸度相应地会增加阴极反应,并使金属腐蚀速度增加。氧化性酸的特点是阴极过程主要是氧化剂的还原过程引起金属腐蚀(如硝酸根还原成亚硝酸根)。但是当氧化性酸浓度超过某一临界值时,促使钝化型金属进入钝态,而抑制了腐蚀。因此酸溶液的腐蚀性一方面与酸的强弱,即氢离子的浓度有关,同时也与酸的阴离子的氧化能力有关。

#### 4.4.1.1 金属在无机酸溶液中的腐蚀

工业中使用量最多的无机酸有硫酸、硝酸、盐酸。它们引起设备的腐蚀破坏和造成的经济损失相当严重。

A 金属在硫酸中的腐蚀

高浓度的 $H_2SO_4$ 是一种强氧化剂,它能使具有钝化能力的金属进入钝态,低浓度的 $H_2SO_4$ 则没有氧化能力,其腐蚀性很强。硫酸的腐蚀性最主要取决于温度和浓度,氧化剂、流速等也能影响硫酸对各种材料的腐蚀性。

a 腐蚀速度与硫酸浓度的关系

工业上耐硫酸的材料一般采用价廉的碳钢和铅及铅合金,图 4-11、图 4-12 分别显示出铁、铅的腐蚀速度与硫酸质量分数的关系。

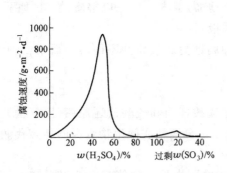

图 4-11 铁的溶解速度与硫酸浓度的关系

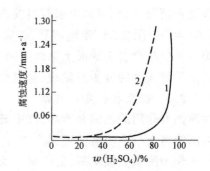

图 4-12 铅的腐蚀速度与硫酸浓度的关系
1—50℃;2—沸腾

由图 4-11 看出,硫酸质量分数低于 50% 时,碳钢的腐蚀速度随浓度增加腐蚀速度急剧增加,当质量分数超过 50% 时,随浓度增加,腐蚀急剧下降,当质量分数超过 70% 时,碳钢几乎不腐蚀。这是由于钢表面生成硫酸盐($FeSO_4$)保护膜。因此制造质量分数超过 70% 的浓硫酸的储罐与运输管线可用钢铁材料。当质量分数超过 101% 的中温发烟 $H_2SO_4$ 时,应注意两个问题:①浓 $H_2SO_4$ 是一种强吸水剂;②硫酸盐保护膜($FeSO_4$)易受破坏。当硫酸质量分数低于 70% 时,应采用铅制的设备(图 4-12),因为铅表面可以生成 $PbSO_4$ 的保护膜。可见在硫酸环境中,钢和铅具有互补性,如图 4-13 所示。

b 流速对腐蚀影响

表 4-7 示出了输送 $H_2SO_4$ 时浓度与流动速度对钢管寿命的影响。数据表明,随浓度增加,流速增大,钢管寿命降低,可见输送硫酸时,不宜采用高的流动速度。

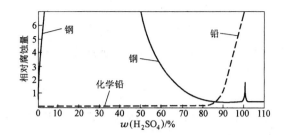

图 4-13　钢和铅的腐蚀规律(常温)

**表 4-7　硫酸输送管的寿命与硫酸浓度的关系**

| 硫酸质量分数/% | 流速/m·s$^{-1}$ | 寿命/a |
|---|---|---|
| 93 | 0.1 | 10 |
| 98 | 0.3 | 15 |
| 93 | 1.1 | 5 |
| 93 | 1.7 | 5～8 |
| 93 | 2.0 | 3～5 |
| 98 | 2.0 | 1.5 |
| 99 | 3.6 | 1 |

### B　金属在盐酸中的腐蚀

盐酸是强酸之一。除银、钛等少数金属外,大多数金属或合金在盐酸中都不能生成难溶的金属盐膜。盐酸中的氯离子具有极强的活性,除钛等少数钝性优异的金属外,金属表面的钝化膜在盐酸中都因受到氯离子的破坏而发生点蚀。

#### a　盐酸浓度与腐蚀速度的关系

工业纯铁与碳钢的腐蚀速度随盐酸的浓度成指数关系增加,如图 4-14 所示。显然,碳钢不能用于盐酸介质中。

图 4-15 表示了在沸腾盐酸中各种金属的腐蚀速度与盐酸浓度的关系。

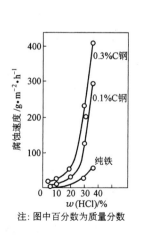

注:图中百分数为质量分数

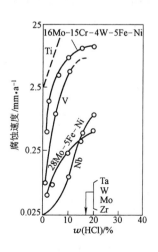

图 4-14　钝铁及碳钢腐蚀速度与盐酸浓度的关系　　图 4-15　各种金属的腐蚀速度与盐酸浓度的关系

b 盐酸中溶氧或氧化剂对腐蚀的影响

盐酸中存在氧化剂时,铜、钼、镍基合金的腐蚀速度显著增加。当盐酸浓度高时,阴极为氢去极化,但当盐酸浓度低时,氧去极化占优势,腐蚀速度增加。

c 钝态金属在盐酸中的腐蚀

对于可用电化学方法或化学方法钝化处理的金属材料来说,在盐酸中它们的钝态区很窄或完全不存在钝态区。基于上述原因,耐盐酸腐蚀的金属材料仅限于具有极强钝化性能的特殊金属及合金,如 Ta、Zr 及 Ti-Mo 合金等。

d 耐盐酸腐蚀的材料

(1)Ti-Mo 合金 耐蚀钛合金的研制是为了改善纯钛在强还原介质中的耐蚀性。W.L.Finlay 发现 Ti-Mo 合金对强还原性硫酸、盐酸有优异的耐蚀性。Ti-30～40Mo 合金在沸腾的质量分数为 20% 的 HCl 中的腐蚀率为 10mm/a,而工业纯钛只能用于室温质量分数为 3%～10% 的 HCl 中。迄今为止,Ti-30Mo、Ti-32Mo 是在还原性酸中最耐蚀的钛合金,该合金不含稀贵金属,因而受到广泛重视。表 4-8 列出了一些钛合金在盐酸中的腐蚀率。

表 4-8  某些钛合金在盐酸中的腐蚀率/mm·a$^{-1}$

| 合金 \ 温度 盐酸浓度(质量分数) | 室温 | | 50℃ | | 75℃ | | 90～93℃ | |
|---|---|---|---|---|---|---|---|---|
| | 10% | 20% | 10% | 20% | 10% | 20% | 10% | 20% |
| Ti-32Mo | 0.009 | 0.057 | 0.004 | 0.004 | 0.024 | 0.024 | 0.035 | 0.096 |
| Ti-32Mo-2Nb | 0.009 | 0.006 | 0.002 | 0.000 | 0.001 | 0.040 | 0.066 | 0.063 |
| Ti-32Mo-5Nb | 0.009 | 0.062 | 0.001 | 0.003 | 0.018 | 0.043 | 0.042 | 0.067 |
| Ti-25Mo-15Nb | 0.007 | 0.034 | 0.004 | 0.006 | 0.006 | 0.069 | 0.116 | 0.112 |
| Ti-15Mo-0.2Pd | 0.000 | 0.011 | 0.008 | 0.167 | — | 1.13 | 0.255 | 0.109 |
| Ti-32 焊接 | 0.008 | 0.057 | 0.002 | 0.004 | 0.021 | 0.025 | 0.044 | — |
| Ti | 0.017 | 0.204 | 4.11 | 12.5 | — | — | — | — |
| Ti-0.2Pd | 0.000 | 0.000 | 0.015 | 6.67 | 0.008 | — | 1.04 | — |

(2)Ti-Ta 合金 钽不仅能提高 Ti 在还原性介质中的耐蚀性,而且能改善钛在氧化性介质中的耐蚀性。表 4-9 列出了 Ti-Ta 合金在沸腾酸中的耐蚀性。

表 4-9  Ti-Ta 合金在沸腾酸中的耐蚀性

| 合金 | 腐蚀率/mm·a$^{-1}$ | | | | |
|---|---|---|---|---|---|
| | 20% HCl | 30% $H_2SO_4$ | 60% $H_2SO_4$ | 20% $H_3PO_4$ | 1% COOHCOOH |
| 40Ta-60Ti | 0.99 | 0.13 | 0.14 | 0.07 | 1.02 |
| 50Ta-50Ti | 0.025 | 0.017 | 0.457 | 0.017 | 0.114 |
| 60Ta-40Ti | 0.015 | 0 | — | 0 | 0.017 |
| Ta | 0 | 0.13 | 0.13～0.5 | 0.13 | 0 |

注:表中百分数均为质量分数。

C 金属在硝酸中的腐蚀

硝酸是一种氧化性的强酸。因此在硝酸中能钝化的金属(合金)适用于硝酸介质。Ag、Ni、Pb、Cu 一般不耐硝酸腐蚀。

几种金属(合金)在硝酸中的腐蚀特点如下:

(1)碳钢。碳钢在各种浓度硝酸中的腐蚀行为见图 4-16。由图可知,当硝酸质量分数低于 30%时,碳钢的腐蚀速度随酸浓度增加而增加,当质量分数约在 30%附近时腐蚀速度达到最大值。质量分数超过 30%,腐蚀速度迅速下降,当质量分数达到 50%时,腐蚀速度最小,说明钢钝化了。当质量分数超过 80%时,碳钢的腐蚀速度再次急剧增加,钢出现过钝化溶解。所以铁或钢适用于 $HNO_3$ 浓度在 30%~80%(质量分数)范围内。

(2)不锈钢。不锈钢对硝酸表示出良好的耐蚀性。图 4-17 是 18-18 不锈钢在硝酸中的腐蚀图。不锈钢是硝酸系统中大量使用的耐蚀材料,如硝铵、硝酸生产中大部分设备都是用不锈钢制造的。但在浓度超过 70%(质量分数)的热硝酸中易发生过钝化腐蚀。另外在某些条件下也会产生晶间腐蚀、点蚀及应力腐蚀。

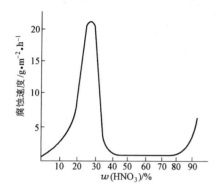

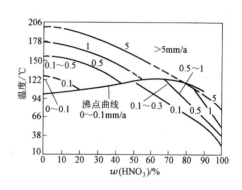

图 4-16　低碳钢的腐蚀速度与硝酸浓度的关系(25℃)　　图 4-17　18-8 不锈钢在硝酸中的腐蚀图

(3)铝及其合金。铝及其合金对中等温度的发烟硝酸有良好的耐蚀性,硝酸浓度低于 85%(质量分数)时,即使在室温,铝的耐蚀性也不好。

(4)高硅铸铁。硅的质量分数大于 13%的合金铸铁称为高硅耐酸铸铁。它对各种无机酸包括盐酸均有良好的耐蚀性。图 4-18 是高硅铸铁与其他合金铸铁耐酸性能的比较。高硅铸铁中 Si 的质量分数一般不超过 15%,否则会生成介稳定的脆性 $\eta$ 相($Fe_5Si_2$)。

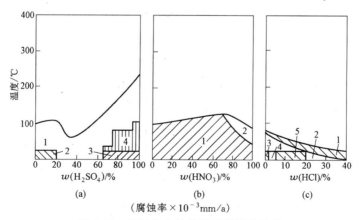

图 4-18　几种合金铸铁耐酸性能的比较

(a):1—14.5%硅铸铁≤2.0;2—高镍铸铁≤3.15;3—普通铸铁≤2.0;4—普通铸铁≤2.0~20

(b):1—高铬铸铁≤2.0;高硅铸铁≤1.6~16;2—高硅铸铁≤2.0

(c):1—14.5%硅-3.0%钼铸铁≤2.0;2—14.5%硅铸铁≤2.0;3—高镍铸铁≤3.1;4—高镍铸铁≤4.7;5—高镍铸铁≤6.3

有机酸中的甲酸、乙酸在工业中应用也很广泛,此外还有乳酸、柠檬酸等。有机酸对金属的腐蚀比无机酸弱,因为前者电离度很小。

A 金属在甲酸中的腐蚀 甲酸又名蚁酸,腐蚀性很强。普通钢和铝在所有浓度的甲酸中腐蚀都很快,一般不适用于甲酸。除黄铜外,铜及其合金在无氧化剂或有氧化剂存在的条件下,对高温度甚至沸点的各种浓度甲酸都是耐蚀的。

304型、316型不锈钢对于室温下各种浓度的甲酸有极好的耐蚀性。表 4-10 列出了几种金属材料在有机酸中的腐蚀数据。

表 4-10 几种金属(合金)在有机酸中的腐蚀数据

| 酸 | 浓度 | 温度/℃ | 铝① | 铜和青铜② | 304 型 | 316 型 | 20 号合金 | 高硅铸铁 |
|---|---|---|---|---|---|---|---|---|
| 醋 酸 | 50% | 24 | ● | ● | ○ | ● | ● | ● |
| 醋 酸 | 50% | 100 | × | ○ | □ | ● | ● | ● |
| 醋 酸 | 冰 | 24 | ● | ● | ● | ● | ● | ● |
| 醋 酸 | 冰 | 100 | ○ | × | × | ○ | ○ | ● |
| 柠檬酸 | 50% | 100 | ○ | □ | ○ | ○ | ● | ● |
| 柠檬酸 | 50% | 24 | □ | □ | × | ○ | ○ | ● |
| 甲 酸 | 80% | 100 | ○ | ○ | ○ | ● | ● | ● |
| 甲 酸 | 80% | 24 | × | ○ | × | ● | ● | ● |
| 乳 酸 | 50% | 24 | ○ | ● | ○ | ● | ● | ● |
| 乳 酸 | 50% | 100 | × | ● | × | ● | ● | ○ |
| 马来酸 | 50% | 24 | ○ | □ | ○ | ● | ● | ● |
| 马来酸 | 50% | 100 | × | ○ | ● | ● | ● | ○ |
| 环烷酸 | 100% | 24 | ○ | ○ | ● | ● | ● | ● |
| 马烷酸 | 100% | 100 | ○ | × | ● | ● | ● | ● |
| 酒石酸 | 50% | 24 | ○ | □ | ● | ● | ● | ● |
| 酒石酸 | 50% | 100 | × | ● | ● | ● | ● | ● |
| 脂肪酸 | 100% | 100 | ● | □ | ○ | ● | ● | ● |

① 对环烷酸和脂肪酸,含水量大于 1%。

② 充气使腐蚀率大增。

注:●小于 0.05mm/a;○小于 0.05~1mm/a;□ 0.05~1mm/a;×大于 1mm/a。

表 4-11 列出了 Ti-0.3Mo-0.8Ni(Ti-Code12)合金以及 Ti-Pd 合金在沸腾的还原性有机酸中的耐蚀性。由表看出 Ti-Code12 合金在质量分数为 45% 的沸腾甲酸中没有腐蚀,在质量分数为 80%~95% 的沸腾甲酸中年蚀率仅为 0~0.5588mm/a。可见,Ti-Code12 合金耐甲酸腐蚀性能优于工业纯钛及 304、316 型不锈钢(见表 4-10)。

表 4-11 钛及钛合金在沸腾有机酸中的耐蚀性

| 介质(质量分数) | 腐蚀率/mm·a$^{-1}$ | | |
|---|---|---|---|
| | Ti | Ti-0.3Mo-0.8Ni | Ti-Pd |
| 50%柠檬酸 | 0.3556 | 0.0127 | 0.01154 |
| 10%柠檬酸 | 13.6652 | 11.5570 | 0.3708 |
| 45%甲酸 | 10.9982 | 无 | 无 |
| 80%~90%甲酸 | 2.1082~3.6576 | 0~0.5588 | 0~0.0559 |
| 90%甲酸(阳极化) | 2.2860 | 0.05588 | 无 |
| 10%草酸 | 94.9800 | 104.0400 | 32.2580 |

B　金属在醋酸中的腐蚀　从产量上看,醋酸是最重要的非氧化性有机酸。

在常温下,醋酸对金属腐蚀不大,但随温度上升,腐蚀速度迅速增加。

碳钢一般不用于乙酸介质中,它在乙酸中的腐蚀受溶解氧的影响很大。316、304型不锈钢、高硅铸铁和哈氏合金C等对乙酸有良好的耐蚀性,因此广泛用作处理生产乙酸的设备。

### 4.4.2　金属在碱溶液中的腐蚀

在水溶液中生成$OH^-$离子的化合物统称为碱。根据它们离解出$OH^-$的能力又有强碱和弱碱之分。碱溶液一般比酸对金属的腐蚀性小,因为在碱液中金属表面生成难溶的氢氧化物或氧化物而起保护作用;在碱液中的电极电位比酸溶液中的电极电位负,与金属间的电位差小,腐蚀动力小。

A　碳钢在碱液中的腐蚀

a　碳钢腐蚀速度与pH值的关系

在常温下,碳钢在碱中是十分稳定的,因此在制碱业中,最常用的材料是碳钢和铸铁。图4-19表明铁的腐蚀速度与碱液pH值的关系,由图可看出,pH值在5～10之间碳钢的腐蚀速度几乎与pH值无关。这是由于腐蚀过程受阴极扩散过程控制,腐蚀速度相对较大。当pH值超过10时,氧扩散极限电流密度超过临界电流密度时,铁由活化态进入钝态,腐蚀速度随pH值增加明显降低。pH值达到14时,铁几乎不腐蚀,这时铁完全钝化了。pH>14时,铁发生过钝化腐蚀,Fe以$FeO_2^-$的形式溶解。另外,温度对碳钢在碱液中的腐蚀有显著的促进作用。

b　碱脆

在热碱液中,受拉应力的碳钢会发生应力腐蚀断裂,即所谓的"碱脆"。碱脆与温度、浓度有关,如锅炉碱脆。锅炉碱脆是由于锅炉使用经软化处理的水,在运行过程中,缝隙内浓缩出高浓度碱液所致。图4-20示出了碳钢"碱脆"与温度和碱浓度的关系。

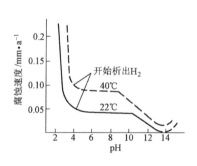

图4-19　铁的腐蚀速度与溶液pH值的关系
(在酸性范围内添加HCl,在碱性范围内添加NaOH)

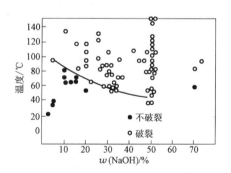

图4-20　碳钢应力腐蚀破裂区
与NaOH浓度、温度的关系

碳钢和低合金钢在氢氧化钠水溶液中产生的应力腐蚀破裂一般是晶间断裂型。

c　产生碱脆的条件

最容易发生碱脆的温度是在溶液沸点附近。对NaOH质量分数为30%左右,碱脆温度约为60℃(图4-20)。J.E.Reinochl等研究表明碱脆易发生在活化和钝化的过渡区。

B　铸铁在碱液中的腐蚀

铸铁耐苛性碱腐蚀。铸铁锅用来蒸发质量分数为 73％ 的苛性碱,以制取无水苛性碱。铸铁中仅含质量分数为 2％ 的 Ni,就可提高耐碱蚀性能,其寿命一般有几年。

C 镍及其合金在碱液中的腐蚀

镍及其合金对于高温高浓度的碱耐蚀性很好,所以广泛用于制碱业。镍实际上适合各种浓度和温度的碱液,其耐蚀性一般与合金含镍量成正比。

D 两性金属在碱液中的腐蚀

铝、锌、锡等两性金属在碱溶液中不耐蚀。钛、钽、铌等在碱溶液中耐蚀性也不好。在热碱中,Ta 的耐蚀性更差。

### 4.4.3 金属在盐类水溶液中的腐蚀

水溶液中的盐类对金属腐蚀过程的影响有以下四点:

(1)使水溶液 pH 值发生变化;

(2)使水溶液呈氧化或还原性;

(3)使溶液导电率增加;

(4)某些盐类的阴、阳离子对腐蚀过程起特殊作用。

在实际中,多数盐类水溶液的影响都不是单一的,往往是几种因素的综合作用。

A 使 pH 值变化的盐

(1)显示酸性的强酸-弱碱盐。这类盐如 $AlCl_3$,$NH_4Cl$,$MnCl_2$,$FeCl_3$,$FeSO_4$,$NH_4NO_3$ 等,以及酸式盐,如 $NaHSO_4$、$KNO_3$,它们显示出与酸类相类似的腐蚀作用。其中 $FeCl_3$,$NH_4NO_3$ 等具有氧化性的盐以及容易生成络合物的盐,它们对腐蚀有特殊的促进或抑制作用。如 $FeCl_3$ 盐,$Fe^{3+}$ 参与阴极反应,加速腐蚀作用。

(2)弱酸-强碱盐。溶于水中显示碱性,用量适合时,能抑制铁等金属的腐蚀,如 $Na_3PO_4$,$Na_2B_2O_7$,$Na_2SiO_3$,$Na_2CO_3$ 等。

(3)强酸-强碱,弱酸-弱碱的中性盐。只有导电率和溶解度方面的影响。

B 氧化性盐

一般可分成以下四类:

(1)不含卤素的阴离子氧化剂。如 $NaNO_2$,$Na_2CrO_4$ 等。

(2)不含卤素的阳离子氧化剂。如 $Fe_2(SO_4)_3$,$CuSO_4$ 等。

(3)含有卤素的阳离子氧化剂。如 $FeCl_3$,$CuCl_2$ 等。

(4)含有卤素的阴离子氧化剂。如 $NaClO_3$ 等。

对于阳极溶解速度大的金属(铁基合金),要使其钝化,应采用不含卤素的阴离子氧化剂,如 $Na_2CrO_4$、$NaNO_2$。对于以氧化性盐的还原反应作为阴极反应的腐蚀过程来说,盐浓度增加将促进腐蚀,但是对钝化型金属,盐浓度超过某一临界值以后,将抑制腐蚀。

含有卤素的氧化剂,尤其是阳离子氧化剂($FeCl_3$,$CuCl_2$,$HgCl_2$ 等),由于 $Fe^{3+}$、$Cu^{2+}$ 参与阴极反应,几乎使所有工业金属都加剧腐蚀。即使是钛在高温高浓度的介质中也会发生局部腐蚀。因此对金属材料来讲,这类盐最危险。

C 卤素盐

卤素离子由于半径小,对钝化膜穿透能力大或由于易被金属表面吸附,因而对钝化膜的破坏作用最大。卤素离子的破坏作用按减弱顺序排列为:$Cl^- > Br^- > I^-$。

## 4.5 人体环境中金属植入材料的腐蚀

植入材料是指用于制造人体内部的人工器官、小型监测仪器和治疗装置等植入器件,整形外科中用于修复人体所使用的材料,以及用于义齿及人工齿根等方面的材料。植入材料也称生物医学材料。主要是指某些特定的金属材料、有机高分子材料和陶瓷材料。陶瓷材料即生物陶瓷材料,目前尚不成熟,高分子材料中只有超高分子聚乙烯是目前国际上普遍采用的人工关节塑料材料,一般常与金属材料配合构成人工关节。

金属植入材料在人体体内应用部位是多种多样的,而人体内是一个具有高度腐蚀性的环境,因此对金属植入材料的耐腐蚀性能的要求在某种意义上讲是相当重要的。由于金属植入材料在人体中的腐蚀问题比较复杂,其研究工作难度较大,这里只简要介绍人体环境特点、对金属植入材料的要求及金属植入材料可能发生的腐蚀形式。另外,介绍一些常用的金属植入材料。

### 4.5.1 人体环境特点

#### 4.5.1.1 人体环境的构成

人体环境是由体液构成。体液(生理液)是质量分数约 1% 的 NaCl、少量其他盐类及有机化合物的充气溶液。有人说,人体环境与温暖的海水相似。

#### 4.5.1.2 人体环境的特点

人体环境复杂,人体又是活体,对人体这个活体环境的变化规律还缺乏足够的认识。

金属植入材料在人体环境中可能发生多种腐蚀行为交织在一起,因而互相影响。

人体的敏感性,不仅要求植入材料达到很好的修复和治疗目的,还应对周围的组织、血液及对人体不产生有害的影响。

分析表明,在人体的不同部位,甚至同一部位,不同时刻,人体组织内液体的成分都不一样。所以在金属植入材料腐蚀研究中通常采用人体环境的等效环境。采用某些生理盐溶液作为人体体液的等效溶液。

常用的等效溶液有三种,即 kinger's 溶液、Hank's 溶液和 Tyrode's 溶液。

#### 4.5.1.3 人体环境的电化学特点

人体体液也是一种典型的电解质溶液。因此电化学腐蚀的基本规律对人体环境中植入材料的腐蚀完全适用。在体液中,一般情况下体液的正常 pH 值是中性的。有时由于几何原因或生理条件限制,导致氧的供应受到限制,从而使局部体液变成弱酸性,体液中含有氯离子,金属植入材料易发生点蚀。

金属植入材料的腐蚀属于氧去极化腐蚀。其阴极过程:

$$O_2 + 2H_2O + 4e \rightarrow 4OH^- \quad (体液呈中性) \tag{4-11}$$

$$O_2 + 4H^+ + 4e \rightarrow 2H_2O \quad (体液呈弱酸性) \tag{4-12}$$

阳极过程:

$$Me \rightarrow Me^{n+} + ne \tag{4-13}$$

微电池的阳极反应是金属失掉电子的溶解反应,由于溶解造成金属离子迁移,使植入金属部件的患者的血液和尿中以及植入部件周围的组织中存在着钴、铬、镍、钼、钛等金属离子。这些金属离子对周围组织能否引起异常,引起血栓、溶血以及能否引起新陈代谢异常等,也就是进入人体的金属离子是否对人体有干扰和毒性,这和植入材料的耐蚀性与生物相溶性密切相关。因此对金属植入材料耐蚀性的要求在某种意义上讲是相当重要的。

### 4.5.2 人体环境中可能发生的腐蚀形式

人体植入材料可能发生的腐蚀形态大约有八种。与工业金属材料腐蚀破坏形式基本相同,但由于发生在特定的人体环境中,腐蚀所产生的危害更大。

#### 4.5.2.1 均匀腐蚀

在人体环境中,金属植入材料由于腐蚀减薄而丧失结构强度的问题一般不是主要问题,问题是均匀腐蚀产物的生物相容性。也就是说,由于腐蚀产物(金属离子)迁移到患者的血液和尿中以及植入器件的周围组织中,严重的影响生物相容性,增加病人痛苦甚至危及生命。

目前使用的金属植入材料在人体中的均匀腐蚀速度比一般工业材料的腐蚀速度低 2～3 个数量级。但是由于均匀腐蚀是在大面积上发生,以金属离子形式进入到人体组织里的量还是相当可观的。因此对金属植入材料耐均匀腐蚀性能的要求更高,年失厚率应该不大于 $0.254\mu m$。由于钛的钝化性能非常好,所以在外科植入材料中是令人满意的。

#### 4.5.2.2 点腐蚀

点腐蚀条件及破坏形式可参阅第 3 章 3.2 节。可用于医用植入的金属材料仅仅是有限的几种,如不锈钢、钴基、钛基合金。这些合金材料均系易钝化合金,即在合金表面上有一层钝化膜。实践证明人体环境中使用的不锈钢耐蚀性能已不太令人满意。据 Hicks 和 Cater 发现,钴铬合金植入器件的强制取出率为 3%,且未发现明显的点腐蚀,而 316 不锈钢的点腐蚀明显。

模拟生理盐液点蚀倾向的研究表明,钛合金及钴铬钼合金点蚀倾向非常小,而不锈钢点蚀倾向大。观察表明含 Mo 的不锈钢抗点蚀,但 Mo 含量不足也是引起点蚀的原因之一。对于承载力大与骨骼有关的部件,最好采用抗点蚀的不锈钢及钛合金。

#### 4.5.2.3 电偶腐蚀

电偶腐蚀在多个零件构成的植入器件中尤其重要。如果选用材料不同(电位差异)就容易产生电偶腐蚀。如骨板和螺钉。进行手术时所使用的器械与植入材料间也可能引起电偶腐蚀。所以手术使用的钻头和螺丝刀等器械都应该使用与植入的材料相同或者使用不破坏植入材料钝化膜的器械。另外金属切屑与未经过强烈变形的同种材料接触时也会引起电偶腐蚀。因此要细心地清除螺纹中的切屑,以免引起电偶腐蚀,造成连接的松动等。

#### 4.5.2.4 缝隙腐蚀

多零件植入装置,特别是骨板和螺钉,会遭受缝隙腐蚀,不锈钢植入器件的缝隙腐蚀是一种重要腐蚀现象。在取出的多零件植入装置中,大约有 50% 遭受缝隙腐蚀。强制取出率表明,缝隙腐蚀仅次于均匀腐蚀。

#### 4.5.2.5 磨损腐蚀

磨损腐蚀是由于植入器件之间反复的、相对的滑动所造成的表面磨损与腐蚀环境的综合作用结果。在不锈钢植入器件上,特别是骨钉与骨板界面处,磨蚀造成点蚀坑或颗粒形状的斑疤。在一些斑疤内部可以找到很深的腐蚀深洞。

而钴铬合金显示出光滑的斑疤,且斑疤具有波纹形状,可能是材料被摩擦磨损造成的。

钛合金耐磨性不好,磨损斑疤既不是光滑的,也不是麻点样,而是一道波纹状,有时还可看到凹坑。

#### 4.5.2.6 晶间腐蚀

晶间腐蚀是不锈钢最易发生的一种腐蚀形式,其危害是相当严重的。许多科学家进行了大量地研究并指出,制作医用不锈钢植入器件过程中必须避开材料的敏化温度。碳的质量分数降到 0.03% 以下,可以消除不锈钢的晶间腐蚀。现在使用的医用不锈钢按 ISO832/1 国际标准规定,C 的质量分数均低于 0.03%。

#### 4.5.2.7 腐蚀疲劳

金属材料在交变应力与介质的共同作用下产生的断裂现象为腐蚀疲劳。人体下肢所用的植入器件,特别是髋关节植入器件,耐腐蚀疲劳性能是至关重要的。由于腐蚀疲劳裂纹总是从植入器件表面发生,所以对植入器件进行喷丸处理可提高疲劳寿命。

从人体中取出的铸造合金(Co-Cr-Mo)植入器件,所见到的腐蚀现象常伴有铸造松孔情况,用铸造钴基合金制作的髋关节在人体中发生的断裂的概率与用不锈钢制作的差不多。Cornet 等人认为铸造合金对腐蚀疲劳是敏感的,临床经验表明锻造合金对腐蚀疲劳断裂的敏感性小得多。

植入器件是在人体内作为人体的一部分,其长期使用的安全性及可靠性是金属植入材料的第一位要求,医生及患者都希望采用最好的金属植入材料。因此对承受高应力的植入器件应该优先考虑采用热压和锻造的方法制造。

### 4.5.3 常用金属植入材料

#### 4.5.3.1 对人体植入材料的要求

与工业材料最重要的区别是植入材料在人体内使用,人体环境的复杂程度在实验室内几乎无法模拟。因此对植入材料耐蚀性要求更高。对植入材料的要求主要有三个方面:材料与人体的生物相容性、植入材料在人体环境中的耐腐蚀性能以及植入材料的力学性能。

生物相容性包括两个方面:一是人体组织对植入材料的作用,即植入材料的腐蚀、断裂、失效;另一个是植入材料腐蚀产物、磨损产物对人体组织的作用,即引起组织畸变、非正常生长、甚至包括诱发瘤变等。

研究植入材料在人体中的腐蚀,其目的是了解植入材料的腐蚀对生物相容性及力学问题的影响程度,以及如何解决这些问题。

由于人体的特定环境及苛刻要求,在临床上可作为金属植入材料使用的仍然是有限的几种金属材料。如医用不锈钢、钴铬钼合金及钛合金。

#### 4.5.3.2 常用的金属植入材料

表 4-12～表 4-16 分别列出了用于制作人工髋关节的主要金属植入材料、化学成分及力学性能。

**表 4-12 人工髋关节使用的金属植入材料**

| ISO | 成　分 | 状　态 | 牌　号 | 注 |
|---|---|---|---|---|
| 5832-1 | Fe-18Cr-14Ni-3Mo | 锻 | AlSl-316L | (1) |
| | | | AlSl-316LVM | |
| | Fe-21Cr-9Ni-4Mn -3Mo-Nb-N | 锻 | Orton 90 | (2) |
| 5832-3 | Ti-6Al-4V | 锻 | 1M1-318A | (3) |
| | | | Protasu1-64WF | (4) |
| | | | Tioxium | (5) |
| | | | Tivaloy | (6) |
| | | | Tivanium | (7) |

| ISO | 成　分 | 状　态 | 牌　号 | 注 |
|---|---|---|---|---|
| 5832-4 | Co-28Cr-6Mo | 铸 | Alivium | (8) |
| | | | Endocast | (9) |
| | | | Orthochrom | (10) |
| | | | Orthochrom plus | (11) |
| | | | Protasul | (12) |
| | | | Protasul-2 | (13) |
| | | | Vitallium cast | (14) |
| | | | Zimaloy | (15) |
| | Co-28Cr-6Mo | | Endocast hot Worked | (16) |
| | | | Protasul-21WF | (17) |
| | | | Vitallium FHS | (18) |
| | Co-28Cr-6Mo | 粉末冶金 (P/M) | MicroGrain Zimaloy | (19) |
| 5832-6 | Co-35Ni20Cr-10Mo | 锻 | Biophase | (20) |
| | | | MP-35N | (21) |
| | | | Protasul-10 | (22) |

注：ASTM-(1);Ceraver,法国-(5);DePuy,美国-(10,11);Fried Krupp CmbH, BRD-(9,16);Howmedica Inc.。美国-(14,18);Imperial Metal Industries,英国-(3);OECOrthopedic ltd-(6,8);Richards Manufacturing Company. 美国-(20);SPS Technologies Inc. 美国-(21);Sulzer Bros Ltd,瑞士-(4,12,13,17,22);Thackray ltd. 美国-(2);Zimmer Inc. 美国-(7,15,19)。

**表 4-13　用于人工髋关节的铁基、钴基和钛基合金的化学成分（质量分数）/%**

| 元　素 | Fe-Cr-Ni-Mo ISO5832/1 | Ti-Al-V ISO5832/3 | Co-Cr-Mo ISO5832/4 | Co-Ni-Cr-Mo ISO5832/6 |
|---|---|---|---|---|
| Al | | 5.50~5.75 | | |
| C | <0.03 | 0.08 | <0.35 | <0.025 |
| Co | | | 其余 | 其余 |
| Cr | 16.0~19.0 | | 26.5~30.0 | 19.0~21.0 |
| Cu | <0.50 | | | |
| Fe | 其余 | <0.30 | <1.0 | <1.0 |
| H | | <0.015 | | |
| Mn | <2.0 | | <1.0 | <0.015 |
| Mo | 2.0~3.5 | | 4.5~7.0 | 9.0~10.5 |
| N | | <0.05 | | |
| Ni | 10.0~16.0 | | 2.5 | 33.0~37.0 |
| O | | <0.25 | | |
| P | <0.25 | | | <0.015 |
| S | <0.015 | | | <0.010 |
| Si | <1.0 | | <1.0 | <0.15 |
| Ti | | 其余 | | <1.0 |
| V | | 3.50~4.50 | | |

表 4-14 外科植入用不锈钢的力学性能

| 处 理 状 态 | $\sigma_y$/MPa | $\sigma_{ult}$/MPa | 延伸率/% | $\sigma_{end}$/($10^7c$, $R=-1$) |
|---|---|---|---|---|
| ①1050℃/0.5h 退火 | 211 | 645 | 68 | 190~230 |
| ②1050℃/0.5h 退火 | 207 | 517 | 40 | — |
| ③冷作状态 | 1160 | 1256 | 6 | 530~700 |
| ④冷作状态 | 689 | 862 | 12 | — |
| ⑤空气中20%面积-减缩冷作状态 | — | — | — | 345 |
| ⑥氮气中退火 | 380 | 700 | 46 | 269 |

表 4-15 Co-Cr-Mo 合金的力学性能

| 处 理 状 态 | $\sigma_y$/MPa | $\sigma_{ult}$/MPa | 延伸率/% | $\sigma_{end}$/($10^7C$, $R=-1$) |
|---|---|---|---|---|
| ①铸造(F-75-67) | 430~490 | 716~890 | 5~8 | 300 |
| ②固溶退火(1230℃,1 小时,水淬) | 450~492 | 731~889 | 11~17 | 250 |
| ③固溶退火+(650℃,20 小时时效) | 444~509 | 747~952 | 10~13.5 | — |
| ④Maller 铸造合金 | 600 | 1000 | 25 | 400 |
| ⑤815℃/4 小时+1225℃/4 小时,盐水淬火 | 525 | 1100 | 24 | — |
| ⑥铸造和挤压1200℃在1100℃/4 小时退火 | 731 | 945 | 17 | 345 |
| ⑦铸造热锻轧制1175℃+冷轧10%1050℃/40 分,空冷 | 876 | 1360 | 19 | — |
| 改进的低碳合金,处理⑦ | 690 | 1640 | 26 | 670 |
| FHS Vitallium | 890~1280 | 1408~1511 | 28 | 793~966 |
| 微晶粉末冶金,热等静压 | 841 | 1277 | 14 | 725 |

表 4-16 钛及 Ti-6Al-4V 钛合金力学性能

| 处 理 状 态 | $\sigma_y$/MPa | $\sigma_{ult}$/MPa | 延伸率/% | $\sigma_{end}$/($10^7C$, $R=-1$) |
|---|---|---|---|---|
| CP 钛,退火 | 385 | 530 | 23 | — |
| Ti-6Al-4V,1030℃β退火,炉冷到800℃,然后空冷 | 838 | 948 | 12.5 | 440 |
| $\alpha$-$\beta$ 锻造,(650~700℃),700℃退火 | 1036 | 1147 | 12.5 | 670 |
| 轧制退火 | 966 | 1000 | 43%R.A. | — |

## 习题与思考题

1. 结合图 4-16 简要分析碳钢在不同浓度 $HNO_3$ 溶液中的腐蚀规律。

2. 什么叫碱脆?如何防止碳钢的碱脆。

3. 解释下列名词:

大气腐蚀、潮大气腐蚀、湿大气腐蚀、土壤腐蚀、海水腐蚀、杂散电流腐蚀

4. 按水膜厚度大气腐蚀可分几类腐蚀,并说明各类腐蚀的特点。

5. 简述大气腐蚀的过程。

6. 钢铁在含 $SO_2$ 的工业大气中腐蚀比在洁净的大气中腐蚀严重,解释其原因。

7. 埋于土壤中的钢管经过砂土和粘土两个区域,钢管腐蚀将发生在哪个部位,原因是什么?

8. 在大气、海洋和土壤环境中发生氧去极化腐蚀时，氧的传递方式有什么差别。

9. 碳钢在普通流速的海水中，其腐蚀速度 $i_a = 8 \times 10^{-6} A/cm^2$，若增大海水流速，使扩散层厚度减至为普通流速的 1/10，碳钢的 $i_a$ 有何变化？为什么？

10. 哪些合金元素可提高钢耐大气腐蚀性，作用机理是什么？

11. 影响海水腐蚀有哪些因素，如何防止海水腐蚀。

12. 用电化学观点解释 $FeCl_3$ 或 $CuCl_2$ 溶液对一般金属都会产生强烈腐蚀的原因。

13. 什么叫金属植入材料？对其有哪些要求。

14. 简述人体环境中金属植入材料可能发生哪些腐蚀，其特点及危害如何。

# 5 材料的耐蚀性

## 5.1 纯金属的耐蚀性

工程中广泛使用的金属材料绝大多数是合金,而纯金属的应用也在不断地增加,为更好地利用纯金属以及改进合金的耐蚀性,了解、掌握纯金属的耐蚀性及其规律是很必要的。

### 5.1.1 热力学稳定性

一般情况下,各种纯金属的热力学稳定性可根据其标准电极电位值作出近似的判断。标准电极电位较正的金属,其热力学稳定性也较高,较负的则稳定性较低。根据 $pH=7$(中性溶液)和 $pH=0$(酸性溶液),氧和氢的平衡电极电位分别为 $+0.815V$, $+1.23V$ 及 $-0.414V$, $0.000V$,可粗略地把金属分为四类,见表 5-1。

**表 5-1 根据金属的标准电位近似地评定其热力学稳定性**

| 金属的标准电位/V | 热力学稳定性 | 可能发生的腐蚀 | 金 属 |
|---|---|---|---|
| $< -0.414$ | 不稳定 | 在含氧的中性水溶液中,能产生氧去极化腐蚀,也能产生析氢腐蚀;在不含氧的中性水溶液中,有的也能产生析氢腐蚀 | Li,Rb,K,Cs,Ra,Ba,Sr,Ca,Na,La,Mg,Pu,Th,Np,Be,U,Hf,Al,Ti,Zr,V,Mn,Nb,Cr,Zn,Ca,Fe |
| $-0.414 \sim 0$ | 不够稳定 | 在中性水溶液中,仅在含氧或氧化剂的情况下才产生腐蚀(氧去极化腐蚀)<br>在酸性溶液中,即使不含氧也能产生腐蚀(析氢腐蚀);当含氧时既产生析氢腐蚀也能产生氧去极化腐蚀 | Cd,In,Co,Tl,Ni,Mo,Sn,Pb |
| $0 \sim +0.815$ | 较稳定(半贵金属) | 在不含氧的中性或酸性溶液中不腐蚀;只在含氧的介质中才能产生氧去极化腐蚀 | Bi,Sb,As,Cu,Rh,Hg,Ag |
| $> +0.815$ | 稳定(贵金属) | 在含氧的中性水溶液中不腐蚀;只有在含有氧化剂或氧的酸性溶液中,或在含有能生成络合物物质的介质中才能发生腐蚀 | Pd,Ir,Pt,Au |

### 5.1.2 自钝性

在热力学不稳定的金属中,有不少金属在适宜的条件下,由活化态转为钝化态而耐蚀。其中,最容易钝化的金属有 Zr、Ti、Ta、Nb、Al、Cr、Be、Mo、Mg、Ni、Co 等。多数可钝化的金属都是在氧化性介质中易钝化,如在 $HNO_3$ 中及强烈通空气的溶液中;而当介质含有活性离子($Cl^-$、$Br^-$、$F^-$)时,以及在还原性介质中大部分金属的钝态会受到破坏。

### 5.1.3 生成保护性腐蚀产物膜

在热力学不稳定金属中,除了因钝化而耐蚀外,还有在腐蚀过程中由于生成较致密的保护性能良好的腐蚀产物膜而耐蚀,如 Pb 在 $H_2SO_4$ 溶液中,Fe 在 $H_3PO_4$ 溶液中,Mo 在 HCl

溶液中及 Zn 在大气中均可生成耐蚀产物膜。

## 5.2　合金耐蚀途径

　　合金的耐蚀性不仅取决于合金成分、组织等内因,也取决于介质的种类、浓度、温度等外因。由于合金应用环境不同,提高合金耐蚀性的途径也不同。一般有提高热力学稳定性、阻滞阴极过程、阻滞阳极过程以及使合金表面生成高耐蚀的腐蚀产物膜四种途径。

### 5.2.1　提高合金热力学稳定性

　　用热力学稳定性高的元素进行合金化。这种方法是向本来不耐蚀的纯金属或合金中加入热力学稳定性高的合金元素(贵金属)使之成为固溶体,提高合金的热力学稳定性。一般加入贵金属组分的原子分数含量服从塔曼定律,即 $n/8$ 规律。如 Cu 中加入 Au 或 Ni,Ni 中加入 Cu、Cr 等。但这种途径不宜广泛应用,首先它要消耗大量贵金属,其次是合金元素在固溶体中的固溶度也是有限的。

### 5.2.2　阻滞阴极过程

　　这种途径适用于不产生钝化的活化体系,且主要由阴极控制的腐蚀过程,具体途径有以下两种。

　　(1)减少合金的阴极活性面积　阴极析氢过程优先在析氢过电位低的阴极相或阴极活性夹杂物上进行。减少这些阴极相或夹杂物,就是减少了活性阴极的面积,从而增加阴极极化程度,阻滞阴极过程,提高合金的耐蚀性。例如减少工业 Zn 中杂质 Fe 的含量就会减少 Zn 中 $FeZn_7$ 阴极相,降低 Zn 在非氧化性酸中的腐蚀速度。Al、Mg 及其合金中阴极性夹杂物 Fe,不但在酸性介质中增加腐蚀(见图 5-1),而且在中性溶液中也有同样的作用。

　　可采用热处理方法(固溶处理),使合金成为单相固溶体,消除活性阴极第二相,提高合金的耐蚀性。相反,退火或时效处理将降低其耐蚀性。

　　(2)加入析氢过电位高的合金元素　这种途径适用于由析氢过电位控制的析氢腐蚀过程。合金中加入析氢过电位高的合金元素,来提高合金的阴极析氢过电位,降低合金在非氧化性或氧化性不强的酸中的活性溶解速度。例如,在含有铁或铜等杂质的工业纯锌中加入析氢过电位高的 Cd、Hg 时可显著的降低工业纯 Zn 在酸中的溶解速度;在含有较多杂质铁的工业镁中,添加质量分数为 0.5%～1% 的 Mn 可大大降低其在氯化物水溶液中的腐蚀速度,如图 5-2 所示。碳钢和铸铁中加入析氢过电位高的 Sb、As、Bi 或 Sn,可显著地降低其在非氧化性酸中的腐蚀速度。

### 5.2.3　降低合金的阳极活性

　　这种方法是提高合金耐蚀措施中最有效、应用最广的方法之一,一般可由以下三个途径来实现。

#### 5.2.3.1　减少阳极面积

　　合金的第二相相对基体是阳极相,在腐蚀过程中减少这些微阳极相的数量,可加大阳极极化电流密度,增加阳极极化程度,阻滞阳极过程的进行,提高合金耐蚀性。

　　例如,Al-Mg 合金中的第二相 $Al_2Mg_3$ 是阳极相。腐蚀过程中 $Al_2Mg_3$ 相逐渐被腐蚀掉,使合金表面微阳极总面积减少,腐蚀速度降低。所以 Al-Mg 合金耐海水腐蚀性能就比第二相为阴极的硬铝(Al-Cu)合金好。但是,实际合金中,第二相是阳极相的情况较少见,绝大多数合金中的第二相都是阴极相,所以靠减少阳极面积来降低腐蚀速度的方法受到一定限制。

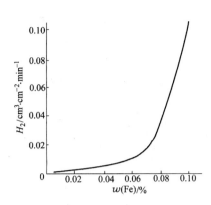

图 5-1　杂质 Fe 对纯 Al 析氢腐蚀
速度的影响(2mol/L 的 HCl)

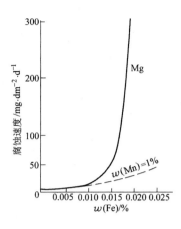

图 5-2　杂质 Fe 对纯 Mg 和 $w(Mn)=1\%$ 的 Mg-Mn
合金腐蚀速度的影响(质量分数为 3% 的 NaCl 溶液)

利用晶界细化或钝化来减少合金表面的阳极面积也是可行的。例如,通过提高金属和合金的纯度或进行适当的热处理使晶界变薄变纯净,可提高耐蚀性。但对于具有晶间腐蚀倾向的合金仅减少晶界阳极区面积,而不消除阳极区的作法,反而不利,如大晶粒的高铬不锈钢的晶间腐蚀更严重。

### 5.2.3.2　加入易钝化的合金元素

研究表明,在合金中加入容易钝化的合金元素,提高合金的钝化能力,是增强合金耐蚀性的最重要的方法。加入的易钝化合金元素的效果与合金使用条件以及合金元素加入量有关。一般要与一定氧化能力的介质条件相配合,才能达到耐蚀效果。

工业上用作合金基体的铁、铝、镍等元素,都是在某种条件下能够钝化的元素。如往基体金属中加入易钝化的元素,可提高合金整体的钝化性能。例如,Fe 中加入 Cr 制成不锈钢,Cr 量按 $n/8$ 定律加入,才能收到良好效果。Ni 中加一定 Cr 制成因科乃尔(Inconel)合金,Ti 中加入 Mo 的 Ti-Mo 合金,耐蚀性都有极大的提高。

### 5.2.3.3　加入阴极性合金元素促进阳极钝化

这种途径适用于可能钝化的金属体系(合金与腐蚀环境)。金属或合金中加入阴极性合金元素,可促使合金进入钝化状态,从而形成耐蚀合金。图 5-3 示出了阴极性元素对可钝化体系腐蚀规律影响示意图。图中阴极过程的极化曲线为 $E_C^\circ$-$C_1$,体系腐蚀电流密度为 $I_{C1}$。如加入阴极性合金元素(适量)产生强烈的阴极去极化作用,阴极极化曲线变为 $E_C^\circ$-$C_3$。此时电位已达到致钝电位 $E_b$,最大电流密度 $I_{C3}$ 超过了钝化临界电流密度 $i_b$,合金进入钝态。阴极极化曲线 $E_C^\circ$-$C_3$ 交阳极极化曲线的钝态区,此时合金的腐蚀电流密度为钝化电流密度 $i_p$,腐蚀速度大大降低。如加入的阴极性合金元素的活性不足(量不足),阴极极化曲线由 $E_C^\circ$-$C_1$ 变为 $E_C^\circ$-$C_2$,体系不稳定,与活化-钝化过渡区及钝化区相交,此时体系的腐蚀电流密度将由 $I_{C1}$ 增至

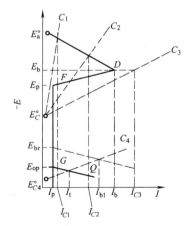

图 5-3　阴极性元素对可钝化体系腐蚀规律影响的示意图

$I_{C2}$；如加入过量的阴极性元素，使阴极活性过强，阴极过程有所改变，阴极极化曲线将由 $E_C^\circ$-$C_1$ 变为图中 $E_{C4}^\circ$-$C_4$，交阳极极化曲线的过钝化区或点蚀电位区，腐蚀电流密度为 $I_t$，此时合金产生强烈的过钝化溶解或点蚀。

由上可知，加入阴极性合金元素促进阳极钝化是有条件的。首先，腐蚀体系可钝化，否则加入阴极性元素只会加速腐蚀。其次加入阴极性元素的种类、数量要同基体合金、环境相适应，加入的阴极性元素要适量，否则加速腐蚀。

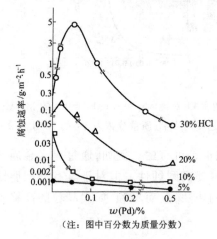

图 5-4　钛中加入不同量的钯对其在
盐酸中腐蚀速度的影响(25℃，200h)

因此，为了促使体系由活态转变为钝态，必须提高阴极效率。使合金的腐蚀电位移到稳定钝化区(在 $E_p$ 和 $E_{op}$ 之间)；体系的阴极电流 $I_C$ 必须超过至钝电流密度 $i_b$($I_C > i_b$)。

阴极性元素一般是正电性的金属，如 Pd、Pt、Ru 及其他铂族金属；有时也可采用电位不太正的金属，如 Re、Cu、Ni、Mo、W 等。阴极性元素的稳定电位愈正，阴极极化率愈小，其促进基体金属的钝化作用就愈有效。

关于阴极性合金元素促进阳极钝化的耐蚀合金化原理，最早是在 1948 年解释铜钢耐蚀性时提出的。近年来已在不锈钢和钛合金生产方面得到应用。阴极性合金元素的加入量(质量分数)一般为 0.2% ～ 0.5%，最多 1%。从图 5-4、图 5-5 可见，加入极少量的合金元素 Pd 就可使钛和不锈钢的腐蚀速度显著降低。

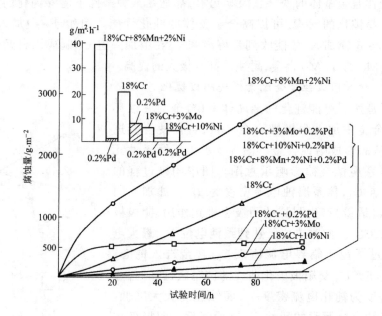

图 5-5　几组 $w(\mathrm{Cr}) = 18\%$ 的不锈钢在硫酸中腐蚀速度的比较
(含质量分数为 0.2% 的 Pd 与无 Pd，20℃、$w(\mathrm{H_2SO_4})$ 为 20%；图中百分数为质量分数)

Ti-Pd 合金可用在氧化性介质和中等还原性的介质中,与工业纯钛相比,其扩大了在 HCl、$H_2SO_4$、$H_3PO_4$ 等介质中的使用范围。Ti-Pd 合金在国外是使用最多的耐蚀钛合金,由于 Pd 比较稀贵,因此在我国还没有广泛使用。Ti-0.3Mo-0.8Ni(Ti-code12)合金的耐蚀性优于纯 Ti,接近 Ti-Pd 合金,具有良好的抗缝隙腐蚀性能。我国已开始用 Ti-code12 合金取代 Ti-0.2Pd 合金。由于加入的阴极性合金元素 Ni、Mo 成本低,耐蚀性好,近年来这种合金倍受国内外青睐。

加入阴极性元素促进阳极钝化的方法,是很有发展前途的耐蚀合金化途径。

### 5.2.4 使合金表面生成高耐蚀的腐蚀产物膜

加入一些合金元素促使在合金表面生成致密、高耐蚀的保护膜,从而提高合金的耐蚀性。如在钢中加入 Cu、P 等合金元素,能使低合金钢(Cor-Ten 钢)在一定条件下表面生成一种耐大气腐蚀的非晶态的保护膜。

上述几种途径是提高合金耐蚀性的总原则。由于腐蚀过程十分复杂,研制耐蚀合金时,应根据合金使用的环境选择最适宜的途径,才能提高合金的耐蚀性。

## 5.3 铁的耐蚀性

### 5.3.1 铁的电化学性质及其耐蚀性

铁形成铁离子的标准平衡电位 $E^{\ominus}_{Fe/Fe^{2+}} = -0.44V$,$E^{\ominus}_{Fe/Fe^{3+}} = -0.036V$。从热力学上看,铁是不稳定的,与铁的平衡电位相近、甚至电位很负的金属相比,铁在自然环境(大气、天然水、土壤等)中的耐蚀性能较差。如 Fe 与 Al、Ti、Zn、Ni 等金属相比,在自然条件下,铁是不耐蚀的。

铁在盐酸中的腐蚀速度是随着酸的浓度增加,腐蚀速度按指数关系上升。铁在硫酸中的腐蚀速度如图 4-11 所示,质量分数小于 50% 时,铁的腐蚀速度随浓度的增加而急剧增加,当质量分数达到 47%~50% 时,腐蚀速度达到最大;当质量分数大于 50% 时,腐蚀速度急剧降低,质量分数达 70%~100% 时几乎不腐蚀。当溶液中有过剩的 $SO_3$ 存在及含量增加时,腐蚀速度又重新增大;当 $SO_3$ 质量分数为 18%~20% 时,出现第二个腐蚀峰。$SO_3$ 的含量再增加时,几乎不腐蚀。铁在硝酸中的腐蚀规律如图 2-31 所示,当硝酸质量分数接近 50% 时,铁几乎不腐蚀,说明铁钝化了,此时,铁的电位近于铂的电位。

铁在碱中的腐蚀,在常温下,铁和钢在碱中是十分稳定的,但当 NaOH 质量分数高于 30% 时,膜的保护作用下降,膜以铁酸盐形式溶解,随着温度升高,溶解加剧。当质量分数达到 50% 时,铁强烈地被腐蚀。铁在氨溶液中是稳定的,但在热而浓的氨溶液中铁的溶解速度缓慢增加。

### 5.3.2 合金元素对铁的耐蚀性的影响

5.3.2.1 合金元素对铁的阳极极化曲线特性点的影响

主要合金元素对铁耐蚀性的影响见图 5-6。

(1)B 点对应活性溶解时的自腐蚀电位、自腐蚀电流($E_R$ 和 $i_R$)。Cr 的热力学稳定性比铁低,Cr 加入 Fe 中使 $E_R$ 向负电位方向移动,使 $i_R$ 增大;而 Ni 和 Mo 使 $E_R$ 向正电位方向移动,提高 Fe 的热力学稳定性,并使 $i_R$ 向降低方向移动。所以 Ni 和 Mo 对增加 Fe 的耐蚀性有利。

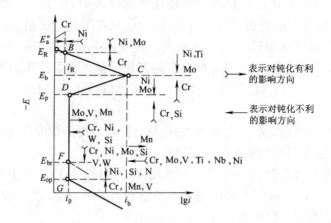

图 5-6　合金元素对纯 Fe 阳极极化曲线特性点的影响示意图($c(H_2SO_4)$:0.5mol/L 室温)

(2)$C$ 点对应临界钝化电位(至钝电位)$E_b$ 和临界电流密度 $i_b$。合金元素 Cr 使 $E_b$ 负移,促使 Fe 钝化,提高耐蚀性,加入 Ni、Mo、Ti 使 $E_b$ 正移,不利于 Fe 钝化;Cr、Mo、V、Ti、Nb、Ni 使临界电流密度 $i_b$ 降低,有利于钝化;Mn 使 $i_b$ 增大,不利于钝化。

(3)$D$ 点对应稳定钝化所需要最低电位 $E_p$ 和维持钝化所需电流 $i_p$。

Cr、Si 使 $E_p$ 向负移,可使 Fe 容易进入稳定钝化区,而 Mo、Ni 则相反,使 $E_p$ 向正电位方向移动,缩小稳定钝化区。

(4)$F$ 点对应点蚀起始电位 $E_{br}$,合金元素 Cr、Ni、Mo、Si、V、W 使 $E_{br}$ 向正移,增加 Fe 的耐点蚀能力。

(5)$G$ 点对应过钝化的起始电位 $E_{op}$,Ni、Si、N 可使 $E_{op}$ 正移,提高 Fe 的耐蚀性,而 Cr、Mn、V 则使 $E_{op}$ 负移,增加 Fe 的过钝化敏感性。

综上可知,各种合金元素对 Fe 的耐蚀性影响不能统一而论。实际应用时,需综合考虑。总体说,Cr、Ni、Mo、Si 等合金元素对 Fe 的耐蚀性是有利的。

#### 5.3.2.2　阴极性合金元素对 Fe 的耐蚀性影响

Pd、Pt、Cu 等阴极性元素对 Fe 的钝化行为的影响如图 5-3 所示,详见 5.2 节。

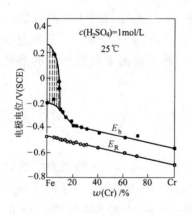

图 5-7　Fe-Cr 合金的腐蚀电位 $E_R$ 和钝化临界电位 $E_b$ 同铬含量的关系

#### 5.3.2.3　合金元素对 Fe 基合金耐蚀性的影响

铬是很容易钝化的金属,也是不锈钢的基本合金元素。

不同含 Cr 量对 Fe-Cr 合金的腐蚀电位 $E_R$ 及临界钝化电位 $E_b$ 的影响如图 5-7 所示。由图可知,随着含 Cr 量增加,合金的 $E_R$ 和 $E_b$ 均逐渐向负方向移,临界钝态电流密度 $i_b$ 和钝态电流 $i_p$ 逐渐降低,这说明 Fe-Cr 合金中 Cr 量愈高合金愈易钝化,合金愈耐腐蚀。

镍也是属易钝化的金属,其钝化倾向比 Fe 大但不如 Cr;Ni 的热力学稳定性比 Fe 高。

Fe-Ni 合金的电化学行为同 Ni 含量的关系见图5-8。当 Ni 质量分数小于 40% 时,随 Ni 量增加,$E_b$ 向负方向移动,当 Ni 质量分数大于 40% 时,$E_b$ 稍向正向方移动。这恰好符合图 5-9 的实验结果:Fe-Ni 合金在 $H_2SO_4$、HCl 或 $HNO_3$ 中的腐蚀速度都是随 Ni 含量增加而减少,直到达到纯 Ni 的腐蚀速度值。这表明,Ni 在 Fe-Ni 合金中的作用,不是钝化作用,而是提高合金热力学稳定性的作用。因此,利用镍在还原介质中的耐蚀性,与铬的优良钝化性能相配合,使不锈钢既耐氧化性介质腐蚀,也对不太强的还原性介质具有一定的耐蚀性。

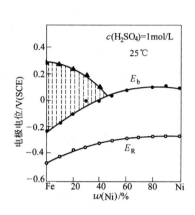

图 5-8  Fe-Ni 合金的腐蚀电位 $E_R$、钝化临界电位 $E_b$ 同合金含镍量的关系

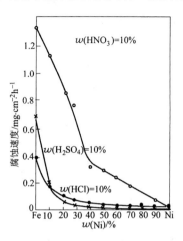

图 5-9  Fe-Ni 合金腐蚀速度与合金中镍含量的关系(25℃的硫酸、盐酸及硝酸)

钼的加入能够促进 Fe-Cr 合金钝化,合金元素 Mo 使合金耐还原性介质腐蚀,尤其耐氯离子腐蚀(耐点蚀)。不同含 Mo 量的 Fe-18Cr 合金在 2mol/L 的 $H_2SO_4$ 中的阳极极化曲线,如图 5-10 所示。可以看出:随 Mo 含量增加 $E_R$ 向正移,临界钝化电流密度 $i_b$ 显著降低;阳极极化曲线上活性溶解区相应缩短,合金的钝化区范围扩大,提高了合金稳定性。合金元素 Mo 改善了耐点蚀性能,见图 5-11。随着 Mo 量增加点蚀电位 $E_{br}$ 向正方向移动,合金耐点蚀性能显著提高。

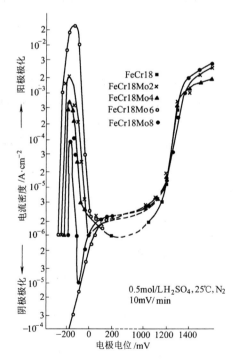

图 5-10  钼对 Fe-18Cr 合金阳极极化曲线的影响

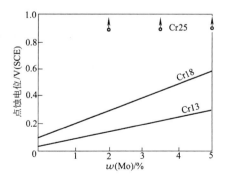

图 5-11  钼对高纯的铬不锈钢点蚀电位的影响(1mol/L 的 NaCl 溶液,25℃)

## 5.4 耐蚀铸铁及其应用

普通铸铁是不耐腐蚀的。为提高铸铁的耐蚀性,在铸铁中加入各种合金元素,如 Si、Ni、Cr、Mo、Al、Cu 等,形成各类耐蚀铸铁。如高硅铸铁,镍铸铁,铬铸铁,铝铸铁等等。

### 5.4.1 高硅铸铁

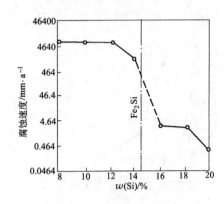

图 5-12 硅铸铁的腐蚀速度
与硅含量的关系
(沸腾 $w(H_2SO_4) = 35\%$)

在 C 质量分数为 $0.5\% \sim 1.1\%$ 的铸铁中加入质量分数为 $14\% \sim 18\%$ 的 Si 可使其具有优良的耐酸性能,高硅铸铁的含硅量与耐蚀性的关系示于图 5-12。由图可知,当 $w(Si) = 14.5\%$ 时,腐蚀速度有明显的降低,但 Si 质量分数一般不大于 $18\%$,否则严重降低力学性能。

$w(Si) > 14\%$ 的合金铸铁称为高 Si 铸铁。它对各种无机酸包括 HCl 均有良好的耐蚀性能。$w(Si) > 15\%$ 时会生成价稳定的 $\eta$ 相($Fe_5Si_2$),所以多数耐蚀铸铁 Si 质量分数不大于 $15\%$。高 Si 铸铁在 HCl 中耐蚀性不如在 $H_2SO_4$ 和 $HNO_3$ 中好,为此通常把 Si 质量分数提高到 $18\%$,并加入质量分数为 $3\%$ 的 Mo。

高 Si 铸铁在 $H_3PO_4$ 中耐蚀性良好,在 98℃ 以下,各种浓度的 $H_3PO_4$ 中的腐蚀速度一般不超过 $0.1mm/a$,最高不超过 $0.2mm/a$。

高 Si 铸铁不耐碱腐蚀。

### 5.4.2 镍铸铁

镍与硅一样,是促进铸铁石墨化的元素,但其作用仅为硅的 1/3。Ni 在铸铁中既不形成碳化物,也不固溶于渗碳体中,而是全部溶于基体中。依据 Ni 含量不同,可把镍铸铁分为低镍铸铁、中镍铸铁及高镍铸铁。

奥氏体高镍铸铁中 Ni 的质量分数为 $14\% \sim 36\%$,并含有一定量的 Cr 或 Cu,铸态组织由片状或球状石墨和奥氏体所组成。在奥氏体高镍铸铁中以 Ni-Resist 耐蚀铸铁最著名,其成分及性能见表 5-2。

表 5-2 Ni-Resist 耐蚀高镍铸铁的标准成分和性能

| 类型 | 化学成分(质量分数)/% | | | | | | 硬度(HB) | 抗拉强度/MPa | 热膨胀系数(0~200℃ ×10⁻⁶) | 电阻/μΩ·cm⁻¹ | 磁性 |
| | C | Si | Mn | Ni | Cu | Cr | | | | | |
| --- | --- | --- | --- | --- | --- | --- | --- | --- | --- | --- | --- |
| I | <3.0 | 1.0 ~2.5 | 1.0 ~1.5 | 13.5 ~17.5 | 5.5 ~7.5 | 1.75 2.5 | 130 160 | 170~210 | 19.3 | 140 | 非 |
| I a | <2.8 | 1.5 ~2.75 | 1.0 ~1.5 | 13.5 ~17.5 | 5.5 ~7.5 | 1.75 2.5 | 145 ~190 | 210~350 | 19.3 | 140 | 非 |
| II | <3.0 | 1.0 ~2.5 | 0.8 ~1.5 | 18.0 ~22.0 | <0.5 | 1.75 ~2.5 | 130 ~160 | 170~210 | 18.7 | 170 | 非 |

| 类型 | 化学成分(质量分数)/% | | | | | | 硬度 (HB) | 抗拉强度/ MPa | 热膨胀系数 $(0\sim200℃$ $\times10^{-6})$ | 电 阻/ $\mu\Omega\cdot cm^{-1}$ | 磁性 |
|---|---|---|---|---|---|---|---|---|---|---|---|
| | C | Si | Mn | Ni | Cu | Cr | | | | | |
| Ⅱa | <2.8 | 1.5 ~2.75 | 0.8 ~1.5 | 18.0 ~22.0 | <0.5 | 1.75 ~2.5 | 145 ~190 | 210~350 | 18.7 | 170 | 非 |
| Ⅱb | <3.0 | 1.0 ~2.5 | 0.8 ~1.5 | 18.0 ~22.0 | <0.5 | 3.0 ~6.0 | 170 ~250 | 170~310 | 18.7 | — | 磁 |
| Ⅲ | <2.75 | 1.0 ~2.0 | 0.4 ~1.8 | 28.0 ~32.0 | <0.5 | 2.5 ~3.5 | 120 ~150 | 170~240 | 9.4 | — | 磁 |
| Ⅳ | <2.6 | 5.0 ~6.0 | 0.4 ~0.8 | 20.0 ~32.0 | <0.5 | 4.5 ~5.5 | 150 ~180 | 170~240 | 14.0 | 160 | 少量 |
| Ⅴ | <2.4 | 1.0 ~2.0 | 0.4 ~0.8 | 34.0 ~36.0 | <0.5 | <0.10 | 100 ~125 | 140~170 | 5.0 | — | 磁 |

高镍铸铁对各种无机和有机还原性稀酸,以及各类碱性溶液都有很高的耐蚀性。在高温高浓度的碱性溶液中,甚至在熔融的碱中都耐蚀,如图 5-13 所示。但在氧化性酸($HNO_3$)中,耐蚀性较差。

高镍铸铁对海洋大气、海水和中性盐类水溶液具有非常好的耐蚀性,所以,它是海水淡化装置中(海水泵等)的理想材料。

低镍铸铁($w(Ni)=2\%\sim3\%$)可提高铸铁的耐碱腐蚀性能,如低镍铸铁用作浓缩烧碱的蒸煮锅等。

### 5.4.3 铬铸铁

铬铸铁有低 Cr($w(Cr)<1\%$)和高 Cr($w(Cr)=12\%\sim35\%$)两类。前者主要适用于 600℃ 以下的耐热铸件,并能改善铸铁对海水和低浓度酸中耐蚀能力,常用于地下管线。

高铬铸铁根据含 Cr 量不同,又可分为三类:$w(Cr)=12\%\sim20\%$ 的马氏体型高铬铸铁,$w(Cr)=24\%\sim28\%$ 的奥氏体型高铬铸铁,及 $w(Cr)=30\%\sim35\%$ 的铁素体高铬铸铁。

高铬铸铁最适合用在氧化性腐蚀介质中受磨损或冲击的部件,如输送腐蚀性浆液的泵、管道、搅拌器等。

高铬铸铁在中性或弱酸性盐水溶液中是耐腐蚀的(pH≥5 时腐蚀率<0.1mm/a)。

国内外主要耐热合金铸铁的化学成分与抗氧化温度见表 5-3。

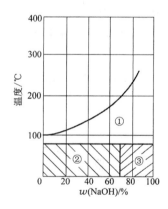

图 5-13　各种铸铁在苛性碱中的耐蚀性

(腐蚀率×$10^{-3}$mm/a)

①—高镍铸铁≤3.15;②—普通铸铁≤2.0;③—普通铸铁≤3.15

表 5-3　耐热铸铁的化学成分与抗氧化温度

| 种　类 | 牌　号 | 化学成分(质量分数)/% | | | | | | | 氧化温度/℃ |
|---|---|---|---|---|---|---|---|---|---|
| | | C | Si | Mn | Cr | Ni | Al | P/S | |
| 含铬耐热铸铁 | BTCr-0.8 | 2.8~3.6 | 1.5~2.5 | <1.0 | 0.5~1.1 | — | — | 0.3/0.12 | <600 |
| | BTCr-0.5 | 2.8~3.6 | 1.7~2.7 | <1.0 | 1.2~1.9 | — | — | 0.3/0.12 | <650 |
| | 16Cr | 2.14 | 1.54 | 1.56 | 16.6 | 0.20 | — | — | <950 |
| | 33Cr | 1.28 | 1.17 | 0.75 | 33.03 | 0.24 | — | — | <1050 |
| 高硅耐热铸铁 | RTSi5.5 | 2.2~3.0 | 5.0~6.0 | <1.0 | — | | | 0.2/0.12 | <850 |
| 高硅耐热球墨铸铁 | RQTSi5.5 | 2.4~3.0 | 5.0~6.0 | <0.7 | — | | | 0.2/0.03 | <900 |
| Silal 铸铁 | | 2.97 | 4.88 | — | | | | | <850 |
| 含铝耐热铸铁 | 5Si-1Al | 2.84 | 4.49 | — | — | — | 1.03 | — | <900 |
| Cralfer 耐热铸铁 | 6Al-1Cr | 2.84 | 1.57 | | 0.79 | — | 6.03 | — | <1000 |
| Alsiron 耐热耐酸铸铁 | 4Al-5Si | 2.43 | 5.51 | | — | — | 3.75 | — | <1050 |
| 耐热铸铁 | 4Al-5Si-1Cr | 2.45 | 5.91 | | 0.98 | — | 4.13 | — | <1100 |

我国耐酸铸铁成分及在部分化工介质中的腐蚀数据见表 5-4 及表 5-5。

表 5-4　耐酸硅铸铁

| 铸铁种类 | 代　号 | 化学成分(质量分数)/% | | | | | | | |
|---|---|---|---|---|---|---|---|---|---|
| | | C | Si | Mn | Cr | Cu | RE(加入量) | S | P |
| 高硅铸铁 | STSi-15 | 0.5~0.8 | 14.4~16.0 | 0.3~0.8 | — | — | — | ≤0.07 | ≤0.10 |
| 稀土高硅球墨铸铁 | SQTSi-15 | 0.5~0.8 | 14.5~16.0 | 0.3~0.8 | — | — | 0.25 | ≤0.03 | ≤0.05 |
| 稀土中硅铸铁 | STSi-11 | 1.0~1.2 | 10.0~12.0 | 0.3~0.5 | 0.6~0.8 | 1.8~2.2 | 0.25 | ≤0.02 | ≤0.045 |

表 5-5　铸铁在某些化工介质中的腐蚀数据

| 铸铁种类 | 介质与浓度 | 温度/℃ | 时间/h | 腐蚀速度/mm·a$^{-1}$ | 主要合金元素(质量分数) |
|---|---|---|---|---|---|
| 普通铸铁 | 碳酸氢氨溶液,<br>$c(NH_3)=10.15mol/L$<br>$c(CO_2)=3.95mol/L$ | 45 | 168 | 1.2 | 3.46%C, |
| | | 55 | 168 | 1.9 | 1.45%Si, |
| | | 65 | 168 | 2.3 | 0.73%Mn |
| 铝铸铁 | 碳酸氢氨溶液,<br>$c(NH_3)=(5.5~6.5)mol/L$<br>$c(CO_2)=3.48mol/L$ | 常温 | — | 0.082 | 4.88%Al |
| | | 35 | 168 | 0.0354 | 6.82%Al |
| | | 55 | | 0.10 | |

| 铸铁种类 | 介质与浓度 | 温度/℃ | 时间/h | 腐蚀速度/mm·a⁻¹ | 主要合金元素(质量分数) |
|---|---|---|---|---|---|
| 铝铸铁 | (以下百分数均为质量分数)<br>NaOH40%~90%(蒸碱锅) | 200~300<br>200~300<br>(高速运转) | | 一年穿孔<br>15~20d穿孔 | 3.06%C<br>2.86%Si<br>0.99%Mn<br>5.5%Al |
| 耐酸硅铸铁 | 30%硝酸 | 20 | 72 | 0.0636 | 1.0%~1.2%C,<br>10%~12%Si,<br>0.35%~0.50%Mn,<br>0.4%~0.6%Cr |
| | 70%硝酸 | 20 | 72 | 0.0285 | |
| | 50%硫酸 | 20 | 72 | 0.1450 | |
| | 94%硫酸 | 110 | 72 | 0.0127 | |
| | 46%硝酸+94%硫酸=1:2 | 110 | 72 | 0.1070 | |
| | 9%~11%氟硅酸<br>(普钙氟硅酸贮槽) | 38~40 | 120 | 1.3748 | |
| | 9.26%硫酸+苯磺酸(磺化锅) | 160~205 | 106.5 | 0.0316 | |
| | 60%~70%硫酸+饱和氯气(氯气干燥塔废硫酸贮槽) | 常温 | 144 | 0.0310 | |
| 稀土高硅球墨铸铁 | 10%硫酸 | 沸 | 68 | 0.20 | 0.5%~0.7%C,<br>14.5%~16.5%Si,<br>0.5%~0.8%Mn |
| | 30%硝酸 | 沸 | 68 | 0.17 | |
| | 50%醋酸+1%乙醛 | 沸 | 68 | 0.03 | |
| 硅钼铜耐酸铸铁 | 46%硝酸 | 50 | 72 | 0.2740 | |
| | 93%硫酸 | 110 | 72 | 0.0596 | |
| | 46%硝酸+93%硫酸=1:2 | 110 | 72 | 0.3090 | |
| | 44%~46%硝酸(硝稀贮槽) | 常温 | 72 | 0.109 | |
| | 70%~73%硫酸 | 47 | 72 | 0.0394 | |
| | (硝浓缩硫酸平衡桶)<br>9.25%硫酸+苯磺酸 | 160~205 | 166 | 0.1017 | |
| | 60%~70%硫酸+饱和蒸气<br>(氯气干燥塔废硫酸贮槽) | 常温 | 114 | 0.01704 | |

## 5.5 耐蚀低合金钢

耐蚀低合金钢是低合金钢的一个重要分支。合金元素的添加主要是为了改善钢在不同腐蚀环境中的耐蚀性,一般合金元素总质量不超过 5%。耐蚀低合金钢尚属发展中的钢种,较成熟的耐蚀低合金钢主要有:

(1)耐大气腐蚀低合金钢;

(2)耐硫酸露点腐蚀低合金钢;

(3)耐海水腐蚀低合金钢;

(4)耐硫化物腐蚀低合金钢;

(5)其他耐蚀低合金钢,如耐高温、高压、耐氢钢及耐盐卤腐蚀的低合金钢等。本节简要介绍几种耐蚀低合金钢的特点及应用。

### 5.5.1 耐大气腐蚀低合金钢

合金元素对钢的耐大气腐蚀作用主要是改变锈层的晶体结构及降低缺陷,提高锈层的致密程度和对钢的附着力。较有效的合金元素主要有 Cu、P、Cr、Ni 等,这些元素在钢表面富集并形成非晶态层,提高钢在大气环境中的耐蚀能力,图 5-14 示出了两种钢的锈层结构。

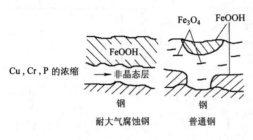

图 5-14　钢在大气环境中锈层结构示意图

铜是耐大气腐蚀低合金钢中最有效元素,钢中的 $w(\text{Cu})$ 一般在 $0.2\%\sim0.5\%$ 范围内。含铜钢在海洋大气和工业大气中比在乡村大气环境中耐蚀效果更好。

磷在钢中通常被视为有害元素之一,但它在提高钢抗大气腐蚀方面具有特殊的效果。这可能是由于 P 在促使锈层非晶态转变具有独特的作用。一般认为 Cu、P 复合效果更好。

美国钢铁公司研制的耐大气腐蚀低合金钢(Cor-Ten 钢)就是在 Cu、P 基础上加入 Ni、Cr 制成的。几乎得到全世界各国的普遍效仿。

一般 P 的质量分数为 $0.06\%\sim0.10\%$,过高会导致低温脆性。为了改善钢的焊接性,近年来国内外已趋向于降低 P 含量,并用其他元素代替高 P。

铬是提高低合金钢耐大气腐蚀性能的合金元素之一。一般 Cr 与 Cu 配合效果尤为明显,如图 5-15 所示。据报道,当钢中 $w(\text{Cr})=1\%$ 与 $w(\text{Cu})=0.5\%$ 时,其耐蚀性可提高 $30\%$。铬的质量分数一般在 $0.5\%\sim3\%$,以 $1\%\sim2\%$ 为宜。冈田等提出:铬的作用是促进尖晶石型氧化物的生成,而铜的作用则是促使尖晶石型氧化物非晶态化,二者共同作用使钢表面形成尖晶石型非晶态保护膜。

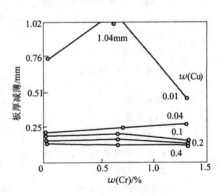

图 5-15　铬与铜对钢耐大气腐蚀
性能的影响(暴露试验时间 15.5a)

钼能有效提高钢抗大气腐蚀能力。当钢中加入质量分数为 $0.4\%\sim0.5\%$ 的 Mo 时,在大气环境下(尤其工业大气)可使钢腐蚀速度降低 $1/2$ 以上。日本研究者的实验表明,在 Cu-P 钢中加入 Mo 表现出比加 Cr 或 Ni 更为有益的效果。

一般认为,在 $w(\text{Ni})=3.5\%$ 左右时效果显著。当 $w(\text{Ni})$ 低于 $1\%$ 时,尤其当钢中含有 Cu 时,改善耐蚀的效果并不明显。

实践证明含铜钢是耐大气腐蚀的优良钢种。铜与合金元素 P、Cr、Ni 相配合的复合效果最佳,Cor-Ten 钢是典型的代表。它是美国钢铁公司在 20 世纪 30 年代研究的成果。后来,欧洲各国和日本都竞相仿制。该钢为 Cu-P-Cr-Ni 系低合金钢,其耐蚀性为碳钢的 $3\sim6$ 倍。经 15 年工业大气暴露试验,腐蚀率仅为 $0.0025\text{mm/a}$,而低碳钢腐蚀率为 $0.5\text{mm/a}$。据报道,Cor-Ten 钢可以不加保护层,裸露使用。表 5-6 为几个主要工业国家的耐大气腐蚀用钢的成分。

我国大气腐蚀用钢是 20 世纪 60 年代开始研制的。一般不含铬镍,充分发挥我国矿产资源的特点,发展了铜系、磷钒系、磷稀土系与磷铌稀土等耐大气腐蚀钢。

表 5-6　几个主要工业国家耐候钢的成分

| 国名 | 规格或商品名 | 化学成分(质量分数)/% | | | | | | | | |
|---|---|---|---|---|---|---|---|---|---|---|
| | | C | Si | Mn | P | S | Cu | Ni | Cr | 其他 |
| 美国 | ASTMA242 | ≥0.22 | — | ≤1.25 | — | ≤0.05 | — | — | — | — |
| | ASTMA440 | ≤0.28 | 0.30 | ≤1.10 1.60 | 酸性 ≤0.06 碱性 ≤0.04 | ≤0.05 | — | — | — | — |
| | ASTMA441 | ≤0.22 | ≤0.30 | ≤1.25 | ≤0.04 | ≤0.05 | ≥0.20 | — | — | V≤0.02 |
| | U.S.S. Cor-Ten | ≤0.12 | 0.25~ 0.75 | 0.20~ 0.50 | 0.07~ 0.15 | ≤0.05 | 0.25~ 0.55 | ≤0.65 | 0.30~ 1.25 | — |
| | | 0.01~ 0.19 | 0.5~ 0.30 | 0.90~ 1.25 | ≤0.04 | | 0.25~ 0.40 | — | 0.20~ 0.65 | V0.02 ~0.10 |
| | MarineriR | ≤0.12 | 0.20~ 0.90 | 0.15~ 1.00 | ≤0.12 | ≤0.15 | ≤0.50 | ≤1.00 | 0.40~ 1.00 | Zr0.2 ~0.65 |
| 日本 | Cuptan | ≤0.12 | 0.60 | 0.60 | 0.60~ 0.12 | ≤0.01 | 0.20~ 0.50 | — | 0.40~ 0.80 | Mo0.15~ 0.25 |
| | Riverten | ≤0.12 | 0.25~ 0.75 | 0.20~ 0.50 | 0.07~ 0.15 | ≤0.05 | 0.25~ 0.55 | ≤0.05 | 0.30~ 1.25 | — |
| | Zirten | ≤0.01 | 0.35~ 0.65 | 0.40~ 0.80 | 0.06~ 0.12 | ≤0.04 | 0.25~ 0.55 | — | 0.30~ 0.80 | Zr≤0.015 |
| | CRz | 0.08~ 0.15 | 0.10~ 0.80 | 0.20~ 0.60 | ≤0.025 | ≤0.06 | 0.30~ 0.60 | 0.26~ 0.65 | 0.60~ 1.00 | — |
| 英国 | BS968 | ≤0.23 | 0.102 ~0.35 | 1.30~ 1.80 | ≤0.05 | ≤0.05 | ≤0.06 | ≥0.05 | ≤0.80 | — |
| 法国 | AC54 | ≤0.20 | ≤0.30 | ≤0.60 | — | — | ≤0.45 | — | ≤0.45 | — |
| 德国 | S52Cr-Cu | ≤0.20 | ≤0.30 | ≤0.80 | ≤0.05 | ≤0.01 | ≤0.40 | — | ≤0.40 | — |
| 意大利 | 104 | 0.14 0.17 | 0.50 0.80 | 0.80 1.00 | — | — | 0.40~ 0.70 | 0.80 ~1.00 | — | — |

　　武汉钢铁公司首先研制出含铜系列的耐大气腐蚀钢:16MnCu、09MnCuPTi 等,除 Cu 系列钢外,包头钢铁公司、鞍山钢铁公司等还研究了磷钒系:12MnPV、08MnPV 钢;磷铌稀土系:10MnPNbRE 等,表 5-7 列出了我国耐大气腐蚀低合金钢典型钢种。

表 5-7　我国主要耐大气腐蚀低合金钢

| 钢号 | 化学成分(质量分数)/% | | | | | | | | | 强度级别 $\sigma_s$/10MPa | 研制单位 |
|---|---|---|---|---|---|---|---|---|---|---|---|
| | C | Si | Mn | P | S | Cu | RE | V | 其他 | | |
| 16MnCu | 0.12~0.20 | 0.20~0.60 | 1.20~1.60 | ≤0.05 | ≤0.05 | 0.20~0.40 | — | — | — | 33~35 | 武钢 |
| 10MnSiCu | ≤0.12 | 0.80~1.10 | 1.30~1.65 | ≤0.045 | ≤0.050 | 0.15~0.30 | — | — | — | ≥35 | 武钢 |
| 09MnSiCuPTi | ≤0.12 | 0.20~0.50 | 1.00~1.50 | ≤0.05~0.12 | ≤0.045 | 0.20~0.45 | — | — | — | ≥35 | 武钢 |
| 15MnVCu | 0.12~0.18 | 0.20~0.60 | 1.00~1.60 | ≤0.05 | ≤0.05 | 0.20~0.40 | — | 0.04~0.12 | — | 34~42 | 武钢 |
| 10PCuRE | ≤0.12 | 0.20~0.50 | 1.00~1.40 | ≤0.08~0.14 | ≤0.04 | 0.25~0.40 | 0.15(加入量) | — | Al0.03~0.07 | 35 | 上海钢研所 上钢一厂 |
| 12MnPV | ≤0.12 | 0.20~0.60 | 0.70~1.00 | ≤0.12 | ≤0.045 | — | — | 0.076 | — | 32 | 马钢 |
| 08MnPRE | 0.08~0.12 | 0.20~0.45 | 0.60~1.20 | ≤0.08~0.15 | ≤0.04 | — | 0.10~0.20 | — | — | 36 | 鞍钢 |
| 10MnPNbRE | ≤0.16 | 0.20~0.60 | 0.80~1.20 | ≤0.06~0.12 | ≤0.05 | — | 0.10~0.20 | — | Nb0.015~0.05 | ≥40 | 包钢 |

我国磷钒系耐大气腐蚀钢在海洋大气中的耐蚀性比 Q235 钢提高 9%,磷铌稀土系在工业大气中相对 Q235 钢的耐蚀性为 138%。

### 5.5.2　耐海水腐蚀低合金钢

耐海水腐蚀低合金钢是海洋用钢(包括中、高合金钢)中所占比重最大的一类。由于海洋腐蚀的复杂性和环境条件难以模拟等特点,耐海水腐蚀钢发展较晚。美国钢铁公司从 1946 年起研究了各种低合金耐海水钢,经历长达 18 年才发表了商品名为 Mariner 的耐海水腐蚀钢(Fe-Ni-Cu-P)。它在海水飞溅带具有优良耐蚀性,但在全浸带的耐蚀性与碳钢相当。由于其含 P 高,焊接性及低温韧性低,从而限制了它的应用。日本在 Mariner 钢基础上研制出 Mariloy 钢(新日铁)等系列耐海水低合金钢。前苏联用于造船的 CXJI-4 钢有较好的耐海水腐蚀性能,它属于 Fe-Cr-Ni-Si 系列钢。

我国系统研究耐海水腐蚀低合金钢已有近 30 年的历史,现有 16 个钢种已进行了耐海水腐蚀的统一评定试验,并已投产使用。表 5-8 列出了我国耐海水腐蚀低合金钢钢种、成分、性能等。表 5-9～表 5-11 分别列出几个工业国耐海水腐蚀钢的化学成分、力学性能以及低合金钢与碳钢在海洋环境下的腐蚀速度比较。由表可见,低合金钢在全浸带的耐蚀性并不比碳钢提高多少,因此研究在全浸条件耐蚀性高的海水用低合金钢仍是一个需要解决的课题。

表5-8 我国统一评定的耐海水腐蚀低合金钢成分与性能

| 钢种 | 研制单位 | 化学成分（质量分数）/% | | | | | | | | | 强度级别 σ_s/MPa | 备注 |
|---|---|---|---|---|---|---|---|---|---|---|---|---|
| | | C | Si | Mn | P | S | Cu | RE | V | 其他 | | |
| 10MnPNbRE | 包冶所 | ≤0.16 | 0.20~0.60 | 0.80~1.20 | 0.06~0.12 | ≤0.05 | — | 0.10~0.20 | — | Nb0.015~0.05 | ≥400 | GB 1591—88 |
| 09MnCuPTi | 武钢 | ≤0.12 | 0.20~0.50 | 1.00~1.50 | 0.05~0.12 | ≤0.045 | 0.20~0.45 | — | — | Ti≤0.03 | ≥350 | GB 1591—88 |
| 10CrMoAl | 上海钢研上海三厂 | 0.07~0.12 | 0.20~0.50 | 0.35~0.6 | ≤0.45 | ≤0.045 | — | — | — | Cr0.80~1.20 Al0.40~0.80 Mo0.20~0.35 | ≥350 | |
| 10NiCuAs | 北京钢研总院韶钢 | ≤0.12 | 0.17~0.37 | 0.60 | 0.45 | ≤0.045 | 0.30~0.50 | — | — | As≤0.35 | ≥320 | |
| 10NiCuP | 北京钢研总院天津钢研所 | ≤0.12 | 0.17~0.37 | 0.60~0.90 | 0.08~0.15 | ≤0.040 | ≤0.50 | — | — | Ni0.40~0.65 | ≥360 | |
| 08PVRE | 鞍钢 | ≤0.12 | 0.17~0.37 | 0.50~0.80 | 0.08~0.12 | ≤0.045 | — | 0.20（加入量） | ≤0.10 | — | ≥350 | |
| 10CrMoCuSi | 上海钢研上钢三厂 | 0.06~0.14 | 0.40~0.80 | 0.20~0.50 | ≤0.040 | ≤0.040 | 0.2~0.35 | — | 0.02~0.07 | Cr0.65~0.95 | ≥340 | |
| 10NbPAl | 包钢 | ≤0.16 | 0.30~0.60 | 0.80~1.20 | 0.06~0.12 | ≤0.05 | — | — | — | Al0.15~0.35 | ≥350 | |

| 钢 种 | 研 制 单 位 | 化学成分(质量分数)/% | | | | | | | | | 强度级别 $\sigma_s$/MPa | 备 注 |
|---|---|---|---|---|---|---|---|---|---|---|---|---|
| | | C | Si | Mn | P | S | Cu | RE | V | 其 他 | | |
| 09CuWSn | 武 钢 | ≤0.12 | 0.17~0.37 | 0.50~0.80 | ≤0.40 | ≤0.04 | 0.20~0.50 | — | — | W0.10~0.30 Sn0.20~0.40 | ≥380 | |
| 10NbPAl | 鞍 钢 | ≤0.12 | 0.17~0.37 | 0.50~0.80 | 0.08~0.12 | ≤0.04 | — | — | ≤0.10 | — | ≥350 | |
| 12NiCuWSn | 武 钢 | ≤0.14 | 0.30~0.55 | 0.50~0.80 | ≤0.040 | ≤0.04 | 0.20~0.45 | — | — | W0.10~0.30 Sn0.20~0.40 | ≥400 | |
| 10CrPV | 马 钢 | ≤0.12 | 0.17~0.37 | 0.60~1.00 | 0.08~0.12 | ≤0.040 | — | — | ≤0.10 | Cr0.50~0.80 | ≥350 | |
| 10CrPV | 马 钢 | ≤0.12 | 0.17~0.37 | 0.60~1.00 | 0.08~0.12 | ≤0.040 | — | — | ≤0.10 | Cr0.50~0.80 | ≥350 | |
| 10Cr2MoAlRE | 浙冶所所钢 | ≤0.12 | 0.17~0.37 | 0.50~0.80 | ≤0.040 | ≤0.04 | — | ≤0.20 | — | Cr1.8~2.4 Mo0.30~0.50 | ≥400 | |
| 10CrPV | 马 钢 | ≤0.12 | 0.17~0.37 | 0.60~1.00 | 0.08~0.12 | ≤0.04 | 0.02~0.35 | — | ≤0.10 | — | ≥350 | |
| 10NiCuP | 北京钢研总院 天津钢院所 | ≤0.12 | 0.17~0.37 | 0.50~0.80 | 0.08~0.12 | ≤0.04 | 0.02~0.35 | — | ≤0.10 | — | ≥350 | |

注：表中除 10MnPNbRE、09MnCuPTi 已纳标外,其余成分供参考。

表 5-9　部分国家耐海水腐蚀钢的化学成分

| 国别 | 钢号 | 化学成分(质量分数)/% | | | | | | | | | |
|---|---|---|---|---|---|---|---|---|---|---|---|
| | | C | Si | Mn | P | S | Cu | Ni | Cr | Al | 其 他 |
| 美国 | Mariner | ≤0.22 | ≤0.10 | 0.6~0.9 | 0.08~0.15 | ≤0.04 | ≥0.50 | 0.4~0.65 | | | |
| 法国 | APS20A | 0.10 | | 0.40 | | | | | 4.0 | 0.90 | |
| | APS20M | 0.10 | | 0.40 | | | | | 4.0 | 0.90 | Mo,0.15 |
| | APS25 | 0.15 | | 0.40 | | | | 0.80 | 4.0 | 0.60 | 0.15Mo |
| 日本 | MARILOYP50 | ≤0.14 | ≤0.100 | ≤0.15 | ≤0.03 | ≤0.03 | 0.15~0.40 | | 0.30 | | |
| | S50 | ≤0.14 | ≤0.55 | ≤1.50 | ≤0.03 | ≤0.03 | | | 0.80~1.30 | | ≤0.10Nb |
| | G50 | ≤0.14 | ≤0.10 | ≤1.50 | ≤0.03 | ≤0.03 | 0.15~0.40 | | 0.80~1.30 | | ≤0.30Mo |
| | T50 | ≤0.10 | ≤0.10 | ≤0.50~0.90 | ≤0.03 | ≤0.03 | 0.15~0.40 | | 1.70~2.20 | | ≤0.30Mo |
| | NKマリソ50 | ≤0.15 | | | ≤0.03 | | 0.20~0.50 | ≤0.40 | 0.50~0.80 | 0.15~0.55 | V≤0.10 |
| | Nep-Ten50 | ≤0.13 | | 0.08~0.15 | | | 0.60~1.50 | ≤0.40 | 0.50~3.0 | 0.60~1.50 | |
| | Nep-Ten50 | ≤0.18 | | 0.08~0.15 | | | 0.60~1.50 | | 0.50~3.0 | 0.50~1.50 | |
| 中国 | 10Cr2MoAlRE | 0.06 | 0.39 | 0.65 | 0.017 | 0.008 | | 0.42Mo | 2.12 | 0.86 | 0.06RE |
| | 10MnPNbRE | ≤0.20 | 0.54 | 1.19 | 0.076 | 0.019 | | 0.032Nb | | 0.05 | 0.008RE |
| | 08PVRE | 0.10 | 0.20~0.50 | 0.40~0.70 | 0.07~0.13 | ≤0.04 | V0.04~0.12 | | | | RE(加入量)0.10~0.20 |

表 5-10　部分国家耐海水腐蚀钢的性能及用途

| 国别 | 钢 号 | 力学性能 | | | 主 要 用 途 |
|---|---|---|---|---|---|
| | | $\sigma_s$/MPa | $\sigma_b$/MPa | δ/% | |
| 美国 | Mariner | 353 | 490 | 18 | 钢 板 桩 |
| 法国 | APS20A | 315 | 500 | 20 | 海水管道、防波堤护板 |
| | APS20M | 315 | 500 | | |
| | APS25 | 600 | 800 | | |
| 日本 | MARILOYP50 | 330 | 500 | | 钢板桩,浮标 |
| | S50 | 330 | 500 | | 耐蚀构件 |
| | G50 | 330 | 500 | | 飞溅带、全浸带构件 |
| | T50 | 240 | 490 | | 油管 |
| | NKマリソ50 | 314 | 490~608 | | |
| | Nep-Ten50 | 353 | 500~600 | 25 | |
| | Nep-Ten60 | 392 | 600~700 | 22 | |
| 中国 | 10Cr2MoAlRE | | | | 海水冷聚器 |
| | 10MnPNbRE | 400 | 520 | | 钢板桩、船舶 |
| | 08PVRE | 345 | 471 | 21 | 海洋大型工程,海水管线 |

表 5-11　碳钢及低合金钢在海水中的腐蚀速度

| 海洋环境 | 腐　蚀　速　度/mm·a$^{-1}$ | |
| --- | --- | --- |
| | 低合金钢 | 碳　钢 |
| 大气区 | 0.04~0.05 | 0.2~0.5 |
| 风溅区 | 0.1~0.15 | 0.3~0.5 |
| 潮汐区 | 约0.1 | 约0.1 |
| 全浸区 | 0.15~0.2 | 0.2~0.25 |
| 海泥区 | 0.06 | 约0.1 |

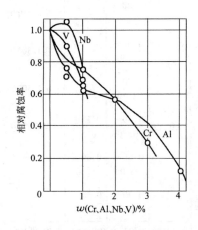

图 5-16　合金元素对浸于海水中的钢腐蚀率的影响(试验 1 年设 Fe-0.1C 合金的腐蚀速率为 1.0)

我国各种耐海水腐蚀钢种的性能特点是:含 Cu 与高 P 的钢间浸耐蚀性较好;含 Cr、Al 的钢全浸耐蚀性较好。

海洋环境是非常复杂的,其影响因素较多,因此讨论合金元素在耐海水腐蚀钢中的作用时,必须结合海洋环境。目前比较一致的看法是合金元素富集在锈层中,降低了锈层的氧化物晶体缺陷、改变其形态及分布,形成致密、黏附性牢的锈层,阻碍 Cl$^{-}$、O$_2$、H$_2$O 向钢表面扩散,从而提高耐海水腐蚀性能。综合有关研究结果,在浅海中全浸条件下,能提高钢的耐蚀性的合金元素有 Cr、Al、Si、P、Cu、Mn、Mo、Nb、V 等,其中,以前几种元素较为重要,尤以 Cr 的作用最为显著,当 Cr 与 Al 复合加入钢中或 Cr 与 Al、Mo、Si 共加入时,耐海水腐蚀性能更好。图 5-16 示出了 Cr、Al、Nb、V 合金元素对 $w(C) = 0.1\%$ 的 Fe-C 钢在海水中腐蚀速度的影响。

### 5.5.3　耐硫酸露点腐蚀低合金钢

在采用高硫重油或煤作燃料的锅炉燃气中,常含有 SO$_2$ 及 SO$_3$。在锅炉的低温部位(如省煤器、空气预热器、烟道等)由于 SO$_3$ 与水气作用而凝结成 H$_2$SO$_4$,引起这些部件腐蚀,称为硫酸露点腐蚀。燃气中 SO$_3$ 含量超过 $60 \times 10^{-6}$,可以使环境的露点升高至 150~170℃。当金属部件表面温度低于露点时,SO$_3$ 与水气形成的硫酸就会凝集在其上面,造成锅炉系统严重腐蚀,如空气预热器的管壁穿孔腐蚀。我国许多锅炉已改烧重油,因此,研究、掌握锅炉低温部件的硫酸露点腐蚀规律,以寻求解决的途径是很必要的。

#### 5.5.3.1　硫酸露点腐蚀

锅炉低温部件的硫酸露点腐蚀受燃气中 SO$_3$ 含量、露点及金属表面温度的影响。

实践表明,燃气中含有百万分之几十的 SO$_3$ 就可以使露点显著升高(可达到 150℃ 左右)。当金属表面温度低于露点时,燃气中含有的 SO$_3$ 和水蒸气就以 H$_2$SO$_4$ 形式凝结在金属表面上。而燃气中的 SO$_3$ 量则主要取决于燃料中的含硫量及空气过剩系数。油中含硫量愈高,空气过剩量愈高,则生成的 SO$_3$ 量愈多。

凝结的 H$_2$SO$_4$ 浓度大小,主要取决于燃气中水分含量与金属表面温度,如图 5-17 所示。由图可看出,如锅炉低温部位金属表面温度为 60℃ 时,凝结出 H$_2$SO$_4$ 的浓度约为 40%(质量分数），如金属表面温度为 100℃ 时，则 $H_2SO_4$ 的质量分数可在 70％ 左右。图 5-18 表明当钢的表面温度处于露点以下 20～60℃ 之间时，凝结出的 $H_2SO_4$ 量及铁的腐蚀量均为最大值。

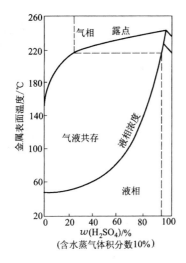

图 5-17　凝结的硫酸浓度同
金属表面温度之间的关系

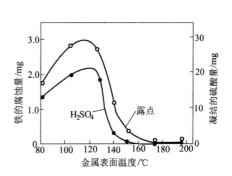

图 5-18　露点为 149℃ 时铁腐蚀量与
金属表面温度的关系

（试验时间：60min）

#### 5.5.3.2　硫酸露点腐蚀的机理

关于硫酸露点腐蚀的机理，小若、长野认为随着锅炉运行可分三个阶段，第一阶段即低温（≤80℃）、低浓度（$w(H_2SO_4)$≤60％）的硫酸活化腐蚀阶段，指锅炉开始运行或刚刚停止运行时所遭受的腐蚀条件及腐蚀状态，由于这一阶段时间短，对整个腐蚀过程影响不大；第二阶段即高温（约 160℃）、高浓度（$w(H_2SO_4)$＞60％）腐蚀环境，此时金属部件处于电化学腐蚀的活化态，这一阶段一般指锅炉正常运行阶段，金属表面已达到设计的温度，遭受的腐蚀比第一阶段严重得多；第三阶段的温度、$H_2SO_4$ 浓度与第二阶段相同，区别是环境中含有大量未燃烧的碳微粒，它是促使大量 $Fe^{3+}$（氧化剂）产生，由于 $Fe^{3+}$ 参与阴极反应，促使含有 Cr 或 B 的铜钢钝化，腐蚀速度明显降低，但对非钝化钢由于 $Fe^{3+}$ 参与阴极反应使腐蚀速度显著增加。

钢的硫酸露点腐蚀速度主要取决于第二和第三阶段，可钝化钢与非钝化钢主要区别是在腐蚀的第三阶段。

#### 5.5.3.3　耐硫酸露点腐蚀钢

硫酸露点腐蚀是在高温、高 $H_2SO_4$ 浓度下发生的，因此根据硫酸露点腐蚀特点对钢的化学成分要进行适当调整。

研究表明，降低硫酸露点腐蚀的最重要的合金元素仍然是铜、铬及硼。Cr 质量分数在 1％～1.5％ 为宜。寺前章等研究指出，含铜钢中加入 Sb、Se、As 等元素能提高钢的耐 $H_2SO_4$ 腐蚀性能，其中 As 的效果显著。

我国武钢试验表明，含铜钢中同时加入 W（$w(W)$＜0.2％）与 Sn（$w(Sn)$＜1％）对钢的耐 $H_2SO_4$ 腐蚀性能有良好作用。

我国和日本的耐硫酸露点腐蚀钢的牌号与化学成分如表 5-12 所示。

表 5-12 耐硫酸露点腐蚀钢

| 钢种或<br>商品名 | 国别与<br>生产厂 | 化学成分(质量分数)/% | | | | | | | | | |
|---|---|---|---|---|---|---|---|---|---|---|---|
| | | C | Si | Mn | P | S | Cu | Cr | Ni | 其 | 他 |
| 09CuWSn | 中国武钢 | ≤0.12 | 0.17~0.39 | 0.35~0.65 | ≤0.04 | ≤0.04 | 0.2~0.5 | — | — | W 0.1~0.3 | Sn 0.2~0.4 |
| CR1A | 日本住友金属 | ≤0.13 | 0.20~0.80 | ≤1.40 | ≤0.025 | 0.013~0.030 | 0.25~0.35 | 1.00~1.50 | — | | |
| TAICOR-S | 日本神户制钢 | ≤0.15 | ≤0.50 | ≤1.00 | ≤0.040 | 0.015~0.040 | 0.15~0.50 | 0.90~1.50 | — | Al 0.030~0.15 | — |
| S-TEN-1 | 新日本制铁 | ≤0.14 | ≤0.55 | ≤0.70 | ≤0.025 | ≤0.025 | 0.25~0.50 | — | — | Sb ≤0.15 | |
| NAC-1 | 日本钢管 | ≤0.15 | ≤0.40 | ≤0.50 | ≤0.030 | ≤0.030 | 0.20~0.60 | 0.30~0.90 | 0.30~0.80 | Sn ≤0.04~0.35 | Sb ≤0.02~0.35 |
| RIVER-TEN-41S | 日本川崎制铁 | ≤0.15 | ≤0.40 | 0.20~0.50 | 0.020~0.060 | ≤0.040 | 0.20~0.50 | 0.20~0.60 | ≤0.50 | Nb ≤0.04 | — |

## 5.6 不锈钢

由于不锈钢具有优良的耐蚀性能、力学性能以及工艺性能等,使其在石油、制药、化工、核能等现代工业中得到了广泛应用。

### 5.6.1 不锈钢的概念

Cr 质量分数大于 13% 的 Fe-Cr 合金,在大气条件下"不生锈",称作"不锈钢";在各种侵蚀性较强的介质中,耐腐蚀的 Fe-Cr 合金称为"耐酸钢"。通常把不锈钢和耐酸钢统称为不锈耐酸钢,简称不锈钢。

不锈钢的"不锈"、"耐蚀"都是相对的。不锈钢的耐蚀性能主要依靠它的自钝性。但当钝态受到破坏时,不锈钢就会遭受各种形式的腐蚀。

对用于大气中的不锈钢,Cr 的质量分数大于 12.5%($n/8$ 规律)的 Fe-Cr 合金一般可自发钝化。而用于化学介质中的耐酸钢 Cr 的质量分数需 17% 以上才可钝化;在某些侵蚀性较强的介质中,为使钢实现钝化或稳定钝化需在 $w(Cr) = 18\%$ 的 Fe-Cr 合金中加入提高合金热力学稳定性高的合金元素(如 Ni、Mo、Cu、Si、Pd 等)或提高 Cr 含量。

### 5.6.2 奥氏体不锈钢

18-8 型奥氏体不锈钢由于其具有优于其他类不锈钢的耐蚀性能及综合机械性能等特点,应用最广,约占奥氏体不锈钢的 70%,占不锈钢的 50%。为提高其耐蚀性,在 18-8 型奥氏体钢中常加入 Ti、Nb、Mo、Si、Pd 等元素,发展成适应不同环境需要的各种不锈钢。图 5-19 是 18-8 型奥氏体不锈钢的发展演变图。

#### 5.6.2.1 奥氏体不锈钢的耐蚀性

奥氏体不锈钢的耐蚀性主要取决于 Cr、Ni、Mo、Pd、Ti、C 等合金元素的含量。

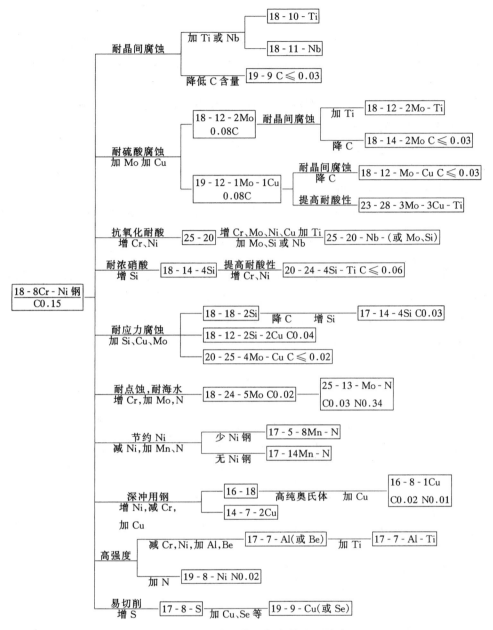

图 5-19  18-8 型奥氏体不锈钢的发展演变图

一般不锈钢耐大气腐蚀(工业大气,海洋大气腐蚀),也耐土壤腐蚀,在水介质中,其耐蚀性与水中氯化物含量有关。

耐氧化性酸腐蚀,如中等浓度的稀硝酸腐蚀。但不耐浓 $HNO_3$ 腐蚀,原因是在浓 $HNO_3$ 中发生过钝化溶解,钢中 Cr 以 $Cr^{6+}$ 离子形式溶解。一般不锈钢只耐稀 $H_2SO_4$ 腐蚀,钢中加入 Mo、Cu、Si 可降低其腐蚀速度。耐 $H_2SO_4$ 腐蚀较好的奥氏体不锈钢是 0Cr23Ni28Mo3Cu3Ti 钢,但对腐蚀条件非常苛刻的热 $H_2SO_4$,则需采用镍基合金。

Cr-Ni 奥氏体不锈钢耐碱蚀性能非常好,其耐碱蚀性能随钢中镍含量升高而增加。铬镍奥氏体钢最大缺点是在含氯化物溶液中不耐应力腐蚀,易发生点蚀及缝隙腐蚀。

##### 5.6.2.2　奥氏体不锈钢的应力腐蚀

奥氏体不锈钢的严重缺点之一就是具有应力腐蚀断裂敏感性。这使它在某些介质中，在拉应力作用下，会在几乎看不到任何破损痕迹的情况下突然断裂。造成严重事故及巨大经济损失。因此研究奥氏体不锈钢的应力腐蚀问题，有着非常重要的意义。

能够引起奥氏体不锈钢应力腐蚀破裂的介质环境是很多的，具有工业意义的主要有：

(1)约80℃以上的高浓度氯化物水溶液；

(2)硫化物溶液(连多硫酸及含 $H_2S$ 水溶液)；

(3)浓热碱溶液；

(4)高温高压水(150～350℃)。

本节主要介绍奥氏体不锈钢在热的高浓度氯化物水溶液中的应力腐蚀破裂的影响因素及破裂机理。

A　环境因素

(1)氯化物。认为酸性氯化物水溶液均能引起奥氏体不锈钢应力腐蚀断裂，其影响程度排序为：$Mg^{2+} > Fe^{2+} > Ca^{2+} > Li^+ > Na^+$。其中，$MgCl_2$ 溶液最严重(通常采用饱和的 $MgCl_2$ 沸腾水溶液来检验奥氏体不锈钢的应力腐蚀破裂敏感性)。

(2)氯化物浓度和温度。氯脆多发生在 50～300℃ 温度范围内。在同一温度下随氯化物浓度增加，氯脆敏感性增大(图 5-20)。

(3)pH 值。一般说 pH 值越低，断裂时间越短(图 5-21)。

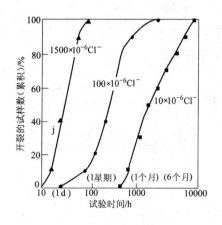

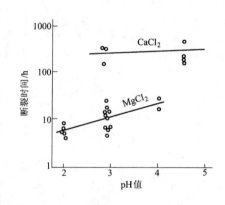

图 5-20　氯化物浓度、时间对 304 不锈钢　　　　图 5-21　pH 值对 0Cr18Ni10 不锈钢应力

　　　应力腐蚀断裂敏感性的影响　　　　　　　　　　腐蚀断裂时间的影响

　　(温度 100℃，Wick 试验的浓缩条件)　　　　　　(在 125℃ 沸腾 $MgCl_2$ 和 $CaCl_2$ 中)

(4)电位。奥氏体不锈钢应力腐蚀通常发生在三个过渡电位区。因此，采用外加电流方式可抑制应力腐蚀敏感性，如图 5-22 所示。由图可见，阳极极化加速应力腐蚀断裂，阴极极化抑制了应力腐蚀断裂。可见存在一个临界应力腐蚀断裂电位值。当电位低于临界值时，不产生应力腐蚀断裂。应当指出，应力腐蚀断裂临界电位值不是一个定值，它与成分、介质浓度、温度等因素有关。

(5)力学因素。一般规律是应力愈大，断裂时间愈短。冷加工变形量增加，应力敏感性增加。

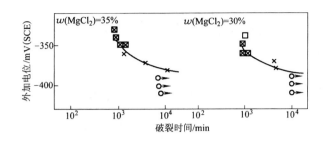

图 5-22　外加电位对固溶态 Cr18Ni10 钢($w(C) = 0.15\%$)在 80℃ 的 $MgCl_2$,
溶液中应力腐蚀破裂的影响(应力 250MPa)

□—不均匀的全面腐蚀;⊠—应力腐蚀破裂;○—无局部腐蚀

B　合金成分

钢的化学成分对应力腐蚀破裂性能的影响依试验介质不同而异。合金元素对奥氏体不锈钢在氯化物中应力腐蚀断裂的影响,已得到广泛的研究,尤其在沸腾 $MgCl_2$ 溶液中。

(1)镍。在 Fe-Cr 合金中加入少量 Ni,增加应力腐蚀敏感性,Ni 质量分数在 5% ~ 10% 时 SCC 敏感性最大,当 Ni 质量分数在 10% ~ 12% 时,敏感性降低,Ni 质量分数超过 40% 时,基本上不发生应力腐蚀,见图 5-23。研究认为,Ni 含量增加,提高了合金的层错能,易形成网状位错,因而降低了穿晶断裂的敏感性。

(2)硅。大量研究证明,加入质量分数为 2% ~ 4% 的 Si 能显著降低奥氏体不锈钢的应力腐蚀敏感性。认为与钢中析出 δ 铁素体有关。但高硅使 C 在奥氏体中的溶解度降低,从而造成晶界上析出的碳化物增多,易产生由晶间腐蚀引起的应力腐蚀断裂。

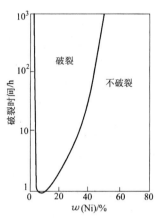

图 5-23　镍含量对 Fe-18Cr 合金应力腐蚀断裂敏感性的影响
(在 $w(MgCl_2) = 42\%$ 的
沸腾溶液中)

(3)碳。在高浓度 $MgCl_2$ 溶液中,$w(C) < 0.08\%$ 时,对奥氏体不锈钢耐应力腐蚀断裂是有利的。认为碳会增加堆垛层错能,使奥氏体不锈钢易形成网状位错结构,降低穿晶断裂的敏感性。碳质量分数超过 0.08%,在敏化温度受热时,晶界析出的碳化物增加晶间断裂的敏感性。

(4)氮、磷。研究表明,氮、磷对奥氏体不锈钢的应力腐蚀都是有害的。有人认为,其有害作用是使钢易形成层状位错结构,增加了 SCC 敏感性。

C　奥氏体不锈钢应力腐蚀机理

奥氏体不锈钢在热氯化物水溶液中的应力腐蚀一般都是穿晶型断裂。多数研究者认为,其断裂机制为膜破裂机制,又称滑移-溶解-断裂机制。

奥氏体不锈钢具有面心立方结构,滑移主要限于(111)面,所以在应力作用下易产生层状位错,位错易在基体与膜的界面塞积,在位错塞积的顶端造成很大的应力集中,致使表面膜破裂,裸露出的新鲜金属表面(滑移台阶)与表面膜间构成膜孔电池。发生瞬时溶解,当滑移台阶生成速度、滑移台阶溶解速度及表面膜修复(再钝化)速度适宜时就会产生应力腐蚀断裂。又由于热的高浓度 $MgCl_2$ 阻止再钝化，裂纹尖端快速溶解，而裂纹两侧仍保持钝态，裂纹迅速扩展，裂纹尖端溶液的急剧酸化(自催化作用)进一步加剧了裂纹扩展直至断裂(详见第 3 章 3.6.1 节)。

### 5.6.3　铁素体不锈钢

高铬铁素体不锈钢虽发展较早，屈服强度比奥氏体不锈钢高，成本较低；但由于脆性较大，特别是焊后脆性，以及加工性等缺点，它的应用受到很大限制。

按含铬量不同，铁素体钢可分 Cr13 型、Cr16-19 型和 Cr25-28 型及超纯高铬型。

铁素体不锈钢随 Cr 含量增加耐蚀性显著地增加。

(1)Cr13 型铁素体不锈钢。一般在大气、蒸馏水、天然淡水中是稳定的，但在含有 $Cl^-$ 离子的水中易产生局部腐蚀，在过热蒸汽介质中具有非常高的稳定性，在稀硝酸中是稳定的，在还原性酸中耐蚀性差。常作为耐热钢，用于汽车排气阀等。

(2)Cr16-19 型铁素体不锈钢。这类钢焊接性比 Cr13 钢差，但在氧化性环境中，耐蚀性尚好。在非氧化性酸中耐蚀性很差。Cr17 在高温质量分数不超过 60% 的 $HNO_3$ 中稳定，因此，广泛用于生产硝酸工业中，如制造吸收塔、热交换器等。

(3)Cr25-28 型铁素体不锈钢。它是铁素体不锈钢中耐酸腐蚀和耐热性最好的钢。耐 $HNO_3$ 腐蚀，甚至在 $H_2SO_4$ 中含有 $Fe^{3+}$、$Cu^{2+}$ 等离子时，也具有较高的稳定性。但在含有 $Cl^-$ 的介质中耐蚀性明显下降，不耐烧碱溶液腐蚀。

铁素体不锈钢比奥氏体不锈钢耐氯化物应力腐蚀。这是由于铁素体不锈钢是体心立方结构，(112)、(110)、(123)晶面都容易产生滑移，形成网状位错结构。由于产生交叉滑移，没有粗大的滑移台阶，因而降低了 SCC 敏感性。

铁素体不锈钢也能产生应力腐蚀。其 SCC 一般起源于晶间腐蚀、点蚀或杂质。如 Cr17 铁素体不锈钢中的杂质 C、N，就能使其在敏化温度，在高温水中，产生晶间型的应力腐蚀断裂。这是由于在晶界上析出 Cr 的 C、N 化物引起的。可通过加入 Ti、Nb 提高耐应力腐蚀能力。

另外，冷变形可使铁素体不锈钢应力腐蚀敏感性增加。

### 5.6.4　奥氏体-铁素体双相不锈钢

20 世纪 30 年代，发现在奥氏体不锈钢焊缝组织中含有少量铁素体($\alpha$ 相)时，就可以防止焊缝开裂，并改善了耐晶间腐蚀性能。50 年代又发现，奥氏体钢中含有较多的 $\alpha$ 相铁素体时，在氯化物溶液中不发生应力腐蚀。在此研究基础上，开始生产出"耐应力腐蚀破裂不锈钢"，称"$\gamma + \alpha$"复相钢。如瑞典生产的 3RE60 钢(00Cr18Ni5Mo3Si2，C≤0.03%)等，并得到迅速的发展。其特点是兼有铁素体和奥氏体钢的性能：具有良好的耐蚀性，如对晶间腐蚀不敏感，耐点蚀、缝隙腐蚀及优良的耐应力腐蚀性能；良好的焊接性、韧性等。

其缺点是冷热加工性较差，不能在脆性敏感区(350～850℃)长期使用，因为将产生 475℃脆性。

由于双相不锈钢比奥氏体不锈钢具有优良的抗应力腐蚀性能，且价格便宜，因而近年来得到广泛的应用。表 5-13 列出了国内外几种典型的双相不锈钢的化学成分。

由表可看出：各国现有的 Cr-Ni 双相不锈钢的成分范围一般为 Cr18-28、Ni2-10，同时加入 Mn、Si 等元素。此外，还有 Cr-Mn-Ni-N 等系双相不锈钢。大致可分三类：Cr18 型、Cr21 型和 Cr25 型。

表 5-13　几种奥氏体-铁素体双相不锈钢的化学成分

| 类型 | 名　称 | 国别 | 合金元素(质量分数)/% | | | | | | | | |
|------|--------|------|------|------|------|------|------|------|------|------|------|
| | | | C | Si | Mn | Cr | Ni | Mo | N | Nb | Ti |
| Cr18 型 | 3RE60 | 瑞典 | ≤0.03 | 1.7 | ≤2.0 | 18.5 | 4.7 | 2.7 | — | — | — |
| | 18-5 | 中国 | ≤0.03 | 1.5/2.0 | 1.0/2.0 | 18/19 | 4.5/5.5 | 2.5/3.0 | — | — | — |
| | 18-5-Nb | 中国 | ≤0.03 | 1.7 | 1.0/2.0 | 18/19 | 5.5/6.5 | 2.5/3.0 | — | 0.2 | — |
| Cr21 型 | SAF2205 | 瑞典 | ≤0.03 | ≤0.8 | ≤2.0 | 22 | 5.5 | 3.0 | 0.14 | — | — |
| | 0Cr21Ni5Ti | 中国 | ≤0.08 | ≤0.8 | ≤0.8 | 20/22 | 4.8/5.8 | — | — | — | 0.30/0.6 |
| | 0Cr21Ni6Mo2Ti | 中国 | ≤0.08 | ≤0.8 | ≤0.8 | 20/22 | 5.5/6.5 | 1.8/2.5 | | — | 0.2/0.4 |
| Cr25 型 | 00Cr25Ni5Ti | 中国 | ≤0.03 | ≤1.0 | ≤1.0 | 25/26 | 5.5/7.0 | | — | — | 0.20/0.4 |
| | 00Cr26Ni6Mo2Ti | 中国 | ≤0.08 | ≤1.0 | ≤1.5 | 25/27 | 6.5/7.5 | 1.5/2.0 | | — | 0.3/0.5 |
| | SUS329J1 | 日本 | ≤0.08 | ≤1.0 | ≤1.5 | 23/28 | 3.0/6.0 | 1.0/3.0 | | — | — |
| | IN744 | 美国 | ≤0.06 | 0.3/0.06 | 0.3/0.5 | 25/27 | 6/7 | | — | — | Ti≥5×C |

(1)Cr18 型双相不锈钢。典型代表是瑞典生产的 3RE60 钢。由于钢中含 Mo、Si 等元素,长期加热也引起 475℃脆性或 σ 脆化。这类钢中的铁素体与奥氏体的比例与加热温度有关。在正常固溶退火状态下,3RE60 钢中的 $\gamma/\alpha$ 约为 1:1。

3RE60 钢在 $H_2SO_4$、$H_3PO_4$ 及草酸等溶液中,其耐全面腐蚀性能优于或相当于 316L 钢。耐氯化物溶液的应力腐蚀远优于 18-8 或 18-12-2 奥氏体不锈钢,但在高浓度沸腾 $MgCl_2$ 溶液中,应力腐蚀敏感性也较高。

(2)Cr21 型奥氏体-铁素体双相不锈钢。典型钢种是瑞典的 SAF2205 钢。与 3RE60 相比,具有更好的耐蚀性,耐点蚀性能更为突出。在 $H_2S$ 介质中也具有良好的耐应力腐蚀性能。

(3)Cr25 型双相不锈钢。占双相不锈钢总量 50%以上,应用较广泛。含 Mo、N 的双相不锈钢耐全面腐蚀,尤其耐点蚀、缝隙腐蚀及应力腐蚀。又具有良好的工艺性能。

奥氏体-铁素体双相不锈钢耐应力腐蚀性能较高。认为与钢中奥氏体和铁素体两相相对含量有关。铃木等实验结果表明,在氯化物溶液中,耐应力腐蚀断裂,以含 40%～50%铁素体的双相不锈钢为最好。但在高应力下双相不锈钢与普通奥氏体不锈钢相当,如图 5-24 所示。

双相不锈钢耐应力腐蚀可得到如下解释:

(1)裂纹起源于奥氏体裂纹,一旦扩展到铁素体相时,在低应力下,铁素体相内难以产生滑移,裂纹中止,只有在高应力下,裂纹才能扩展;

(2)铁素体电极电位比奥氏体电位负,对奥氏体起到阴极保护作用;

(3)双相不锈钢一般屈服强度较高,显然使其在腐蚀介质中的许用应力相应提高。

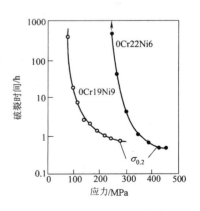

图 5-24　0Cr22Ni5 双相不锈钢和 0Cr19Ni9 奥氏体不锈钢(304) 耐应力腐蚀破裂性能比较 (在 $w(MgCl_2)=42\%$ 的沸腾溶液中)

## 5.7 镍及镍基耐蚀合金

镍的主要用途是作为不锈钢、耐蚀合金及高温合金的添加元素或基体。由于 Ni 资源短缺、成本高,其应用受到一定限制。

### 5.7.1 镍的耐蚀性

镍的标准电极电位 $E^{\ominus}_{Ni/Ni^{2+}} = -0.25V$,从热力学上看,它在稀的非氧化性酸中,可发生析氢反应,但实际上其析氢速度极其缓慢。因此,镍耐还原性介质腐蚀,但不耐 $HNO_3$ 腐蚀。镍最主要的特点是耐碱腐蚀,镍对 NaOH 和 KOH 在几乎所有的浓度和温度下都耐腐蚀,如图 5-25 所示。镍在熔融的碱中也耐蚀,故镍多用在制碱业上。

镍耐碱脆破裂的性能较好,但在高温(300～500℃)、高浓度(质量分数为 75%～98%)的苛性碱中,未经退火的镍容易产生应力腐蚀破裂。

镍在干燥和潮湿的大气中都非常耐蚀。但镍对硫化物不耐蚀,如碱中含有硫化物尤其含有 $H_2S$、$Na_2S$ 时,在高温会加速镍腐蚀,也会发生应力腐蚀破裂。

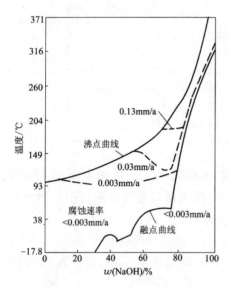

图 5-25 镍在 NaOH 溶液中的等腐蚀图

### 5.7.2 镍基耐蚀合金

国外最早生产和应用的镍基耐蚀合金是 Ni-Cu (Monel)合金,后来发展了 Ni-Mo、Ni-Cr 等系列耐蚀合金。工业上常用的镍基合金主要有:Ni-Cu、Ni-Cr、Ni-Cr-Mo(W)及 Ni-Cr-Mo-Cu 型镍基耐蚀合金。

(1)Ni-Cu 型耐蚀合金。典型牌号有 Ni70Cu28(Monel)合金,它兼有镍的钝化性和铜的贵金属性。镍、铜合金对卤素元素、中性水溶液、一定浓度、温度的苛性碱溶液以及中等温度的稀 HCl、$H_2SO_4$ 及 $H_3PO_4$ 都耐蚀。

Ni-Cu 合金常用来制造与海水接触的零件、矿山水泵及食品、制药业等方面使用的设备。

(2)Ni-Cr 型耐蚀合金。典型的 Ni-Cr 合金是 0Cr15Ni75Fe(lnconel600),多作为高强度耐热材料。其特点是既耐还原性介质腐蚀又在氧化性介质中具有高的稳定性。它是能抗热 $MgCl_2$ 腐蚀的少数几种材料之一。它无应力腐蚀倾向,故常用于制作核动力工程的蒸发器管束。但在高温高压纯水中对晶间型应力腐蚀断裂是极敏感的。

(3)Ni-Mo(W)及 Ni-Cr-Mo 型合金。它是高耐蚀的镍基合金。在 HCl 等还原介质中有极好的耐蚀性,但当酸中有氧或氧化剂时,耐蚀性显著下降。

典型的代表有: 0Ni65Mo28Fe5V(HastelloyB)、Ni60Mo19Fe20(HastelloyA)、00Ni70Mo28(HastelloyB-2)、Ni60Cr16Mo16W4(HastelloyC)及 0Cr7Ni25Mo16(HastelloyN)等系列。

HastelloyC 合金室温耐所有浓度的 HCl 及氢氟酸腐蚀,在王水中,也具有一定耐蚀性。

HastelloyN 是一种耐高温氟化物熔盐腐蚀,高强度、抗辐照、易焊接,可变形的低铬的

Ni-Cr-Mo 型合金。

(4)Ni-Cr-Mo-Cu 型耐蚀合金。它是为满足耐 $HNO_3$、$H_2SO_4$ 及混合酸的腐蚀发展起来的钢种。典型合金是 0Cr21Ni68Mo5Cu3(Illium-R),后来又相继发展了核燃料溶解器用的 0Cr25Ni50Mo6Cu1Ti1Fe(BMI-HAPO-20)等系列合金。

## 5.8  铝及铝基耐蚀合金

铝合金由于具有高比强度、塑性及导电性,并具有良好的耐蚀性能,因此多用于航天和航空工业。铝材在民用、建筑业方面也得到了广泛的应用。

### 5.8.1  纯铝的耐蚀性

纯铝具有优良的导热及导电性能,强度较低($\sigma_b$ 为 88~120MPa),塑性很好,是应用最广的轻金属之一。

铝的平衡电极电位较负,$E^\ominus_{Al/Al^{3+}} = -1.663V$,但其自钝性仅次于钛。铝通常处于钝态,它在水、大部分的中性溶液及大气中都具有足够的稳定性。例如,在中性的 NaCl 溶液中,铝的电位为 $-0.5$~$-0.7V$,比铝平衡电极电位高约 1V。

铝合金有两性特征,它即能溶解在非氧化性的强酸中,又能溶解于碱中。铝在酸中腐蚀生成 $Al^{3+}$ 离子,在碱性溶液中生成 $AlO_2^-$ 离子。

铝耐硫和硫化物腐蚀,在通有 $SO_2$、$H_2S$ 和空气的蒸馏水中,铝的腐蚀速度比铁和铜小得多。

氯化物和其他卤化物能破坏铝的保护膜。

铝的电位非常负,与正电性金属接触发生电偶腐蚀,最危险的是铝与铜及铜合金接触。

铝在中性溶液中的腐蚀基本上是氧去极化的阴极过程,随着铝中含析氢过电位低的贵金属组元的增加,氢去极化作用增强。

铝的耐蚀性基本上取决于在给定环境中铝表面膜的稳定性。如在干燥大气中,表面生成 15~20nm 的非晶态氧化膜,此膜与基体结合牢,成为 Al 不受腐蚀的"屏障";在潮湿大气中能生成 $Al_2O_3 \cdot nH_2O$ 氧化膜,膜的厚度随温度、空气湿度的增加而增加,其保护性降低。

### 5.8.2  铝基耐蚀合金

一般来说纯铝比铝合金耐蚀,单相组织的合金比多相合金更耐蚀。铝合金的耐蚀性与合金中各相的电极电位有很大关系,一般基体相为阴极相,第二相为阳极相时,合金有较高的耐蚀性。铝合金的耐蚀性能与合金元素有关,能强化铝的耐蚀性能的合金元素有 Cu、Mg、Zn、Mn、Si 等,其中以 Cu 的强化效果为最大,但其降低铝合金的耐蚀性能也最严重,Si 对 Al 的耐蚀性损害不大,Zn 影响较小,Mg 和 Mn 对 Al 的耐蚀性是无害的,因此耐蚀铝合金主要用 Mg、Mn 来合金化。铝合金耐应力腐蚀性能与力学因素有关,对应力腐蚀断裂最敏感的加载方向是短横向,其次是长横向,而沿纵向加载的耐应力腐蚀能力较强。耐蚀铝合金主要有:Al-Mn、Al-Mg,Al-Mn-Mg、Al-Mg-Si 及 Al-Mg-Li-Zr-Be 系合金等。

Al-Mn、Al-Mg 系合金耐蚀性好,但 Al-Mg 系合金中 Mg 的质量分数大于 3% 时,有晶间腐蚀,剥蚀和应力腐蚀倾向,当 Mg 的质量分数大于 6% 时,耐蚀性进一步下降。

Al-Cu-Mg、Al-Cu-Mg-Li、Al-Zn-Mg 及 Al-Mg-Si 系合金除有不同程度的晶间腐蚀倾向外,还有应力腐蚀倾向。

Al-Li-Mg-Zr-Be 系合金的典型代表是 01420 合金。它是前苏联 20 世纪 60 年代研制的中强超轻合金,除具有优良的焊接性能外,与 Al-Li-Mn、Al-Li-Zr 系合金相比,还具有优良的抗腐蚀性能。

A　铝合金的点蚀

点蚀是铝合金最常出现的腐蚀形态之一。在大气、淡水、海水和其他一些中性水溶液中都会发生点蚀。如 2000,7000,6000 系列合金在大气中产生点蚀并不严重,而在水中点蚀是相当严重,甚至导致穿孔。

一般引起铝合金点蚀的条件是:

(1)水中含有能抑制全面腐蚀的离子如 $SO_4^{2-}$、$SiO_3^{2-}$ 或 $PO_4^{3-}$ 等;

(2)水中含有能破坏钝化膜的离子,如 $Cl^-$ 及其他卤素离子;

(3)水中含有能促进阴极反应的氧化剂,如 $Cu^{2+}$ 离子等。

为防止铝及铝合金的点蚀,应尽可能控制环境中的氧化剂,去除溶解氧、氧化性离子或 $Cl^-$;使用耐点蚀好的 Al-Mn、Al-Mg 系合金;采用包复纯 Al 或 Al-Mg 合金层的措施。

B　铝合金的晶间腐蚀

能产生晶间腐蚀的铝合金主要有:Al-Cu、Al-Cu-Mg,Al-Zn-Mg 系合金及 Mg 质量分数大于 3% 的 Al-Mg 合金。引起合金晶间腐蚀的主要原因是不适当的热处理。Al-Cu、Al-Cu-Mg 系合金热处理后,在晶界上连续析出富 Cu 的 $CuAl_2$ 阴极相,晶界上产生贫 Cu 区,$CuAl_2$ 与晶界贫 Cu 区组成腐蚀电池,引起晶间腐蚀。Al-Zn-Mg 及 Mg 质量分数大于 3% 的 Al-Mg 合金,由于晶界析出阳极相 $MgZn_2$ 或 $Mg_5Al_8$,在腐蚀介质中,析出相溶解,造成晶间腐蚀。

一般通过适当热处理消除晶界上有害的析出相,或采用包镀等方法来防止晶间腐蚀。

C　铝合金的应力腐蚀

在航空、航天、化工、造船等工业使用的铝合金都曾存在应力腐蚀断裂问题。纯 Al 及低强度铝合金一般无应力腐蚀倾向。易产生应力腐蚀敏感的主要是高强铝合金,如 Al-Cu、Al-Cu-Mg(2000 系列)及 Mg 质量分数大于 5% 的 Al-Mg 合金,含过多 Si 的 Al-Si-Mn(6000 系列)、Al-Zn-Mg(7000 系列)、Al-Mg-Mn(5000 系列)及 Al-Mg-Zn-Cu(7000 系列)等强度较高的铝合金。

铝合金的应力腐蚀断裂属于晶间型断裂,这一特征表明铝合金的应力腐蚀断裂与晶间腐蚀有关。

铝合金在大气中,尤其是在海洋大气和海水中常发现应力腐蚀断裂。在不含 $Cl^-$ 的高温水和蒸汽中也会发生应力腐蚀断裂。

合金成分对铝合金应力腐蚀的影响比较复杂。三元或三元以上的铝合金耐应力腐蚀能力不仅与合金元素添加量有关,而且也同它们的比值有关。如 Al-Mg-Zn 合金中加入一定量的 Cu 时,对合金的应力腐蚀性能影响不同,如图 5-26。这主要是由合金中 Zn、Mg 含量来确定的,例如,Al-6Zn-2Mg 合金中加入质量分数为 1 的 Cu 时合金的抗应力腐蚀性能最佳,而当 Al-4Zn-1.5Mg 合金中加入 Cu 时,随着 Cu 含量增加合金抗应力腐蚀性能降低,合金中 Zn/Mg 比值对应力腐蚀性能也有较大的影响。

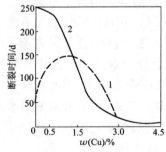

图 5-26　铝-锌-镁-铜合金中铜含量对抗应力腐蚀性能的影响(拉应力试样全浸在 $w(NaCl)$ $=3\% + w(H_2O_2)=0.1\%$ 的溶液中,30℃)

1—6Zn+2Mg;2—4Zn+1.5Mg

电位对应力腐蚀的影响,只有中性介质中明显。在中性溶液中,阴极极化可以抑制应力腐蚀,阳极极化则增大裂纹扩展速度,在强碱性溶液中,电位的变化对应力腐蚀影响不大。

防止或消除铝合金应力腐蚀断裂的主要措施是:进行适宜的热处理,采取合金化方式,如高强度 Al 合金中加入微量 Mo、Zr、V、Cr、Mn 等可不同程度的改善应力腐蚀性能,有人指出,Al-Mg 铝合金中加入质量分数为 0.3% 的 Bi 效果更好;消除残余应力、采取包镀技术及包铝;电化学保护等措施。

D 铝合金的剥层腐蚀

铝合金的剥层腐蚀(剥蚀)是形变铝合金一种特殊腐蚀形式,像云母似一层一层地剥离下来。容易产生剥层腐蚀的金属有:Al-Cu-Mg、Al-Mg 系,Al-Mg-Si 和 Al-Zn-Mg 系合金。剥蚀多见于挤压材,挤压材表面发生再结晶的一层不受腐蚀,而在此层之下的金属易发生剥层腐蚀。认为它是由沿加工方向伸长了 Al-Fe-Mn 系化合物引起的腐蚀,与晶界腐蚀无关。

采用牺牲阳极的阴极保护可防止铝合金剥层腐蚀。

## 5.9 钛及钛基耐蚀合金

钛及其耐蚀合金主要特点是高比强,高耐蚀性能。一般多用于航天、航空、导弹、火箭及核反应堆工程等尖端领域以及用作医用人体植入材料。近年来在化工、石油等民用工业中也得到广泛的应用。

### 5.9.1 钛的耐蚀性

#### 5.9.1.1 钛的电化学性质

钛是热力学上很活泼的金属,其平衡电极电位为 -1.630V。但在许多介质中,钛极耐蚀,这是由于它具有很强的自钝性。例如,在 25℃海水中,其自腐电位约为 +0.09V,比 Cu 在同一介质中的自腐蚀电位还高。钛的钝化膜具有非常好的自愈能力。钛在水溶液中的再钝化过程不到 0.1s。在 0.05mol/L 的 $H_2SO_4$ 中一天可形成 13nm 厚的膜,10 天可达 33nm。一般说,表面膜越厚,耐蚀性愈好,Ti 不仅可在含氧的溶液中保持稳定的钝性,而且在含有 $Cl^-$ 的溶液中也保持钝性。

#### 5.9.1.2 钛在氧化性和中性介质中的耐蚀性

钛在沸点以下各浓度的 $HNO_3$ 中均具有优异的耐蚀性,钛在不同浓度的沸腾的 $HNO_3$ 中的腐蚀率如图 5-27 所示。钛在 $HNO_3$ 中的腐蚀产物 $Ti^{4+}$ 作为氧化剂,具有缓蚀作用。在发烟的 $HNO_3$ 中,当 $NO_2$ 含量较高(质量分数大于 2%)、含水量不足时,钛与发烟 $HNO_3$ 会由于剧烈反应放热而引起爆炸。Ti 一般不用于的质量分数为 80% 以上的高温 $HNO_3$ 中。

钛在质量分数为 10% ~ 98% 的 $H_2SO_4$ 中不耐蚀,只能用于室温、质量分数为 5% 的溶氧 $H_2SO_4$ 中,当 $H_2SO_4$ 中存在少量的氧化剂和重金属离子(如 $Fe^{3+}$、$Ti^{4+}$、铬酸根等)时能显著提高钛的耐蚀性。

钛在 HCl 中具有中等的耐蚀性。一般认为工业纯钛可用于室温、质量分数为 7.5%,60℃、质量分数为 3%,100℃、质量分数为 0.5% 的 HCl 中。

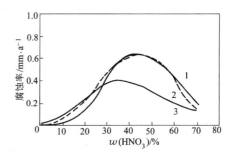

图 5-27 工业纯钛和钛合金在沸腾硝酸中的腐蚀率(24h×20)
1—Ti-0.2Pd;2—工业纯钛;
3—Ti-0.3Mo-0.8Ni

HCl 中含有氯气、$HNO_3$、铬酸盐、$Fe^{3+}$、$Cu^{2+}$、$Ti^{4+}$ 及少量贵金属离子以及空气等都能促进 Ti 在 HCl 中的钝化，因此扩大了钛在 HCl 中的应用范围。

钛可用于 35℃、质量分数为 30%，60℃、质量分数为 10%，100℃、质量分数为 3% 以下的 $H_3PO_4$ 中。若介质中含有 $Fe^{3+}$、$Hg^{2+}$ 以及 $HNO_3$ 等氧化剂，可提高钛在 $H_3PO_4$ 中的耐蚀性。

钛在无机酸中的腐蚀率列于表 5-14。

表 5-14　钛在无机酸中的腐蚀率

| 介　质 | 浓度(质量分数)/% | 温度/℃ | 腐蚀率/mm·a$^{-1}$ | 介　质 | 浓度(质量分数)/% | 温度/℃ | 腐蚀率/mm·a$^{-1}$ |
|---|---|---|---|---|---|---|---|
| $HNO_3$ | 5 | 35 | 0.002 | $H_2SO_4$(自然通气) | 1 | 室温 | 0.0025 |
| | | 100 | 0.015 | | | 60 | 0.008 |
| | 10 | 35 | 0.004 | | | 沸腾 | 9 |
| | | 60 | 0.012 | | 2 | 60 | 0.008 |
| | | 100 | 0.023 | | 3 | 室温 | 0.005 |
| | 20 | 35 | 0.0045 | | | 60 | 0.013 |
| | | 60 | 0.017 | | 4 | 60 | 1.7 |
| | | 100 | 0.0038 | | 5 | 室温 | 0.0025~0.2 |
| | | 290 | 0.36 | | | 60 | 4.8 |
| $H_2SO_4$(氯饱和) | 62 | 室温 | 0.0015 | $HCl+HNO_3$(王水) | 1:3 | 室温 | 0 |
| | 10 | 190 | 0.05 | | | 80 | 0.86 |
| | 20 | 190 | 0.33 | $HCl$(氯饱和) | 3 | 190 | 0.025 |
| $HCl$(通空气) | 0.5 | 35 | 0.001 | | 5 | 190 | 0.025 |
| | | 100 | 0.009 | | 10 | 190 | 28.4 |
| | 1 | 35 | 0.003 | $HCl$36% + $Cl^-$200×10$^{-6}$ | | 室温 | 0.43 |
| | | 60 | 0.004 | $H_3PO_4$ | 1 | 100 | 0.003 |
| | | 100 | 0.46 | | | 沸腾 | 0.25 |
| | 2 | 60 | 0.016 | | 2 | 100 | 0 |
| | | 100 | 6.9 | | | 沸腾 | 0.86 |
| | 5 | 35 | 0.09 | | 3 | 100 | 0.99 |
| | | 60 | 1.07 | | 5 | 35 | 0.0033 |
| | 7.5 | 35 | 0.28 | | | 60 | 0.06 |
| | 10 | 35 | 1.07 | | | 100 | 2.36 |
| | | 60 | 0.8 | | | 沸腾 | 3.5 |
| | 15 | 35 | 2.4 | | 10 | 35 | 0.005 |
| | 20 | 35 | 4.4 | | | 60 | 0.09 |
| | 37 | 35 | 15 | | | 100 | 5.00 |
| $HCl$(通氯气) | 1 | 35 | 0.003 | | 20 | 35 | 0.015 |
| | | 沸腾 | 0.0025~2.0 | | | 60 | 0.33 |
| | 3 | 35 | 0.13 | | | 100 | 17.4 |

注：表中介质百分数为质量分数。

钛对绝大多数碱液耐蚀。钛在室温下各种浓度的氢氧化钡、氢氧化钙、氢氧化镁、氢氧化钠和氢氧化钾溶液中完全耐蚀。但不能用于沸腾的氢氧化钠和氢氧化钾溶液中。钛在碱溶液中的腐蚀率列于表 5-15 中。

表 5-15　钛在碱溶液中的腐蚀率

| 介　质 | 浓度(质量分数)/% | 温度/℃ | 腐蚀率/mm·a⁻¹ | 介　质 | 浓度(质量分数)/% | 温度/℃ | 腐蚀率/mm·a⁻¹ |
|---|---|---|---|---|---|---|---|
| $NH_4OH$ | 28 | 室温 | 0.0025 | NaOH | 28 | 室温 | 0.0025 |
| $Ba(OH)_2$ | 饱和 | 室温 | 0 | | 40 | 80 | 0.13 |
| $Ca(OH)_2$ | 饱和 | 室温 | 0 | | 50 | 38~57 | 0.00025~0.013 |
| $Mg(OH)_2$ | 饱和 | 室温 | 0 | | 50 | 60 | 0.013 |
| KOH | 10 | 沸腾 | 0 | | 73 | 130 | 0.18 |
| | 25 | 沸腾 | 0.13 | | 50~73 | 190 | 1.09 |
| | 50 | 沸腾 | 0 | | 饱和 | 室温 | 0 |
| | 50 | 室温 | 0.010 | NaOH10%+NaCl15% | | 82 | 0 |
| KOH13%+KCl13% | | 沸腾 | 2.7 | NaOH50%+游离氯 | | 88 | 0.023 |
| | | 29 | 0 | NaOH60%+NaClO2%+微量氮 | | 129 | 0 |
| NaOH | 10 | 沸腾 | 0.02 | | | | |

注：表中介质百分数为质量分数。

钛在大多数无机盐中都很耐蚀,钛在无机盐溶液中的腐蚀率列于表 5-16 中。

表 5-16　钛在无机盐溶液中的腐蚀率

| 介　质 | 浓度(质量分数)/% | 温度/℃ | 腐蚀率/mm·a⁻¹ | 介　质 | 浓度(质量分数)/% | 温度/℃ | 腐蚀率/mm·a⁻¹ |
|---|---|---|---|---|---|---|---|
| 硝酸铝 | 饱和 | 室温 | 0.015 | 碳酸钙 | 饱和 | 沸腾 | 0 |
| 硫酸铝 | 6.5 | 71 | 0.005 | 次氯酸钙 | 6 | 100 | 0.0013 |
| | 饱和 | 室温 | 0 | 硫酸钙 | 饱和 | 60 | 0 |
| 硝酸氢铵 | 50 | 100 | 0 | 硝酸钼 | 饱和 | 室温 | 0 |
| 碳酸铵 | 50 | 沸腾 | 0 | 硫酸钼 | 50 | 沸腾 | 0 |
| 氯酸铵 | 30 | 50 | 0.0025 | 氰化铜 | 饱和 | 室温 | 0 |
| 硝酸铵 | 28 | 沸腾 | 0 | 硫酸铁 | 10 | 室温 | 0 |
| 高氯酸铵 | 20 | 85 | 0 | 硫酸亚铁 | 饱和 | 室温 | 0 |
| 磷酸铵 | 10 | 室温 | 0 | 硫酸镁 | 饱和 | 室温 | 0 |
| 硫酸铵 | 10 | 100 | 0 | 氰化汞 | 饱和 | 室温 | 0 |
| | 10 | 沸腾 | 0 | 硝酸镍 | 50 | 室温 | 0 |
| 碳酸钡 | 饱和 | 室温 | 0 | 氨基碘酸镍 | 50 | 沸腾 | <0.012 |
| 硝酸钡 | 10 | 室温 | 0 | 溴化钾 | 饱和 | 室温 | 0 |
| 重铬酸钾 | 饱和 | 室温 | 0 | 氯化钠 | 饱和 | 室温 | 0 |
| 铁氰化钾 | 饱和 | 室温 | 0 | 重铬酸钠 | 饱和 | 室温 | 0 |
| 碘化钾 | 饱和 | 室温 | 0 | 硝酸钠 | 饱和 | 室温 | 0 |
| 高锰酸钾 | 饱和 | 室温 | 0 | 亚硝酸钠 | 饱和 | 室温 | 0 |
| 硫酸钾 | 10 | 室温 | 0 | 磷酸钠 | 饱和 | 室温 | 0 |
| 硝酸银 | 50 | 室温 | 0 | 硅酸钠 | 25 | 沸腾 | 0 |
| 硫酸氢钠 | 10 | 65 | 1.82 | 硫酸钠 | 20 | 沸腾 | 0 |
| | 10 | 沸腾 | 20.3 | 硫化钠 | 10 | 沸腾 | 0.025 |
| 亚硫酸氢钠 | 25 | 沸腾 | 0 | 亚硫酸钠 | 饱和 | 沸腾 | 0 |
| 碳酸钠 | 25 | 沸腾 | 0 | 硫酸锌 | 饱和 | 室温 | 0 |
| 氯酸钠 | 饱和 | 室温 | 0 | | | | |

钛在自来水、河水中,即使温度高达 300℃ 也具有优异的耐蚀性;在 120℃ 的海水中,也有很高的耐蚀性。

钛对所有的有机酸均具有优异的耐蚀性。

钛在干氯气中能发生剧烈反应生成 $TiCl_4$,并有着火危险。但在湿氯中具有很好的耐蚀性。一般认为,钛钝化所需最低含水量为 $0.01\% \sim 0.05\%$。

不难看出,钛是化学工业中很有前途的耐蚀材料。

#### 5.9.1.3 钛的局部腐蚀

与不锈钢、镍基合金、铜合金和铝合金等相比,工业钝钛具有较高的抗局部腐蚀性能。抗点蚀性能极佳,对晶间腐蚀、应力腐蚀、腐蚀疲劳等均不敏感,仅在极个别的介质中才可能发生。但 Ti 和其他钝化金属一样较易产生缝隙腐蚀,在极少数情况下,也能发生选择腐蚀和接触腐蚀。

(1)点腐蚀。氯化物溶液是使不锈钢产生点蚀的主要介质,而 Ti 在氯化物介质中的点蚀电位都很高,如表 5-17 所示。钛抗点蚀性能比不锈钢好得多,一般在温度低于 80℃ 时不会产生点蚀。

表 5-17　钝钛的点蚀电位

| 介　质 | 浓度/<br>mol·L$^{-1}$ | 温度/<br>℃ | 点蚀电位/<br>V(SCE) | 介　质 | 浓度/<br>mol·L$^{-1}$ | 温度/<br>℃ | 点蚀电位/<br>V(SCE) |
|---|---|---|---|---|---|---|---|
| 氯化钠 | 0.5 | 30 | 9~10.5 | 溴化钾 | 1.0 | 室温 | 0.91 |
| 氯化钾 | 0.1 | 室温 | 9.0 | | 3 | 25 | 1~1.25① |
| | 1.0 | 室温 | 7.2 | | 0.6 | 29 | 0.9 |
| 盐酸 | 1.0 | 室温 | 8.7 | 氢溴酸 | 0.6 | 25 | 0.9 |
| | 5 | 室温 | 9.0 | 磷化钾 | 1.0 | 室温 | 1.78 |
| 氯化钠 | 1~4 | 25 | 10~15① | | 3 | 25 | 2① |
| | 1.0 | 25 | 9 | | 0.6 | 25 | 1.8 |
| 氯化钾 | 0.6 | 25 | 9 | 氢碘酸 | 0.6 | 25 | 1.6 |

① 为初始电位,其他为稳态或点蚀停止电位。

(2)缝隙腐蚀。钛抗缝隙腐蚀能力比不锈钢、镍等都好,钛对缝隙腐蚀的敏感性随氯化物溶液的温度、浓度的增加而提高。一般认为,在温度低于 120℃ 的氯化物溶液中很难产生缝隙腐蚀,溶液中 pH 值越高,钛的缝隙腐蚀的孕育期就越长,pH＞13.2 时,钛一般不产生缝隙腐蚀。

(3)焊区腐蚀。焊区腐蚀是钛及钛合金一种重要的腐蚀形式。研究表明,杂质铁和铬在焊区分布的变化是引起焊区腐蚀的主要原因。在氯化氢气体、高温柠檬酸溶液和含硼氟酸根的镀 Cr 溶液中,均发现钛焊区腐蚀。其原因是钛中 TiFe 相以及焊缝中偏析的 β 相在某些介质中优先被腐蚀。为使焊区不产生 TiFe 及 β 相,应将 β 及 TiFe 相的形成元素 Fe、Cr、Ni 的总质量分数控制在 0.05% 以下。

#### 5.9.2 钛基耐蚀合金

钛合金的种类很多,但耐蚀钛合金品种不多,商品化的更少。研制耐蚀钛合金,目的在于改进工业纯钛在还原性介质中的耐蚀性及提高抗缝隙等局部腐蚀能力。钛合金作为耐蚀结构材料始于 20 世纪 50 年代,美、日及前苏联等国对耐蚀钛合金方面的研究较多。我国从 20 世纪 70 年代以来开展了耐蚀 Ti 合金的研究。现已有 Ti-32Mo、Ti-15Mo-0.2Pd、Ti-0.2Pd、Ti-0.3Mo-0.8Ni 等耐蚀钛合金应用到生产中。

钛合金一般按室温组织分为 α 型,α+β 型及 β 型。耐蚀钛合金主要是 α 型和 β 型。

α 型 Ti 合金退火后的室温组织几乎全部是具有密排六方点阵的 α 相(单相组织)。这类合金焊接性能好,一般说 α 型钛合金对氢化物型氢脆比较敏感,α 和近 α 合金对应力腐蚀也较敏感。

β 型钛合金退火后的室温组织几乎全部为体心立方点阵的 β 型。β 型钛合金抗氢化物型氢脆敏感性低,对应力腐蚀开裂较敏感,另外,α+β 合金相对应力腐蚀开裂都敏感,表5-18 列出了钛及钛合金产生应力腐蚀破裂的环境,表 5-19 列出了按组织分类的耐蚀钛合金,表 5-20 列出了按合金系分类的耐蚀钛合金。

**表 5-18　钛合金产生应力腐蚀破裂的环境**

| 材　料 | 环　　　境 |
|---|---|
| 钛和钛合金 | $Cl^-$ 水溶液、固体氯化物(>290℃)、甲醇、发烟硝酸、盐酸、海水、硝酸、尿吡啶、三氯乙烯、有机酸、熔盐、与镉接触、液体 $N_2O_4$、四氯化碳、氢气、溴蒸气等。 |

**表 5-19　按组织分类的耐蚀钛合金**

| α 型 | β 型 | α+β 型 |
|---|---|---|
| Ti-0.2Pd | Ti-32Mo | $Ti_2Cu$ |
| Ti-2Ni | Ti-32Mo-2.5Nb | Ti-15Mo |
| Ti-5Ta | Ti-15Mo-5Zr | |
| Ti-0.3Mo-0.8Ni | Ti-15Mo-0.2Pd | |
| Ti(2.7~3.3)Ni-(0.9~1.1)Mo | Ti-11.5Mo-6Zr-4.5Sn | |
| | Ti-11.5Mo-6Zr-4.5Sn | |
| Ti-6Al-2Nb-1Ta-0.8Mo | Ti-4Mo-1Nb-1Zr | |

**表 5-20　按合金分类的耐蚀钛合金**

| 合金系 | 基本合金 | 其他成分合金 |
|---|---|---|
| 钛钯合金 | Ti-0.2Pd | Ti-0.3Pd,Ti-0.15Pd |
| 钛钼合金 | Ti-32Mo | Ti-15Mo,Ti-(30~40)Mo |
| 钛钽合金 | Ti-5Ta | Ti-20Ta |
| 钛镍合金 | Ti-2Ni | Ti-1.5Ni |
| 钛铜合金 | Ti-2Cu | Ti-1.5Cu,Ti-5.0Cu |
| 钛钼锆合金 | Ti-15Mo-5Zr | Ti-32Mo-2Zr |
| 钛钼钯合金 | Ti-15Mo-0.2Pd | Ti-(15~20)Mo-0.2Pd,Ti-32Mo-0.2Pd |
| 钛钼镍合金 | Ti-0.3Mo-0.8Ni | Ti-(2.7~3.3)Ni-(0.9~1.1)Mo,Ti-3Ni-0.3Mo |
| | | Ti-(0.1~0.8)Mo-(0.5~2.0)Ni |
| 钛钼铌(钒)合金 | Ti-32Mo-2.5Nb | Ti-(20~25)Mo-20Nb |
| | | Ti-25Mo-15V |
| | | Ti-27Mo-17V |
| 钛钼铌锆合金 | Ti-28Mo-7Nb-7Zr | Ti-4Mo-1Nb-Zr |

A 钛钯合金

常用的 Ti-Pd 合金一般 $w(Pd)=0.15\%\sim0.2\%$。Ti-Pd 合金在高温高浓度氯化物溶液中非常耐蚀,不产生缝隙腐蚀,也不容易产生氢脆,Ti-Pd 合金即耐氧化性酸腐蚀,也耐中等还原性酸的腐蚀,但不耐强还原酸腐蚀。Pd 是析氢过电位低的贵金属元素,少量钯($w(Pd)=0.1\%\sim0.5\%$)加入钛中能促进阳极极化。研究表明,Ti-Pd 合金在酸溶液中 Pd 是以 $Ti_2Pd$ 相溶解,然后 Pd 离子再析出沉积在合金表面上而耐蚀。

Ti-Pd 合金在沸腾的质量分数为 5% 的 $H_2SO_4$ 溶液中约比工业纯钛的耐蚀性提高 500 倍,在沸腾的质量分数为 5% 的 HCl 中提高 1500 倍。Ti-Pd 合金在国外是使用最多的耐蚀钛合金,由于钯比较稀贵,在我国尚未广泛使用。

B 钛钼镍合金

Ti-0.3Mo-0.8Ni 合金是美国 20 世纪 70 年代研制的耐蚀钛合金,称之为 Ti-code12 合金。在纯 Ti 易发生缝隙腐蚀的环境中,国外大量使用 Ti-code12 合金。典型设备包括生产氯化锌的换热器,生产溴的脱膜机以及处理稀 HCl 蒸气的换热器。Ti-0.3Mo-0.80Ni 对高温低 pH 的氯化物溶液和弱还原性酸具有与 Ti-0.2Pd 相近的良好抗缝隙腐蚀性能,因此我国用来取代 Ti-0.2Pd 合金。在中性盐水中可用到 260℃,在 pH = 2 的酸性盐水中可用到 170℃。在 $H_2SO_4$、HCl 中 Ti-code12 合金耐全面腐蚀性能优于工业纯 Ti,但低于 Ti-Pd 合金,而在王水和 $HNO_3$ 中的耐蚀性优于 Ti-Pd 合金。在碱性溶液中,耐蚀性能与纯钛相当,接近 Ti-Pd 合金,Ti-code12 合金对氯化物、湿氯气、次氯酸盐和海水均具有优异的耐蚀性。

C 钛钼合金

钛钼合金有 Ti-15Mo 和 Ti-32Mo 两种类型。钛中加入足够量的 Mo 后,可以提高在 $H_2SO_4$、HCl 等还原性酸中的耐蚀性,Ti-32Mo 合金是目前在还原性介质中耐蚀性最好的 Ti 合金,可以在较高温度、中等浓度的 $H_2SO_4$、HCl 中使用。Mo 在含氯离子的介质中具有很高的钝化能力,因此 Ti-Mo 合金中 Mo 含量越高,它们在非氧化性介质中越稳定,该合金在热的浓非氧化性酸中仍具有高的稳定性。

## 5.10 镁及镁基耐蚀合金

镁是地壳中储藏量较多的金属之一,仅次于铝和铁,占第三位。

镁是比重最小的金属之一(比重为 $1.73g/cm^3$)。镁合金的主要特点是比强度、比刚度高,并具有高的抗震能力,是航空、航天、导弹、仪表、光学仪器及无线电业的重要结构材料之一,目前镁合金是最活性的保护屏材料。

### 5.10.1 镁的电化学特性及耐蚀性

镁的平衡电位非常负,$E^{\ominus}_{Mg/Mg^{2+}}=-2.36V$。其腐蚀电位依介质而异,一般在 $+0.5\sim-1.64V$ 之间。在自然环境中的腐蚀电位约为 $-1.3\sim-1.5V$,镁的电位虽然很负,但镁极易钝化,其钝化性能仅次于铝,由于其氧化膜比较疏松,所以镁合金耐蚀性能较差。

镁稳定的电位约为 $-1.45V$(0.5mol/L 的 NaCl 溶液中),故在各种 pH 值下都能发生析氢腐蚀。在酸性、中性或弱碱性溶液中,镁被腐蚀而生成 $Mg^{2+}$ 离子。镁在 pH 为 11~12 或以上的碱性区,由于生成稳定的 $Mg(OH)_2$ 膜而钝化,因而是耐蚀的。镁在含有 $F^-$ 的溶液中也比较稳定,这是因为在含有 $F^-$ 的溶液中能生成一层不溶的 $MgF_2$ 膜而耐蚀。镁在铬酸和铬酸盐中也较为稳定。

镁在大气条件下和中性溶液中的腐蚀过程略有不同,后者的腐蚀几乎是纯氢去极化的腐蚀过程,而前者,在薄的水膜情况下,阴极以氢去极化为主,但随金属表面上的水膜愈薄,或者空气中的相对湿度愈低,氧去极化的作用愈显著。

镁在高温空气条件下极易氧化,其氧化动力学曲线是直线规律,说明氧化镁在高温下无保护作用。

镁的另一个特点是具有较大的负差异效应。即在一些介质中,如质量分数为 3% 的 NaCl,质量分数为 3% 的 $MgCl_2$ 介质中,当镁同其他阴极性金属接触时,镁的局部电池作用得到加强,即镁的析氢腐蚀速度增大。镁的负差效应说明,当它接触阴极性金属或镁中含有阴极性组元时,会强烈加速腐蚀。如纯镁中即使含有极少量的析氢过电位低的金属(Fe、Ni、Co、Cu)时,将变得完全不耐蚀,如图 5-28 所示。

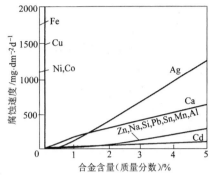

图 5-28　合金元素对镁在质量分数为
3% NaCl 溶液中腐蚀速度的影响

### 5.10.2　影响镁和镁合金耐蚀性的因素

镁和镁合金的耐蚀性与其纯度、杂质、合金元素种类以及热处理工艺有关。

**A　杂质对镁耐蚀性的影响**

镁中一般含 Fe、Ni、Al、Ca、K、Si 等杂质。其中氢过电位低的杂质如 Fe、Ni、Co、Cu 的存在,会强烈加速镁在氢去极化过程中的腐蚀(如图 5-28)。纯度为 99.9% 的工业纯镁在 0.5mol/L 的 NaCl 溶液中的腐蚀速率比纯度为 99.99% 的高纯镁大两个数量级。因此,为了提高镁的耐蚀性,一般限定镁中杂质含量,$w(Fe)$ 为 0.017%、$w(Cu)$ 为 0.1%、$w(Ni)$ 为 0.005% 等。

**B　热处理对镁合金耐蚀性的影响**

热处理对镁合金耐蚀性的影响主要是析出相的影响。凡是导致析出金属间化合物的热处理,通常都会降低镁合金的耐蚀性。例如,Mg-1.8Nd-4.53Ag-4.8Pb-3.83Y 固溶体型合金,固溶态比铸态具有较高的耐蚀性。但时效处理后,由于析出弥散的阴极相而使合金耐蚀性变得比铸态还低。经过固溶处理使第二相不能完全溶解的合金,如 Mg-5.39Sn-8.5Li-5.0La 合金,反而使第二相更加分散,其耐蚀性较铸态的耐蚀性低;如再进行时效处理,耐蚀性将进一步降低。

### 5.10.3　镁基合金耐蚀合金化原则

为获得耐蚀性高的镁合金,其合金化原则可归纳如下:

(1)加入同镁有包晶反应的合金元素:Mn、Zr、Ti。其加入量应不超过固溶极限。

(2)当必须选择同镁有共晶反应的合金元素,而且相图上同金属间化合物相毗邻的固溶体相区有着较宽的固溶范围时,例如,Mg-Zn,Mg-Al,Mg-In 及 Mg-Sn,Mg-Nd 等合金系,应偏重于选择:(a)具有最大固溶的第二组元金属,与固溶体相区毗邻的化合物以稳定性高者为好;(b)共晶点尽可能远离相图中镁一端。

(3)通过热处理提高耐蚀性。例如,通过热处理把金属间化合物溶入固体中,以减小活性阴极或易腐蚀的第二相的面积,从而减小合金的腐蚀活性(Mg-Al 合金例外)。

(4)制造高耐蚀合金时,宜选用高纯镁(杂质≯0.01%)。加入的合金元素也应尽可能少含杂质,而 Zr、Ta、Mn 则属于能减少有害杂质影响的合金元素。

### 5.10.4 镁合金的应力腐蚀及防止方法

#### 5.10.4.1 镁合金的应力腐蚀

镁合金的应力腐蚀断裂和其他合金一样,应力愈高,断裂时间愈短。一般认为镁合金应力腐蚀断裂是电化学-力学过程。就是说,电化学腐蚀加上应力的作用导致裂纹形核,裂纹的发展主要由力学因素引起,直至断裂。

焊后未消除应力的可变形 Mg-Al 系和 Mg-Zn 系合金易遭受应力腐蚀破裂,如 Mg-6.5Al-1Zn 合金。铸造合金很少产生应力腐蚀破裂。能使镁合金产生应力腐蚀破裂的环境是大气和水。当水中通入氧(空气)时,会加速镁合金的应力腐蚀,某些阴离子也会加速镁合金应力腐蚀(并不仅限于 $Cl^-$),实验确定镁合金在 0.1mol/L 的中性盐类溶液中的应力腐蚀破裂敏感性按下列顺序递减:

$$Na_2SO_4 > NaNO_3 > Na_2CO_3 > NaCl > CH_3COONa$$

镁合金中杂质 Fe 和 Cu 都增加合金的应力腐蚀敏感性。试验结果表明,合金元素铝是镁合金产生应力腐蚀破裂敏感性的最重要因素。例如,Mg-6Al-1Zn 合金 SCC 敏感性较 Mg-3Al-1Zn 合金高,而不含铝的镁合金在多数介质中都没有应力腐蚀破裂敏感性。

Mg-Al 合金中加入 Mn 或 Zn 可减小应力腐蚀破裂敏感性。

热处理影响镁合金应力腐蚀破裂敏感性。例如,冷轧的 Mg-6Al-1Zn-0.2Mn 合金在 80% $\sigma_s$ 应力下,在海滨大气中试验,仅 58 天就产生应力腐蚀破裂,而经 177℃ 退火后,超过 400 天仍不破裂。

热处理也可影响镁合金的应力腐蚀破裂途径,镁合金的应力腐蚀破裂一般是穿晶破裂。但经炉冷的合金,例如 Mg-6Al-1Zn 合金,容易产生晶间破裂,这可能与晶界析出 $Mg_{17}Al_{12}$ 相有关。而经固溶处理的合金产生穿晶破裂,认为与晶内析出 FeAl 相有关。

#### 5.10.4.2 防止镁合金应力腐蚀断裂的方法

防止镁合金应力腐蚀断裂的方法有以下几种:

(1)合理设计结构以减少应力。

(2)采用低温退火消除应力,例如 Mg-6.5Al-1Zn-0.2Mn 合金采用 125℃、8h 退火,可避免强度降低。

(3)选用耐应力腐蚀破裂的镁合金。如 Mg-Al 合金中加入 Mn 或 Zn 元素或者消除镁合金中的有害杂质 Fe、Cu 等元素都可有效地减少应力腐蚀敏感性;另外,采用无 Al 的 Mg 合金可完全消除应力腐蚀敏感性。

(4)采用阳极性金属做包镀层,例如用 Mg-Mn 合金做 Mg-Al-Zn 合金包镀层。

(5)采用有机涂料保护。

(6)对镁合金表面进行阳极氧化处理。

## 5.11 非晶态合金的耐蚀性

### 5.11.1 非晶态合金耐蚀性

#### 5.11.1.1 非晶态合金的概述

非晶态合金又名"金属玻璃"。采用化学镀、电镀和低温真空沉积的方法获得,20 世纪 60 年代才实现用熔融急冷法制取非晶态合金。非晶态合金具有非常优异的性能,首先,它以高强度与高韧性相结合的力学性能而著称;此外,它有着优越的软磁性、强磁性,以及优良的耐蚀性。

非晶态合金当前最大的问题是稳定性差,受热会发生某种程度上的结晶化。常温下随着时间推移,其性质也会逐渐发生变化,最终将丧失各种优异性能。

合金元素对非晶态结构稳定性有影响。例如 $FeP_{13}C_7$ 系非晶态合金中,加入比铁原子序数小的 V、Cr 等过渡族金属元素都能提高结晶化温度,有助于稳定非晶态结构。

非晶态合金与晶态合金相比,由于具有特殊的结构,因此显示出与晶态合金不同的特殊腐蚀行为。例如它具有极高的活性以至于足以促进钝化的产生,既具有高的活性又具有高的钝化能力,及极高的抗氯离子点蚀能力。

##### 5.11.1.2　非晶态耐蚀合金分类

从腐蚀特点出发,非晶态合金分为金属-金属系、金属-类金属系两大类。

(1)金属-金属系非晶态合金　它的耐蚀性主要决定于合金中的各组元的耐蚀程度以及各组元的浓度比。通常这类合金的耐蚀性低于其中耐蚀性最好的组元在纯金属状态下的耐蚀性,且合金的耐蚀性随抗蚀性好的组元的浓度增加而增加。

(2)金属-类金属系非晶态合金　这类非晶态合金的耐蚀性不仅受基体金属活性的影响,而且还极大地受添加金属元素和类金属元素的种类和数量的影响。但不是与组元本身耐蚀性的大小成正比,相反活性越高的非晶态合金,通过调整添加金属元素和类金属元素提高其耐蚀性的可能性越大。例如,铁-类金属、镍-类金属、钴-类金属非晶态合金中,以铁-类金属的基体活性为最高,通过添金属元素(Cr、Mo)和类金属元素(P、C)能较大幅度地改善其耐蚀性。目前具有高耐蚀能力的非晶态合金 $Fe_{45}Cr_{25}Mo_{10}P_{13}C_7$ 就是铁-类金属系非晶态合金,它在盐酸中的耐蚀性仅次于贵金属钽。铁-类金属非晶态合金的优异耐蚀性能引起了研究者的极大兴趣。本节主要介绍第二、三添加金属元素、类金属元素对金属-类金属非晶态合金腐蚀性能的影响及耐蚀机理。

#### 5.11.2　合金元素对金属-类金属非晶态合金腐蚀性能的影响

5.11.2.1　添加元素对铁-磷-碳类金属非晶态合金的腐蚀性能的影响

A　第二添加金属元素对 Fe-P-C 非晶态合金腐蚀性能的影响

一般不含第二添加金属的铁-类合金的腐蚀速度比晶态铁高。然而,几乎添加所有第二金属元素,除 Mn 外,如 Cr、Co、Ni、Pd、Ti、Ta、V、Zr、W、Mo 等都降低了 $FeP_{13}C_7$ 非晶态合金的腐蚀速度。

图 5-29 示出了 $FeMe_xP_{13}C_7$ 合金在 $w(NaCl)=3\%$、$c(H_2SO_4)=0.05mol/L$ 溶液中的腐蚀速度与第二添加元素的关系。由图看出,金属元素 Cr、Ti、Zr、Mo 等对 $FeMe_xP_{13}C_7$ 合金抗腐蚀性能的提高最显著。

而合金元素 Cr 是改善非晶态 Fe-P-C 合金抗蚀性能最有效的第二添加元素之一,图 5-30 示出了不同含 Cr 量对 Fe-P-C 非晶态合金阳极行为的影响。由图看出,随含 Cr 量增加,阳极电流密度急剧降低,钝化区显著增加。当 $x(Cr)$ 达到 10% 时,阳极电流非常小,说明金属元素 Cr 是促进 Fe-P-C 非晶态合金钝化最有效的元素。

B　第三添加金属元素对 Fe-Cr-P-C 非晶态合金腐蚀性能的影响

为了更好地改善 Fe-Cr-P-C 合金的耐蚀性,通常还要添加第三金属元素 Me(Mo、Ti、Mn、Nb 等)。实际上,第二、第三添加金属元素对腐蚀性能的影响是一种复合作用的效

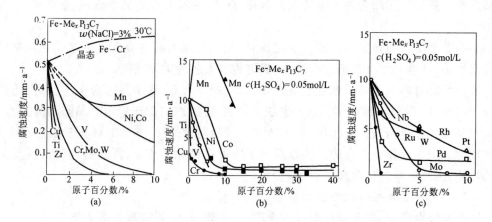

图 5-29　Fe-Me$_x$P$_{13}$C$_7$ 非晶态合金腐蚀速度与第二添加元素含量的关系

果。

图 5-31 及图 5-32 示出了各种第三添加金属元素对 Fe$_{75}$Cr$_3$Me$_2$P$_{13}$C$_7$ 非晶态合金腐蚀速度及阳极极化行为的影响。

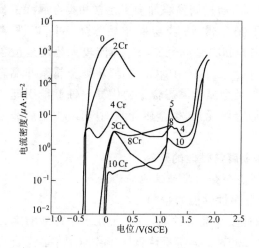

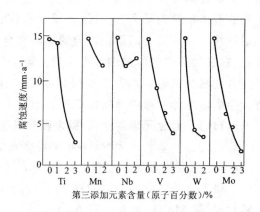

图 5-30　Fe$_{80-x}$Cr$_x$P$_{13}$C$_7$ 非晶态合金在
1mol/L 的 NaCl 中的阳极极化曲线
（曲线上的数字表示铬含量的原子百分数）

图 5-31　第三添加金属元素对
Fe$_{75}$Cr$_3$Me$_2$P$_{13}$C$_7$ 非晶态合金
腐蚀速度的影响（1mol/L 的 HCl 中，30℃，1h）

由图看出，在低 Cr 的 Fe$_{75}$Cr$_3$Me$_2$P$_{13}$C$_7$ 非晶态合金中，分别加入原子分数为 2% 的 Ti、V、Mo、W、Y 等元素都能显著地减少合金的腐蚀速度（图 5-31），并能使合金发生钝化，且具有极宽的钝化区（见图 5-32）。

大量实验研究表明，足够量的 Cr、Mo 复合加入到 FeCr$_x$Mo$_y$P$_{13}$C$_7$ 非晶态合金中，能使非晶态合金在 80℃ 的高浓度 HCl 中自发钝化。尤其是 Fe$_{45}$Cr$_{25}$Mo$_{10}$P$_{13}$C$_7$ 非晶态合金能在室温、12mol/L 的 HCl 中产生自发钝化，其在 HCl 中的抗蚀性仅次于贵金属 Ta，如图 5-33 所示。

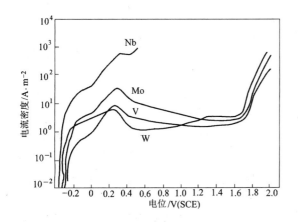

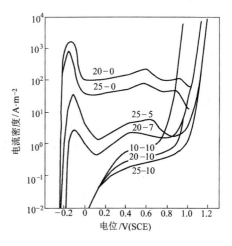

图 5-32　第三添加金属元素对
Fe₇₅Cr₃M₂P₁₃C₇ 非晶态合金阳极极
化曲线的影响(Nb 为不添加第三金属元素)

图 5-33　在室温,12mol/L 的 HCl 中,$FeCr_x$
$Mo_yP_{13}C_7$ 非晶态合金的阳极极化曲线
（曲线上的数字代表铬、钼含量的原子百分数）

C　类金属元素对非铁、铬-类金属晶态合金抗蚀性的影响

为了说明类金属元素对铁、铬-类金属非晶态合金腐蚀行为的影响,只选择了固定的类金属元素 P 和 C。实际上,类金属元素对非晶态合金耐蚀性的影响在某种程度上比金属元素的影响更大。研究还发现,金属元素和类金属元素对非晶态合金腐蚀性能的影响存在着交互作用。例如,只含单一元素 P 和 Cr 的铁-类金属非晶态合金都是很难自发钝化的。只有当 Cr 和 P 同时存在于铁-类金属非晶态合金时,合金才能显示出极高的耐蚀性。

图 5-34 总结了含不同类金属元素的铁、铬-类金属非晶态合金在质量分数为 3% 的 NaCl 水溶液中的腐蚀速度与 Cr 含量的关系。由图看出,主类金属为 P 的铁、铬-类金属非晶态合金的腐蚀速度总是比主类金属为 B 的低,当主类金属为 P 时,Cr 对该系非晶态合金的腐蚀速度的降低最为显著。这说明,P 在铁、铬-类金属非晶态合金中促进了 Cr 对合金抗蚀性增加。

除了类金属的种类影响铁-类金属非晶态合金的腐蚀性能外,类金属的含量也影响其腐蚀性能。如图5-35示出了 $FeCr_{10}Mo_5P_xC_y$ 非晶态合金在 6mol/L 的盐酸中,室温下的阳极极化曲线与类金属元素 P、C 含量的关系。由图可知,随着类金属元素 P、C 总量的增加,合金的自发钝化倾向也增加,而活化区和钝化区的电流密度减小。当类金属的总量较低((P + C) = 19% 原子百分数)时,随着 P/C 比的增加,腐蚀电位负移,反之,当类金属总量较高时,即(P + C) = 22% (原子百分数),随着 P/C 比增加,腐蚀电位正移,阳极电流密度减小。

综上所述可以得出如下的结论,在铁-类金属非晶态合金中为获得最好的耐蚀性,必须添加足够量的类金属元素,当主类金属元素为 P 时,次类金属元素最好

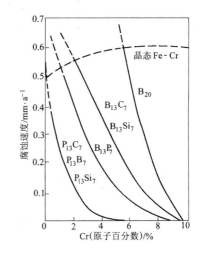

图 5-34　铁、铬-类金属非晶态合金腐蚀
速度与类金属元素及铬含量的关系
（30℃,质量分数为 3% NaCl 溶液）

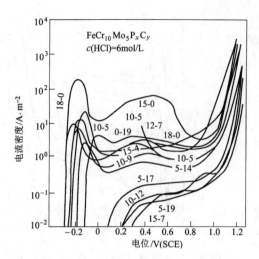

图 5-35 $FeCr_{10}Mo_5P_xC_y$ 非晶态合金的
阳极极化曲线与类金属磷、碳含量($x,y$)的关系
（曲线上的数字代表磷、碳的原子百分数）

范围也增加。

镍基非晶态合金的高耐蚀性同样归之于 Cr 与 P 的交互作用。

是 C,并适当增加 P/C 比例。目前认为 P 原子百分数为 13％,C 原子百分数为 7％的类金属含量较合适。

### 5.11.2.2 镍-类金属非晶态合金腐蚀行为

镍-类金属非晶态合金的腐蚀行为与铁-类金属非晶态合金的腐蚀行为非常相似,添加第二金属元素以 Cr 最佳,与 Cr 联合添加的第三金属元素以 Mo、Cu 最有效,添加的主类金属元素以 P 最佳,添加金属元素与类金属元素对抗蚀性的影响存在着交互作用,铁、钴、镍-类金属非晶态合金都具有极高的抗点蚀的能力。

图 5-36 示出了镍-类金属非晶态合金的阳极极化曲线与第二金属 Cr 的关系。由图可见,合金在两种介质中,当 $w(Cr)>5\%$ 时,随着 Cr 量的增加,维钝电流密度 $i_p$ 下降,钝化区

为了比较铁、钴、镍-类金属非晶态合金的腐蚀行为,图 5-37 示出三种金属-类金属非晶态合金在 1mol/L 的盐酸中的腐蚀速度与铬、类金属元素的关系。由图可看出,无 Cr 的 $Fe_{80}B_{20}$、$Co_{80}B_{20}$、$Ni_{80}B_{20}$ 非晶态合金中,以 $Fe_{80}B_{20}$ 的腐蚀速度最大,即活性最大。当有足量 Cr 添加(Cr 的原子百分数大于 30％)时,以 $FeCr_xB_{20}$,$FeCr_xB_{20}$、$CoCr_xB_{20}$、$NiCr_xB_{20}$ 的顺序减小。三种金属-类金属非晶态合金中添加类金属 P 合金的耐蚀性比添加 B 要好得多。

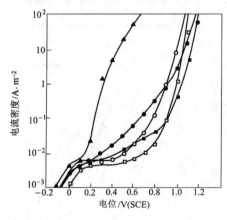

图 5-36 非晶态 Ni-Cr-15P-5B 合金阳极
极化曲线与合金中铬含量的关系
▲ Ni-5Cr-15P-5B;○ Ni-7Cr-15P-5B;
● Ni-7Cr-15P-5B;□ Ni-9Cr-15P-5B;
■ Ni-9Cr-15P-5B;$c(HCl)=1mol/L$;
$c(H_2SO_4)=1mol/L$

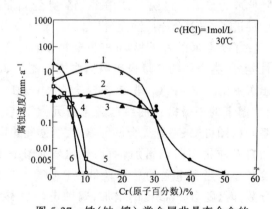

图 5-37 铁(钴、镍)-类金属非晶态合金的
腐蚀速度与类金属元素及铬含量的关系
1—$FeCr_xB_{20}$;2—$CoCr_xB_{20}$;3—$NiCr_xB_{20}$;
4—$CoCr_xP_{13}B_7$;5—$NiCr_xP_{20}$;6—$FeCr_xP_{13}C_7$

### 5.11.3　非晶态耐蚀合金的耐蚀机理

研究认为,含 Cr、P 元素的非晶态合金的高耐蚀性能归于以下几方面。

A　钝化膜的组成

腐蚀产物膜内铬离子的浓集是钝化膜形成的重要条件。

X 射线光电子分光镜测定结果表明,非晶态 $FeCr_{10}Mo_{10}P_{13}C_7$ 合金形成的钝化膜几乎全部由水合氢氧化铬 $CrO_x\cdot(OH)_{3-2x}\cdot nH_2O$ 组成,在不含 Cr 的 $FeMoP_{13}C_7$ 非晶态合金中,由于腐蚀产物膜内是铁离子浓集,它的主要成分是水合氢氧化铁,所以此类合金始终不能自发钝化,说明水合氢氧化铬腐蚀产物膜比水合氢氧化铁腐蚀产物膜的防护性、稳定性高,因此前者为钝化膜。

B　钝化膜形成迅速

非晶态合金本身的高活性及其快速形成钝化膜的能力也是它具有高耐蚀性的原因。图 5-38 示出了 $Fe_{70}Cr_{10}B_{13}X_7$ 非晶态合金在各种恒电位下,于 0.05mol/L 的 $H_2SO_4$ 溶液中的阳极极化电流密度-时间曲线。由图看出,每条曲线的电流密度开始都是高的,随后迅速降到一个稳定值,这是由于合金由活性溶解迅速转变为钝态的缘故。由图还可看出,类金属元素对合金活性的影响,合金的活性按类金属 Si、C、P 的顺序而增加,合金的钝化电流密度也是按此顺序而减小。由此可认为,P 是增加非晶态合金活性、加速钝化形成的最有效的类金属元素,也是最有效地改善非晶态合金抗蚀性的重要原因。

C　非晶态耐蚀合金膜的均一性

除了上述两种因素外,非晶态合金的高耐蚀性还与膜的均一性有关,非晶态合金是均一的单相,不存在晶界、偏析等晶体缺陷。在这种均一的单相表面上所生成的钝化膜也是均一的。图 5-39 示出了非晶态和晶态 $Fe_{70}$-10Cr-13P-7C 合金在 $c(H_2SO_4)=1mol/L$

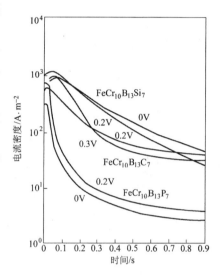

图 5-38　$Fe_{70}Cr_{10}B_{13}X_7$ 非晶态合金的电流密度-时间曲线(在 0.05mol/L 的 $H_2SO_4$ 中,0V、0.2V、0.3V 极化后,合金表面研磨停止后测得 $X=Si、C、P$)

的溶液中的阳极极化曲线,其结果表明,经过晶化处理的 $Fe_{70}$-10Cr-13P-7C 合金的阳极电流密度较同一成分的非晶态合金高出两个数量级。该晶化合金经在 $c(H_2SO_4)=0.5mol/L$ 的溶液中浸渍 15min 后的扫描电镜观察表明,在合金的表面上出现凹凸不平的严重不均匀腐蚀,这一高反应活性是由高密度局部晶体缺陷(诸如,晶界、位错、偏析等)造成的。这足以证明非晶态合金高耐蚀性归于均一钝化膜的生成。

另外,无论是金属-金属系,还是金属-类金属系的非晶态合金都比同一组成或同一类的晶态合金抗氯离子的点蚀能力高得多。因此,认为非晶态合金的高抗氯离子点蚀能力主要是来源于膜的化学均匀性。

### 5.11.4　非晶态耐蚀合金的应力腐蚀

非晶态合金的特点是它的高韧性以及不存在特定的滑移面。另外,非晶态合金的塑性变形是在拉应力断裂之前瞬时发生。因此认为,非晶态合金对导致应力腐蚀开裂的滑移平

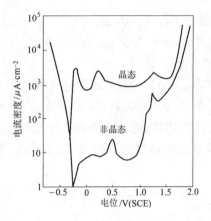

图 5-39 非晶态和晶态 Fe-10Cr-13P-7C 合金的阳极极化曲线(1mol/L H₂SO₄)

面的选择性腐蚀不敏感。

然而,实验发现,非晶态 Fe-Cr-Ni-P-C 合金在阳极极化甚至在阴极极化时在拉应力作用下,都容易产生由氢脆引起应力腐蚀断裂。

川岛等人用慢应变速率试验方法研究了 Fe-7.5Cr-23Ni-13P-7C 合金在室温下含氯离子硫酸溶液中的应力腐蚀开裂行为。图 5-40 示出非晶态 Fe-7.5Cr-23Ni-13P-7C 合金在 1mol/L 及 2.5mol/L 的 H₂SO₄ 和 2.5mol/L 的 H₂SO₄ + 0.1mol/L 的 NaCl 溶液中的应力开裂敏感性与外加电位之间的关系。开裂敏感性用溶液中的断裂强度 $\sigma_{fsol}$ 和空气中的断裂强度 $\sigma_{fair}$ 的比值表示;比值越低,敏感性越大。由图看出,在低于析氢平衡电位的电位区间内,不管溶液中是否含有氯离子,断裂的敏感性均随着电位的下降而增加,特别在 -500mV 至 -700mV(SCE) 的电位区间内,断裂强度降低到(30% ~40%)$\sigma_{air}$。整个断裂表面呈脆性断裂形貌。在 1mol/L 和 2.5mol/L 的 H₂SO₄ 溶液中,在较高电位区内测得的断裂强度与在空气中测得的相近。在 2.5mol/L 的 H₂SO₄ + 0.1mol/L 的 NaCl 溶液中,在钝化区的断裂强度随电位增加而下降,断裂面呈粒状和纹理状共存的混合型。在过钝化区,开裂的敏感性随着电位的增加而降低。在 1.5V(SCE) 时的断裂强度与在空气中得到的断裂强度几乎相同,断裂面呈纹理状。过钝化区开裂敏感性的降低与均匀腐蚀有关。这些结果表明,无论是在低于或高于析氢电位下,非晶态 Fe-Cr-Ni-P-C 合金的应力腐蚀断裂都是由氢脆引起的。

非晶态合金的研究工作虽刚刚兴起,但其优异的耐蚀性、软磁性及硬磁性能作为新型的金属材料,其发展前景是很可观的。

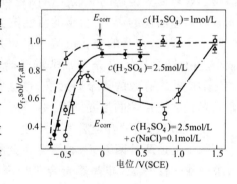

图 5-40 非晶态 Fe-7.5Cr-23Ni-13P-7C 合金应力断裂敏感性与外加电位之间的关系(应变速率为 $5.6\times10^{-6}$/s)

## 5.12 非金属耐蚀材料

### 5.12.1 塑料

塑料是以合成树脂为基础,加入各种添加剂,在一定的条件下塑制成的型材或制品。根据受热后的树脂性质,可将塑料分为热塑性塑料和热固性塑料两大类。

热塑性塑料是受热时软化或变形,冷却后又坚硬,这一过程可多次反复,仍不损失其可塑性。这类塑料的分子结构是线型或支链型的,如聚氯乙烯、聚乙烯或氟塑料等。热固性塑料固化成型后,再加热时不能再软化变形,也不具有可塑性。这类塑料的分子结构是立体网状型的,如固化后的环氧树脂、酚醛树脂等。在选用塑料时要考虑力学、物理及加工性能,也要考虑其耐蚀性能。下面主要介绍防腐过程中常用的工程塑料。

5.12.1.1 热塑性塑料

A 聚氯乙烯

聚氯乙烯塑料是以聚氯乙烯树脂为主要原料,加入一定的添加剂制成的塑料。结构式为:

$$\text{---}\!\!\left[\!\begin{array}{c} CH_2\text{---}CH \\ | \\ Cl \end{array}\!\right]\!\!_n$$

根据添加增塑剂的数量,可将其分为软聚氯乙烯和硬聚氯乙烯塑料。聚氯乙烯具有较高的化学稳定性。硬聚氯乙烯塑料能耐大部分酸、碱、盐类以及强极性和非极性溶剂的腐蚀,但对发烟硫酸、浓硝酸等强氧化性酸,芳香胺、氯代碳氢化合物及酮类不耐蚀。聚氯乙烯的耐热及耐光性能较差,使用温度一般低于 $50℃$。

硬聚氯乙烯具有一定的机械强度,可进行成型加工和焊接;还具有一定的电绝缘、隔热、阻燃等性能,广泛用作塔器、贮罐、运输槽与泵、阀门及管件等。软聚氯乙烯质地柔软,富有弹性,广泛用于设备衬里、包装材料以及电线、电缆的绝缘层。

B 聚乙烯

聚乙烯是乙烯单体的聚合物。结构式为:

$$\text{---}\!\!\left[\!CH_2\text{---}CH_2\!\right]\!\!_n$$

根据聚合工艺条件不同,可分为高压、中压和低压聚乙烯。高压聚乙烯的分子结构中支链较多,结晶度较小,密度较小,所以又称低密度聚乙烯。低压聚乙烯中支链很少,结晶度较大,密度较高,故也称高密度聚乙烯。中压聚乙烯居于二者之间。

聚乙烯的耐蚀性与硬聚氯乙烯差不多,常温下耐一般酸、碱、盐溶液的腐蚀,特别是可耐 $60℃$ 以下的浓氢氟酸的腐蚀。室温下,脂肪烃、芳香烃和卤代烃等能使之溶胀。在内或外应力存在时,有些溶剂能使聚乙烯产生环境应力开裂。高密度聚乙烯的耐蚀性、强度和模量等性能比低密度聚乙烯的要好。聚乙烯塑料强度较低,往往不能单独用作结构材料。

聚乙烯是用量最大的塑料品种,广泛用作薄膜、电缆包覆层。高密度聚乙烯可作设备与贮槽衬里、管道、垫片和热喷涂层等。

C 聚丙烯

聚丙烯是丙烯单体的聚合物,其结构为:

$$\text{---}\!\!\left[\!\begin{array}{c} CH_2\text{---}CH \\ | \\ CH_3 \end{array}\!\right]\!\!_n$$

聚丙烯是目前商品塑料中最轻的一种,比强度高。允许使用温度为 $110\sim120℃$,没有外力时,允许使用到 $150℃$。但其耐寒性较差,在 $-10℃$ 时即变脆。

聚丙烯具有优良的耐腐蚀性能。除发烟硫酸、浓硝酸和氯磺酸等强氧化性介质外,其他无机酸、碱、盐溶液甚至到 $100℃$,都对它无腐蚀作用。室温下几乎所有有机溶剂均不能溶解聚丙烯。它对大多数羧酸也具有较好的耐蚀性,还具有优良的耐应力龟裂性。但某些氯化烃、芳烃和高沸点脂肪烃能使之溶胀。聚丙烯可用作化工管道、贮槽、衬里等。

D 氟塑料

含氟原子的塑料总称氟塑料。主要品种有聚四氟乙烯、聚三氟氯乙烯和聚全氟乙丙烯等。聚四氟乙烯是线型、晶态、非极性的高聚物,结构式为:

$$\text{—}\!\!\left[\!\text{CF}_2\text{—}\text{CF}_2\right]\!\!\text{—}_n$$

分子结构中稳定的 C—F 键,以及 F 原子对 C—C 主链的屏蔽保护作用,使聚四氟乙烯具有极优良的耐腐蚀性能。它完全抗王水、氢氟酸、浓盐酸、硝酸、发烟硫酸、沸腾的苛性钠溶液、氯气、过氧化氢等侵蚀;除某些卤化胺、芳香烃可使它轻微地溶胀外,酮类、醚类、醇类等有机溶剂对它均不起作用;此外,它耐气候性极好,不受氧或紫外光的作用,所以有"塑料王"之称。它耐高温、低温性能优于其他塑料,在 230~260℃ 下可长期连续工作,在 -70~-80℃ 保持柔性;应用温度为 -200~260℃。它摩擦系数极小,并具有很好的自润滑性能。但它经不起熔融态的碱金属、三氟化氯及元素氟的腐蚀。它的加工性能也较差。

在防腐蚀领域,聚四氟乙烯可用作各种管件、阀门、泵、设备衬里及涂层。在机械工业上,可作各种垫圈、密封圈和自润滑耐磨轴承、活塞环等。

聚三氟氯乙烯和聚全氟乙丙烯比聚四氟乙烯的耐蚀性稍差,使用温度不如聚四氟乙烯高,但其加工性能要好些。

E 氯化聚醚

氯化聚醚又称聚氯醚,是一种线型、结晶、非极性的高聚物,结构式为:

$$\text{—}\!\!\left[\!\text{CH}_2\text{—}\overset{\overset{\displaystyle \text{CH}_2\text{Cl}}{|}}{\underset{\underset{\displaystyle \text{CH}_2\text{Cl}}{|}}{\text{C}}}\text{—}\text{CH}_2\text{O}\right]\!\!\text{—}_n$$

氯化聚醚的耐蚀性很高,仅次于聚四氟乙烯,除发烟硫酸、发烟硝酸、较高温度的双氧水、酯、酮、苯胺等极性大的溶剂外,它能耐大部分酸、碱和烃、醇类溶剂及油类的作用,其吸水性极低。因此常用于制造设备零部件,如泵、阀门、轴承、化工管道、衬里、齿轮及各种精密机械零件,也可制成保护涂层,还可作隔热材料。

### 5.12.1.2 热固性塑料

A 酚醛塑料

酚醛塑料是酚醛树脂与一定的添加剂制成的热固性塑料。酚醛塑料具有较高的机械强度和刚度,良好的介电性能、耐热性(使用温度为 120~150℃),较低的摩擦系数。常用来制作各种电器的绝缘零部件、汽车刹车片及铁路闸瓦等。

酚醛塑料化学性能比较稳定,可耐盐酸、稀硫酸、磷酸等非氧化性酸及大部分有机酸的腐蚀,但对氧化性酸如浓硫酸、硝酸和铬酸等不耐蚀,也不耐碱侵蚀。在化工上常用来制作各种耐酸泵、管道和阀门等。

B 环氧塑料

环氧塑料是由环氧树脂和各种添加剂混合而制成。它具有较高的机械强度,高的介电强度及优良的绝缘性能;具有突出的尺寸稳定性和耐久性且耐霉菌,可在苛刻的热带条件下使用。它能耐稀酸、碱和某些溶剂,耐碱性优于酚醛树脂、聚酯树脂,但不耐氧化性酸。未固化的环氧树脂对各种金属和非金属具有非常好的粘接能力,有"万能胶"之称。环氧塑料可作管、阀、泵、印刷线路板、绝缘材料、粘接剂、衬里和涂料,以及塑料模具、精密量具等。

C 有机硅塑料

常用的有机硅塑料主要是由有机硅单体经水解缩聚而成的,为体型结构。大分子链由 Si—O—Si 键构成,有较高键能,所以耐高温老化和耐热性很好,可在 250℃ 长期使用;耐低温（-90℃）、耐辐射、憎水防潮、耐磨、耐候性、电绝缘性能好；能耐稀酸、稀碱、盐、水腐蚀，对醇类、脂肪烃和润滑油有较好的耐蚀性；但耐浓酸及某些溶剂如四氯化碳、丙酮和甲苯的能力差。此外，制品强度低，性脆。有机硅塑料主要用于电绝缘方面，尤其用于制作既耐热又绝缘和防潮的零件，也作耐高温和抗氧化涂层。

### 5.12.2 橡胶

**A 天然橡胶**

天然橡胶是由橡胶树割取的胶乳制成，主要成分为异戊二烯的顺式聚合物。天然橡胶是线型结构，机械性能较差。主链上含有较多的双键，易于被氧化。所以要进行硫化处理，使其大分子链之间得到一定程度的交联，从而使其弹性、强度、耐腐蚀性等得到改善。根据硫化程度的不同，可分为软橡胶、半硬橡胶和硬橡胶，含硫量越多，橡胶越硬。软橡胶弹性好，耐磨、耐冲击，但耐蚀性、抗渗性则比硬橡胶差；硬橡胶因交联度大，所以耐腐蚀性、耐热性及强度比软橡胶好，但耐冲击性不如软橡胶。

天然橡胶对非氧化性酸、碱、盐溶液的抗蚀能力很好，但不耐硝酸、铬酸和浓硫酸等氧化性酸的腐蚀，也不耐石油产品和酮、酯、烃、卤化烃等溶剂腐蚀。在防腐工程中主要作设备衬里，硬橡胶还可做整体设备如管、阀、泵等。

**B 丁苯橡胶**

丁苯橡胶是丁二烯和苯乙烯的共聚物，在合成橡胶中产量最大。随硫化程度不同，可制成软胶和硬胶板，硬胶的耐蚀性较好。它对强氧化性酸以外的多种无机酸、碱、盐、有机酸、氯水等有良好的抗蚀性。软胶不耐醋酸、甲酸、乳酸、盐酸及亚硫酸腐蚀。耐油性不好，但耐磨损，且和金属的粘接良好，主要用作槽和管的衬里。最高应用温度为 77～120℃，最低是-54℃。丁苯橡胶的耐蚀性接近天然橡胶，可作天然橡胶的代用品。

**C 氯丁橡胶**

氯丁橡胶是 2-氯丁二烯-1，3 的聚合物。其物理力学性能与天然橡胶相似，但其耐热性、耐氧和臭氧、耐光照、耐油、耐磨性都超过天然橡胶。耐辐射，对稀非氧化性酸和碱耐蚀，不耐氧化性酸、酮、醚、酯、卤代烃和芳烃等腐蚀。耐燃性好，耐高温可达 93℃，耐低温至-40℃。可做涂料和衬里。

**D 丁腈橡胶**

丁腈橡胶是丁二烯和丙烯腈的共聚物。其强度接近天然橡胶，耐磨性和耐热性良好，可长期用于 100℃。耐低温性能和加工性能也良好。具有良好的耐油性，其耐油和耐有机溶剂性能超过丁苯橡胶，而其耐腐蚀性能与丁苯橡胶相似。广泛用于接触汽油及其他油类的设备。

**E 硅橡胶**

硅橡胶是二甲基硅氧烷与其他有机硅单体的聚合物。主链只含硅和氧原子，不含碳原子。它的特点是既耐热又耐寒，是工作范围最大的橡胶材料，在-100～350℃保持良好性能。对臭氧、氧、光和气候的老化作用有很强的抵抗能力；电绝缘性能优良。其缺点是强度和耐磨性比其他橡胶差，耐酸、碱性也差，且价格较高。硅橡胶主要用于飞机和宇航中的密封件、薄膜、胶管等，也用于电线、电缆、电子设备等方面。

**F 氟橡胶**

氟橡胶是含氟原子的橡胶通称。它具有优良的耐高温、耐酸、碱、盐、耐油性能，耐强氧化剂;但耐溶剂性不及氟塑料。使用温度 $-50\sim315℃$。氟橡胶价格较高,主要用于飞机、导弹、宇航方面,作胶管、垫片、密封圈、燃烧箱衬里;在化工方面可用于耐高温和强腐蚀环境。

### 5.12.3 天然耐蚀硅酸盐材料

天然耐蚀硅酸盐材料是由各种硅酸盐、铝硅酸盐及含有其他氧化物的 $SiO_2$ 组成,是化工防腐的重要材料之一。用它制成的石块在化工上用作地面、地沟和设备的防腐蚀面层;用它制成的粉料、砂子、石子是耐酸胶泥和混凝土的主要填料。主要有花岗岩、石英岩、安山岩、文石和石棉等。

#### A 花岗岩

花岗岩中平均含有 $w(SiO_2)=70\%\sim75\%$,$w(Al_2O_3)=13\%\sim15\%$ 以及质量分数为 $7\%\sim10\%$ 的碱及碱土金属氧化物;主要矿物组成为长石和石英。

花岗岩耐酸(除氢氟酸和高温磷酸外)性好,耐碱、耐风雨侵蚀和耐冻能力也较好。但其热稳定性不高,使用温度不超过 $200\sim250℃$,且质地不均。花岗岩常用来砌筑硝酸和盐酸的吸收塔、贮槽、电解槽、碘和溴生产中的设备以及作为耐酸地面、沟槽的面层和设备的基础。小块和粉状的花岗岩用作耐酸水泥和混凝土的填充物。

#### B 石棉

石棉是纤维状含水硅酸镁矿物的总称。主要有蛇纹石棉(温石棉)和角闪石棉(蓝石棉或青石棉)两种。蛇纹石棉蕴藏量大,占石棉开采量的 $95\%$ 以上,其化学组成主要是含水硅酸镁,$SiO_2$ 的质量分数为 $38\%\sim44\%$。它不耐酸,在硫酸、盐酸和硝酸中的溶解度达 $60\%$;对碱稳定,脆性较大,一般用作绝热和耐火材料。

角闪石棉的化学组成主要是含水钙镁硅酸盐,$SiO_2$ 质量分数为 $51\%\sim61\%$,其纤维有伸缩性和韧性,具有耐火性、耐酸性(除氢氟酸和氟硅酸外);但纤维太短。

石棉的使用温度为 $600\sim800℃$,超过 $800℃$ 就会丧失其弹性和强度。由于石棉耐火、耐酸(角闪石棉)、耐碱(蛇纹石棉)、导热系数小、纤维强度高,可加工成织物。主要用作法兰垫片、填料、滤布等;此外还作塑料的加强填料,著名的品种有酚醛石棉塑料。

### 5.12.4 陶瓷

陶瓷是以天然或人工合成的化合物粉体为原料,经成型和高温烧结制成的无机非金属材料。在腐蚀工程中主要应用的有化工陶瓷、高铝陶瓷和氮化硅陶瓷等。

#### A 化工陶瓷

化工陶瓷又称耐酸陶瓷,是以天然硅酸盐矿物为原料而制成的,属于普通陶瓷。其原料广,成本低,用量大。主要成分为 $w(SiO_2)$:$60\%\sim70\%$,$w(Al_2O_3)$:$20\%\sim30\%$,含有少量 $CaO$、$MgO$、$Fe_2O_3$、$K_2O$ 等,所以它能耐各种浓度的酸(氢氟酸和热磷酸除外)和有机溶剂的腐蚀,但耐碱性较差。在化工陶瓷表面可通过上一层盐釉,来进一步提高其抗渗透和耐蚀性。化工陶瓷主要用于制作耐酸管道、容器、瓷砖和塔器等。因其强度低、性脆、导热性差,所以不易在机械冲击和热冲击场合使用。

#### B 高铝陶瓷

高铝陶瓷是指在以 $Al_2O_3$ 和 $SiO_2$ 为主要成分的陶瓷中,$w(Al_2O_3)$ 在 $46\%$ 以上的陶瓷。当 $w(Al_2O_3)$ 为 $90.0\%\sim99.5\%$ 时,称为刚玉瓷。$Al_2O_3$ 含量越高,陶瓷的力学和化学性能越好。因 $Al_2O_3$ 具有酸碱两重性,所以高铝陶瓷可耐包括浓硫酸、浓硝酸和氢氟酸在内的各种无机酸的腐蚀,其耐碱性也较好。高铝陶瓷主要用于制作耐蚀、耐磨零部件,如轴承、活塞、阀座等。

C 氮化硅陶瓷

氮化硅陶瓷是一种新型的工程陶瓷材料。它的特点是热胀系数小,耐温度急变性好;硬度高,摩擦系数小,并有自润滑性,因此其耐磨性极好;强度较高,并在高温下(1200～1350℃)仍可保持强度不变;是极好的电绝缘材料。氮化硅能耐除氢氟酸外的所有无机酸和某些碱溶液的腐蚀;抗氧化温度可达 1000℃;它还耐 Al、Zn、Pb、Ag、Cu 等有色金属熔体的侵蚀。氮化硅可用来制作有耐蚀、耐磨要求的机械密封环、球阀和有耐高温要求的热电偶管及高温防护涂层等。

### 5.12.5 玻璃

玻璃是非晶的无机非金属材料,其主要成分是 $SiO_2$、碱和碱土金属氧化物以及 Al、Zn、Pb、P 等氧化物。$SiO_2$ 含量的增加,碱金属氧化物含量的降低,均会使玻璃的稳定性提高。在防腐蚀领域中应用较多的玻璃是石英玻璃、硼硅酸盐玻璃和低碱无硼玻璃,其中后两者应用较多。

A 石英玻璃

石英玻璃是由各种纯净的天然石英熔化而成。它是最优良的耐酸材料,除氢氟酸、热磷酸外,无论在高温或低温下,对任何浓度的无机酸和有机酸几乎都耐蚀;但耐碱性较差。温度高于 500℃ 的氯、溴、碘对它也不起作用。它的热胀系数很小,热稳定性高,长期使用温度达 1100～1200℃,短期使用温度可达 1400℃。由于其熔制困难,成本较高,目前主要用于制造实验室仪器及特殊高纯度产品的提炼设备。

B 硼硅酸盐玻璃

硼硅酸盐玻璃是把普通玻璃中的 $R_2O(Na_2O、K_2O)$ 和 $RO(CaO、MgO)$ 成分的一半以上用 $B_2O_3$(一般其质量分数不大于 13%)置换而成。$B_2O_3$ 的加入不仅使玻璃具有良好热稳定性和灯工焊接性能,而且使其化学稳定性也大为改善。除氢氟酸、高温磷酸和热浓碱溶液外,它几乎能耐所有的无机酸、有机酸及有机溶剂等介质的腐蚀。其最高使用温度达160℃,于常压或一定的真空下使用。它可用来制作实验室仪器,化工上的蒸馏塔、换热器、泵、管道和阀门等。

C 低碱无硼玻璃

低碱无硼玻璃的主要特点是不使用价格较高的硼砂,但由于低碱和铝含量的增加,保证了它的化学稳定性和强度。此种玻璃灯工焊接性能较差,但成本低廉,主要用作输送腐蚀性介质的玻璃管道。

### 5.12.6 混凝土

混凝土是砾石、卵石、碎石或炉渣等在水泥或其他胶结材料中的复合体。为了增加强度,通常内部加入钢筋,是用途最广泛的材料之一。在防腐蚀领域中应用较多的混凝土有耐碱混凝土、耐酸混凝土、硫磺混凝土和聚合物混凝土等。

通常所说的混凝土多指以普通硅酸盐水泥为胶结材料的水泥混凝土。普通水泥也称波特兰水泥,其中含有大量的氧化钙,呈碱性,所以对碱有一定的耐蚀能力。当它与具有较高耐碱性的石灰石类骨料相结合,并加入适当的外加剂等时,就制成了耐碱混凝土。耐碱混凝土对常温碱溶液有较强的耐蚀能力,其耐水性较好,但磷酸盐可与水泥中的钙作用,引起混凝土的破坏。

耐酸混凝土是以水玻璃(硅酸钠水溶液)为胶结材料的混凝土。除氢氟酸、热磷酸、高级脂肪酸及碱性介质外,它对其他无机酸和有机酸都具有良好的稳定性,特别适用于耐强氧化性酸的场合。但它在水的长期作用下会溶解,不适于长期浸水的工程。

硫磺混凝土是以改性硫磺为胶结材料的混凝土。其组织致密,孔隙率低,组成中又无水分子,因而有较好的抗水和抗冻能力;具有优良的耐酸性,但细菌可氧化硫磺,从而使混凝土剥蚀;其耐火性也较差。

聚合物混凝土是以聚合物为胶结材料的混凝土。孔隙率低,抗渗性好,但其表面性能取决于聚合物的性质和服役的化学环境。

混凝土广泛用于建筑物、地板、墙板及大型贮槽和管道。

### 5.12.7 复合材料

目前,在防腐蚀工程领域里,主要应用纤维增强塑料基复合材料。

A 玻璃纤维增强塑料

玻璃纤维增强塑料又称玻璃钢。它是以酚醛树脂、环氧树脂、聚酯树脂、呋喃树脂为基体,以玻璃纤维为增强相,通过手糊、模压、喷射成型等成型工艺制成的复合材料。它质轻,比强度高,耐腐蚀,电绝缘性好,是在各种复合材料中应用最广泛的一种耐蚀结构材料。一般来说,玻璃钢的耐蚀性主要取决于基体树脂的耐蚀性,因此要根据使用环境选用合适的树脂作为基体。例如,环氧树脂耐酸、碱腐蚀;酚醛树脂则耐水介质的侵蚀。玻璃纤维的耐蚀性对玻璃钢的耐蚀性也有影响。玻璃纤维耐除氢氟酸、热磷酸以外的几乎所有无机酸、有机酸的腐蚀,但其耐碱性较差。所以即使以耐碱性较好的环氧树脂为基的玻璃钢,在碱性介质中也可能受到腐蚀。玻璃钢的耐蚀性还与树脂与纤维之间粘结的好坏有关。结合不好时在界面处会留有孔隙,使水和腐蚀介质易渗入材料内部,从而影响甚至破坏材料的耐蚀性。

玻璃钢常用来制造整体耐蚀设备、管道和零部件,也可作设备的耐蚀衬里和隔离层。

B 碳纤维增强塑料

碳纤维具有比强度高、比刚度高、导热性好、热稳定性高、耐腐蚀性好等优点。碳纤维可与环氧、酚醛、不饱和聚酯等树脂复合而成增强塑料。这类复合材料不仅保持了玻璃钢的许多优点,而且在许多性能方面还超过了玻璃钢,是目前比强度和比模量最高的复合材料之一。在抗疲劳、抗冲击、减摩耐磨、耐热、自润滑、耐蚀性等方面都有显著优点。在航空航天工业应用广泛,如宇航飞行器外表面防护层、发动机叶片、卫星壳体、机翼大梁等承载、耐磨以及耐热零部件。在防腐蚀领域,主要用来制作管道、容器、泵、动力密封装置的零部件。

### 习题与思考题

1. 用合金化方式提高金属(合金)耐蚀性有哪些途径?

2. 判断 1Cr18Ni9Ti 和 Cr17Ni14Mo2 哪种钢耐孔蚀性能好,为什么?

3. 用晶体结构的特点分析奥氏体不锈钢和铁素体不锈钢在氯化物溶液中发生应力腐蚀的差异。

4. 结合图 5-41 简要说明合金元素对 Fe 耐蚀性的影响。

5. 铝和铝合金的耐蚀特点是什么? 铝合金常见的腐蚀形式有几种?

6. 什么叫剥层腐蚀? 哪类铝合金在什么条件下易产生剥层腐蚀,防止剥层腐蚀的措施有哪些?

7. 钛及钛合金的耐蚀特点。

8. 简要分析硫酸露点腐蚀机理。

9. 非晶态合金耐腐蚀特点。

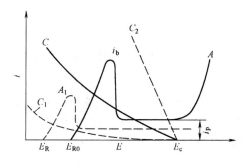

图 5-41 习题 4 图

10. 镁和镁合金的耐蚀特点。

11. 无机非金属耐蚀材料有哪些种？各有什么特点？

12. 耐蚀有机高分子材料有哪些类型？各有何应用？

# 6 材料的防护

材料防护是控制材料腐蚀的一门技术。材料腐蚀是材料与环境发生界面反应而引起的破坏。因此防止材料腐蚀可以从材料本身、环境和界面三方面考虑。材料防护技术主要有以下几种方式:正确选用耐蚀材料和合理的结构设计;腐蚀环境的改善;表面防蚀处理;电化学保护等。由于金属材料的防护技术较成熟,本章主要介绍金属材料的防护。正确地选择材料及合理的结构设计将在第9章详细叙述。

## 6.1 金属的缓蚀

金属腐蚀是一种公害,人们一直不断地研究和使用各种防护方法以避免或减轻金属腐蚀,其中之一是在腐蚀介质中添加某些少量的化学药品,这些少量的化学药品可以显著地阻止或减缓金属的腐蚀速度。这些少量的添加物质即所谓缓蚀剂(Corrosion inhibitor)。这种方法应用面广,与其他防护方法相比有如下特点:

(1)不改变金属构件的性质和生产工艺。

(2)用量少,一般添加的质量分数在 0.1% ～1% 之间可起到防蚀作用。

(3)方法简单,无需特殊的附加设备。因此,在各种防护方法中,缓蚀剂是工艺简便、成本低廉、适用性强的一种方法。它已广泛应用于石油和天然气的开采炼制、机械、化工、能源等行业。但缓蚀剂只适用于腐蚀介质有限的系统,对像钻井平台、码头等防止海水腐蚀及桥梁防止大气腐蚀等开放系统是比较困难的。

### 6.1.1 缓蚀剂

缓蚀剂又称腐蚀抑制剂或阻抑剂。美国试验与材料协会的 ASTM—G15～76《关于腐蚀和腐蚀试验术语的标准定义》中缓蚀剂定义为:缓蚀剂是一种当它以适当的浓度和形式存在于环境(介质)时可以防止或减缓腐蚀的化学物质或复合物质。

采用缓蚀剂保护时,其保护效率是用缓蚀效率或抑制效率($Z$)来表示的。

缓蚀剂的缓蚀效率(简称缓蚀率)定义如下:

$$Z = \frac{v_0 - v}{v_0} \times 100\% \tag{6-1}$$

式中　　$v_0$——未加缓蚀剂时金属的腐蚀速度;

　　　　$v$——加缓蚀剂时金属的腐蚀速度。

$v_0$、$v$ 可用任何通用单位,如 $g/(m^2 \cdot h)$,$mg/(dm^2 \cdot d)$,$mm/a$ 等。

缓蚀剂的缓蚀率 $Z$ 愈大,则对体系的腐蚀抑制作用愈大。其缓蚀效果除与缓蚀剂种类、浓度有关外,还与被保护体系的材料、介质、温度等有关。一般缓蚀率 $Z$ 能达到 90% 以上的缓蚀剂即为良好的缓蚀剂,$Z$ 如能达到 100%,意味着全保护即无腐蚀。

缓蚀效率的测量方法主要有重量法及电化学方法两种。

重量法是最直接、最简便的方法。它是通过精确称量金属试样在浸入腐蚀介质(有缓蚀剂、无缓蚀剂)前后的重量变化来确定腐蚀速度的方法。严格地说此法只适用于均匀腐蚀。

电化学法是实验室测量金属腐蚀速度的方法。通过对腐蚀电极在腐蚀、缓蚀体系的"极化"测量,根据获得的极化曲线利用电化学理论计算出 Icorr 和缓蚀效率。

### 6.1.2 缓蚀剂缓蚀机理

缓蚀剂的应用广泛、种类繁多,迄今为止尚无统一分类方法,下面介绍几种常见的分类方法。

#### 6.1.2.1 按缓蚀剂的作用机理分类

根据缓蚀剂在电化学腐蚀过程中,主要抑制阳极反应还是抑制阴极反应,或者两者同时得到抑制,可将缓蚀剂分为以下三类:

(1)阳极型缓蚀剂。又称阳极抑制型缓蚀剂。阳极型缓蚀剂大部分是氧化剂,如过氧化氢、重铬酸盐、铬酸盐、亚硝酸钠、硅酸盐等,这类缓蚀剂常用于中性介质中,如供水设备、冷却装置、水冷系统等。它们能阻滞阳极过程增加阳极极化,如图 6-1(a)所示。由图可看出加入阳极型缓蚀剂后,使腐蚀电位正移,阳极的极化率增加,腐蚀电流由 $I_1$ 减小到 $I_2$。

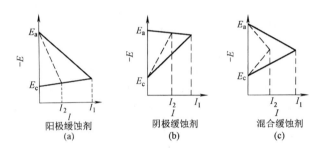

图 6-1 缓蚀剂缓蚀作用原理图

阳极型缓蚀剂是应用广泛的一类缓蚀剂。如用量不足又是一种危险的缓蚀剂。因为用量不足不能使金属表面形成完整的钝化膜,部分金属以阳极形式露出来,形成大阴极小阳极的腐蚀电池,由此引起金属的孔蚀。

(2)阴极型缓蚀剂。又称阴极抑制型缓蚀剂。这类缓蚀剂能抑制阴极过程,增加阴极极化,从而使腐蚀电位负移,见图 6-1(b)。如在酸性溶液中加入 As、Sb、Hg 盐类,在阴极上析出 As、Sb、Hg,可以提高阴极过电位、或者使活性阴极面积减少,从而控制腐蚀速度。图 6-2 表明了 As 的添加大大降低了钢在 $H_2SO_4$ 中的腐蚀速度。这类缓蚀剂在用量不足时,不会加速腐蚀,故称为安全型的缓蚀剂。

(3)混合型缓蚀剂。又称混合抑制型缓蚀剂。混合型缓蚀剂即能阻滞阳极过程,又能阻滞阴极过程。这种缓蚀剂对 Ecorr 的影响较小。例如含 N、含 S 及既含 N 又含 S 的有机化合物、琼脂、生物碱等,它们对阴极过程和阳极过程同时起抑制作用,如图 6-1(c)所示。从图中可见,虽然腐蚀

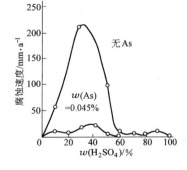

图 6-2 As 对钢腐蚀速度的影响

电位变化不大,但腐蚀电流却显著降低。这类缓蚀剂又可分为三类:

(1)含 N 的有机化合物,如胺类和有机胺的亚硝酸盐等;

(2)含 S 的有机化合物,如硫醇、硫醚、环状含硫化合物等;

(3)含 S、N 的有机化合物,如硫脲及其衍生物等。

**6.1.2.2 按缓蚀剂的性质分类**

(1)氧化型缓蚀剂 如果在中性介质中添加适当的氧化性物质,它们在金属表面少量还原便能修补原来的覆盖膜,起到保护或缓蚀作用,这种氧化性物质可称为氧化型缓蚀剂。电化学测量表明这种物质极易促进腐蚀金属的阳极钝化,因此也可称为钝化型缓蚀剂或钝化剂。在中性介质中钢铁材料常用的缓蚀剂如 $NaCrO_4$、$NaNO_2$、$Na_2MoO_4$ 等都属于这种类型。这类缓蚀剂同样是危险性的缓蚀剂。使用时应特别注意。

(2)沉淀型缓蚀剂 这类缓蚀剂本身并无氧化性,但它们能与金属的腐蚀产物($Fe^{2+}$、$Fe^{3+}$)或和共轭阴极反应的产物(一般是 $OH^-$)生成沉淀,因此也能有效地修补氧化物覆盖膜的缺陷。这类物质常称为沉淀型缓蚀剂。沉淀型覆盖膜一般比钝化膜厚,致密性和附着力都比钝化膜差。例如水处理技术常用的硅酸盐(水解产生 $SiO_2$ 胶凝物)、锌盐(与 $OH^-$ 产生沉淀)、磷酸盐类(形成 $FePO_4$)。显然它们必须有 $O_2$、$NO_2^-$ 或 $CrO_2^{2-}$ 等存在时才起作用。

氧化型和沉淀型两类缓蚀剂也常称作覆盖膜型缓蚀剂。它们在中性介质中很有效,但不适用酸性介质。

(3)吸附型缓蚀剂 这类缓蚀剂易在金属表面形成吸附膜,从而改变金属表面性质,阻滞腐蚀过程。根据吸附机理又可分为物理吸附型(如胺类、硫醇和硫脲等)和化学吸附型(如吡啶衍生物、苯胺衍生物环状亚胺等)两类。一般钢铁在酸中常用的缓蚀剂,如硫脲、喹林、炔醇等衍生物,铜在中性介质中常用的缓蚀剂,如苯并三氮唑等。

**6.1.2.3 按化学成分分类**

(1)无机缓蚀剂 无机缓蚀剂可以使金属表面发生化学变化,形成钝化膜以阻滞阳极溶解过程。如聚磷酸盐、铬酸盐、硅酸盐等。

(2)有机缓蚀剂 有机缓蚀剂在金属表面上发生物理或化学的吸附,从而阻滞腐蚀性介质接近表面。如含 N 有机化合物,含 S 有机化合物以及胺基,醛基、咪唑化合物等。

**6.1.2.4 按使用时相态分类**

按使用时相态,缓蚀剂可分为气相缓蚀剂、液相缓蚀剂和固相缓蚀剂。

**6.1.2.5 按用途分类**

按用途,缓蚀剂可分为冷却水缓蚀剂、锅炉缓蚀剂、石油化工缓蚀剂、酸洗缓蚀剂、油气井缓蚀剂。

**6.1.3 缓蚀剂的应用**

**6.1.3.1 石油工业中的应用**

在石油工业中,各种金属设备被广泛地用在采油、采气、贮存、输送和提炼过程中,由于各种金属设备经常处于高温、高压及各种腐蚀性介质(氧化氢、硫化氢、碳酸气、氧、有机酸、水蒸气及酸化过程加入的无机酸等)的苛刻条件下,遭受异常强烈的腐蚀和磨蚀。为防止或减缓这种腐蚀,选择缓蚀剂时,应根据金属设备使用的环境来确定。

(1)油井缓蚀剂。采油过程中,除利用地下能量的一次采油法外,还要由外部向油层中加入能量的二次采油法。酸化处理工艺是油、气井一项常用的增产措施。国外主要用盐酸加氢氟酸、盐酸质量分数高达 28%,虽然可增加采油收得率但对采油设施的腐蚀也是相当严重的。油井酸化缓蚀剂早期采用无机化合物,目前已为有机化合物代替。常用的有机化合物有:甲醛、咪唑及其衍生物、季胺盐类等,我国使用的油气井酸化缓蚀剂有华中工学院的"7461",大庆油田与长春应用化学研究所的 TC—03 等。

(2)油罐用缓蚀剂。油罐用缓蚀剂按用途不同分为三类。为防止油罐底部沉积水腐蚀用的水溶性缓蚀剂,常用的无机缓蚀剂有亚硝酸盐,当水中含有硫化合物时可以用有机缓蚀剂苯甲酸铵;为防止与油层接触的金属腐蚀的油缓蚀剂,一般可使用酰化肌氨酸及其衍生物;为防止油罐上部与空气接触的金属腐蚀采用气相防锈剂,常用的有亚硝酸二环已铵。

(3)输油管缓蚀剂。目前广泛使用的输油管缓蚀剂有机化合物喹啉、环己胺、吗啉及二乙胺等。

### 6.1.3.2 工业循环冷却水中使用的缓蚀剂

工业用水量最大的是冷却水,约占工业用水量的 60%～65%,而在化工、炼油、钢铁等工业则占 80% 以上。因此,节约工业用水的关键是合理使用冷却水。在工业生产中大量使用循环冷却水系统,它又分为敞开式和密闭式两种。

(1)敞开系统　敞开系统是指把热交换的水引入冷却塔冷却后再返回循环系统。这种水由于与空气充分接触,水中含氧量很高,具有较强的腐蚀性。而且,由于冷却水经多次循环,水中的重碳酸钙和硫酸钙等无机盐逐渐浓缩,再加上水中微生物的生长,水质不断变坏。在这种冷却水系统中经常采用重铬酸盐,它是最有效的阳极型缓蚀剂。单独使用时需要高浓度$(300～500)×10^{-6}$。当水中含有 $Cu^{2+}$ 等金属离子时,添加聚磷酸盐效果更好。通常聚磷酸盐和铬酸盐混合使用对敞开循环冷却系统是最佳的复合缓蚀剂,其质量分数以 $30×10^{-6}$ 为宜,如图 6-3 所示。

(2)密闭循环式冷却水系统,如内燃机等的冷却系统。这类系统比敞开式系统的腐蚀环境更为苛刻。采用的缓蚀剂有聚磷酸盐、锌盐、硅酸盐等。亚硝酸铵的缓蚀效果见表6-1。由表看出,亚硝酸铵的浓度达到 $120×10^{-6}$ 时,具有较好的缓蚀效果,缓蚀率可达 98%。水中 $Cl^-$、$SO_4^{2-}$ 浓度较高时,使用亚硝酸盐缓蚀剂时易产生孔蚀,因为亚硝酸盐是阳极钝化型缓蚀剂。

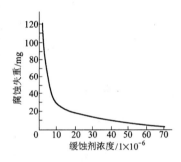

图 6-3　重铬酸盐和聚磷酸盐复合缓蚀剂的浓度与缓蚀效果的关系
材质:SS—41;水质:NaCl100mg,
$CaCl_2·H_2O40mg$,$Na_2SO_415mg$,
$H_2O100mL$;温度:30℃;浸泡时间:
24h;样品转速:240r/min

表 6-1　亚硝酸铵的缓蚀效果

| $NH_4NO_2$ 浓度/ $×10^{-6}$ | 腐蚀速率/ $mg·dm^{-2}·d^{-1}$ | 缓蚀率/ % | $NH_4NO_2$ 浓度/ $×10^{-6}$ | 腐蚀速率/ $mg·dm^{-2}·d^{-1}$ | 缓蚀率/ % |
|---|---|---|---|---|---|
| 0 | 23.80 | — | 60 | 1.57 | 93.4 |
| 20 | 20.30 | 14.7 | 120 | 0.38 | 98.4 |
| 40 | 7.20 | 70.0 | 180 | 0.38 | 98.4 |

注:使用条件:SS—41 钢;$w(NaCl)=0.1\%$ 的 NaCl 水溶液;静置 8 天。

锌盐是在循环冷却水系统中使用较多的复合缓蚀剂。锌离子在阴极区与氢氧根离子生成 $Zn(OH)_2$ 沉积在金属表面,故锌盐是沉淀型缓蚀剂。锌盐也属于有毒物质,用量应限制在排污要求范围。因此,常用量仅为质量分数 $(3\sim5)\times10^{-6}$。

### 6.1.3.3 大气缓蚀剂

大气腐蚀属于金属腐蚀最广泛的一种腐蚀。大气腐蚀的因素是多方面的,如:湿度、氧气、大气成分及大气腐蚀产物等。因此,在使用缓蚀剂时既要考虑不同环境因素也要考虑使用范围。

这类缓蚀剂按其使用性质大体上可分为油溶性缓蚀剂、水溶性缓蚀剂及挥发性的气相缓蚀剂三类。

(1)油溶性缓蚀剂。这类缓蚀剂能溶于油中,即通常所说的防锈油,在制品表面形成油膜,缓蚀剂分子容易吸附于金属表面上,阻滞因环境介质渗入在金属表面上发生的腐蚀过程。一般认为,油溶性缓蚀剂中,分子量大的较好,但也有一定限度,如过大,则在油中的溶解度减少。各类可溶性缓蚀剂对金属的适应性能如表 6-2 所示。

表 6-2  各类油溶性缓蚀剂对金属的适应性能

| 序号 | 缓蚀剂的种类 | 对金属的适应性 | 性能 |
|---|---|---|---|
| 1 | 羧酸类 | 适用于黑色金属 | 高分子长链羧酸类,具有防潮性能,复合使用效果更好 |
| 2 | 磺酸类 | 黑色金属较好,对有色金属不稳定,低分子磺酸盐使铁表面生成锈斑,分子量在 400 以上,防锈性能较好 | 有良好的防潮和抗盐雾性能 |
| 3 | 酯类 | 与胺并用对黑色金属有效,个别对铸铁有效 | 作为助溶剂与其它缓蚀剂并用有防潮作用 |
| 4 | 胺类及含氮化合物 | 适用于黑色和有色金属,对铸铁也有效 | 耐盐雾、二氧化硫、湿热等性能 |
| 5 | 磷酸盐或硫代磷酸盐 | 大多数适合黑色金属,一般与其他添加剂并用 | 抑制油品氧化过程所生成的有机酸,大多数作为辅助添加剂或润滑的缓蚀剂 |

(2)水溶性缓蚀剂。这类缓蚀剂是指以水为溶剂的缓蚀剂。可方便地作为机械加工过程的工序间防锈。大多数的无机盐,是优良的缓蚀剂,如亚硝酸钠、硼酸钠、硅酸钠等。它们的优点是节约能源(不用石油产品)、防锈被膜除去简单、安全,价格便宜。

(3)气相缓蚀剂。简称 VPI,这种缓蚀剂具有足够高的蒸气压,即在常温能很快充满周围的大气中,吸附金属表面上而阻滞环境大气对金属的腐蚀过程。因此蒸气压是 VPI 的主要特征之一。气相缓蚀剂种类很多,常用的有 6 类:有机酸类、胺类、硝基及其化合物、杂环化合物及胺有机酸的复合物和无机酸的胺盐。对钢有效的有:尿素加亚硝酸钠、苯甲酸胺加亚硝酸钠等。对铜、铝、镍、锌有效的有:肉桂酸胍、铬酸胍、碳酸胍等。

气相缓蚀剂主要应用于气密空间,其主要使用方法有:

(1)把气相缓蚀剂粉末撒在被防护金属设备上,或装入纸袋、纱布袋中,或压成丸子放置于被防护金属设备、仪器的四周;

(2)将气相防锈剂浸涂在纸上,经干燥后用来包装金属构件、仪器等;

(3)将工件浸于含气相缓蚀剂的液体中,然后放入塑料袋中包装;

(4)将气相缓蚀剂溶于油中配制成气相防锈油;

(5)气相防锈塑料是将气相缓蚀剂与"覆盖膜"一起涂在基膜上(基膜是聚乙烯,双层)用热压法,压成包装代薄膜,可以包装各种金属件或成品。

## 6.2 电化学保护

电化学保护是指通过施加外电动势将被保护金属的电位移向免蚀区或钝化区,以减小或防止金属腐蚀的方法。这是一项经济而有效的防护措施。电化学保护技术目前已广泛应用于舰船、海洋工程、石油及化工等部门。电化学保护按作用原理可分为阴极保护和阳极保护。

### 6.2.1 阴极保护

将被保护金属作为阴极,进行外加阴极极化以降低或防止金属腐蚀的方法叫作阴极保护。阴极保护可以通过外加电流法和牺牲阳极法两种途径来实现。

(1)外加电流法　将被保护金属设备与直流电源的负极相联,使之成为阴极,阳极为一个不溶性的辅助电极,利用外加阴极电流进行阴极极化,二者组成宏观电池实现阴极保护。如图6-4 所示。这种方法称为外加电流的阴极保护法。

(2)牺牲阳极法　在被保护金属设备上联接一个电位更负的金属或合金作阳极,依靠它不断溶解所产生的阴极电流对金属进行阴极极化。这种方法称为牺牲阳极法阴极保护。

#### 6.2.1.1 阴极保护原理

两种方法实现的阴极保护,其基本原理是相同的。现以金属 Fe 为例说明外加电流阴极保护的实质。由 Fe-$H_2O$ 体系的电位-pH 图(图6-5)看出,将处于腐蚀区的金属(图中 $A$ 点,其电位 $E_A$)进行阴极极化,使其电位向负移至 Fe 的稳定区( 图中 $B$ 点, 其电位 $E_B$),则金属 Fe 可由腐蚀状态进入热力学稳定状

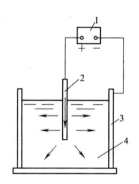

图 6-4　外加电流阴极保护示意图(箭头表示电流方向)
1—直流电源;2—辅助阳极;
3—被保护设备;4—腐蚀介质

态,金属 Fe 的溶解被抑制,从而得到保护。或者将处于过钝化区的金属(图中 $D$ 点,其电位为 $E_D$)进行阴极极化,使其电位向负移至钝化区,则金属可由过钝化状态进入钝化状态而得到保护。

阴极保护原理亦可用腐蚀极化图进行解释。图6-6 为被保护的金属通电流后的极化图,由图可看出,没有进行保护时,腐蚀金属微电池的阳极的极化曲线 $E_aT$ 与阴极极化曲线 $E_cD$ 相交于 $B$ 点(忽略溶液电阻)。此点对应的电位为金属的自腐蚀电位 $E_{corr}$,对应的电流为金属的自腐蚀电流 $i_{corr}$,在腐蚀电流 $i_{corr}$ 作用下,微阳极不断溶解。当对该金属体系进行阴极保护时,通入外加阴极电流使金属极化至 $E_1$ 时,总的阴极电流为 $i_c$,其中一部分电流是外加的,用 $i_c^{ex}$ 表示,另一部分电流是微阳极腐蚀电流 $i_a$。因此,阴极电流可用下式表示:

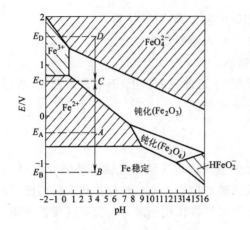

图 6-5　Fe-H₂O 体系的电位-pH 图

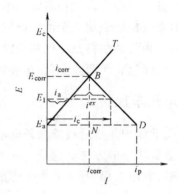

图 6-6　阴极保护法原理图

$$i_c = i_a + i_c^{ex} \tag{6-2}$$

式中　$i_c^{ex}$——外加阴极电流；

　　　$i_a$——被保护金属的微阳极电流；

　　　$i_c$——被保护金属上阴极电流。

此时微电池的阳极电流 $i_a$ 要比其自腐蚀电流 $i_{corr}$ 减小了。说明金属的腐蚀速度降低了，由此得到了部分保护。差值 $(i_{corr} - i_a)$ 表示阴极极化后金属腐蚀微电池作用减小，称腐蚀电流减小值为保护效应。当外加阴极极化电流继续增大时，金属体系的电位将变负。当金属阴极极化电位达到微电池阳极的起始电位 $E_a$ 时，阳极腐蚀电流为零，即外加阴极电流 $i_c^{ex}$ 等于 $i_c$，$i_a = i_c - i_c^{ex} = 0$，此时金属得到了完全保护，金属的腐蚀停止。此时金属表面上只发生阴极还原反应。金属的阳极电位 $E_a$ 称为最小保护电位，当阴极极化使电位更负时，阴极上可能析氢，产生氢脆的危险，还将使表面上的涂层损坏，且增加电能消耗。在达到完全保护时与最小保护电位相对应的、所需的电流密度称为最小保护电流密度。如超过该值，不仅消耗电能，而且使保护作用降低，即发生"过保护"现象。

**6.2.1.2　阴极保护的基本参数**

在阴极保护中，判断金属是否达到完全保护，通常用最小保护电位和最小保护电流密度这两个基本参数。

（1）最小保护电位。从图 6-6 可看出，要使金属达到完全保护，必须使阴极极化电位达到其腐蚀微电池的阳极初始电位 $E_a$，此电位为最小保护电位。

最小保护电位的数值与金属的种类、介质的条件（成分、浓度等）有关。一般根据经验数据或通过实验来确定。表 6-3 列出了不同金属在海水和土壤中进行阴极保护时采用的保护电位值。近年来我国制定了阴极保护国家标准，标准规定钢质船舶在海水中的保护电位范围为 $-0.75 \sim -0.95V$。

表 6-3 阴极保护采用的保护电位值[①]/V

| 金属或合金 | 参 比 电 极 | | |
|---|---|---|---|
| | Cu/饱和 $CuSO_4$ | Ag/AgCl | Zn |
| 铁与钢 | | | |
| 含氧环境 | $-0.85$ | $-0.80$ | $+0.25$ |
| 缺氧环境 | $-0.95$ | $-0.90$ | $+0.15$ |
| 铜合金 | $-0.5\sim-0.65$ | $-0.45\sim-0.60$ | $+0.6\sim+0.45$ |
| 铝及铝合金 | $-0.95\sim-1.20$ | $-0.90\sim-1.15$ | $+0.15\sim+0.10$ |
| 铅 | $-0.60$ | $-0.55$ | $+0.50$ |

① 此表数据取自英国标准研究所 1973 年制定的阴极保护规范。

(2)最小保护电流密度。最小保护电流密度很难统一规定。根据经验,表 6-4 列举了钢在不同介质中的最小保护电流密度值,以供参考。

表 6-4 钢铁在不同介质中阴极保护最小保护电流密度

| 金 属 | 介 质 | 最小保护电流密度/$A \cdot m^{-2}$ | 试 验 条 件 |
|---|---|---|---|
| 铁 | HCl ($c(HCl)=1mol/L$) | 920 | 吹入空气,缓慢搅拌 |
| 铁 | HCl ($c(NaOH)=0.1mol/L$) | 350 | 吹入空气,缓慢搅拌 |
| 铁 | $H_2SO_4$ ($c(H_2SO_4)=0.325mol/L$) | 310 | 吹入空气,缓慢搅拌 |
| 钢、铸铁 | $H_2SO_4$ ($c(H_2SO_4)=0.005mol/L$) | 6~220 | 吹入空气,缓慢搅拌 |
| 铁 | NaOH ($c(NaOH)=5mol/L$) | 2 | 100℃ |
| 铁 | NaOH ($c(NaOH)=10mol/L$) | 4 | 100℃ |
| 钢 | NaOH ($w(NaOH)=30\%$) | 3 | 100℃左右 |
| 钢 | NaOH ($w(NaOH)=60\%$) | 5 | 100℃左右 |
| 铁 | $c(NaOH)=5mol/L$ 的 NaCl 和饱和 $CaCl_2$ | 1~3 | 静止,18℃ |
| 碳钢 | 饱和 NaCl 溶液,固体<br>食盐和石膏的质量分数约 20% | 0.15~0.2 | 55~125℃ |
| 铁 | KOH ($c(KOH)=5mol/L$) | 3 | 100℃ |
| 铁 | KOH ($c(KOH)=10mol/L$) | 3 | 100℃ |
| 碳钢 | 联碱结晶液(氨盐水)<br>$NH_3$ ($c(NH_3)=3.2mol/L$) | 0.6 | 裸钢 |
| | $NH_3$ ($c(NH_3)=1.44mol/L$) | | |
| | $Cl^-$ ($c(Cl^-)=5mol/L$) | 0.125~0.19 | 表面有环氧树脂涂层 |
| 碳钢 | 氨水混合液 | 0.03 | 47℃ |

| 金 属 | 介 质 | 最小保护电流密度/A·m⁻² | 试 验 条 件 |
|---|---|---|---|
| 钢 | 脂肪酸和质量分数为 8% 的醋酸、质量分数为 4% 的甲醇、质量分数为 7% 的有机物及质量分数为 81% 的水的混合物 | | |
| 钢 | 质量分数为 75% 的工业磷酸 | 0.043 | 24℃ |
| | | 1.0 | 85℃ |
| 钢 | 质量分数为 85% 的试剂磷酸 | 0.52 | 48℃ |
| | 质量分数为 40% 的试剂磷酸 | 1.9 | 48℃ |
| | 质量分数为 20% 的试剂磷酸 | 11 | 48℃ |
| 钢 | 海水 | 0.15~0.17 | 海水冷却器 |
| | | 0.065~0.86 | 有潮汛 |
| | | 0.022~0.032 | 静止 |
| | | 0.001~0.01 | 静止,表面有新涂乙烯漆 |
| | | 0.15~0.25 | 泵体 |
| | | 0.5~0.8 | 泵的叶轮 |
| 钢 | 土壤 | 0.0166 | 有破坏的沥青覆盖层 |
| | | 0.001~0.003 | 有较好的沥青玻璃布覆盖层 |
| 钢 | 河水 | 0.05~0.1 | 室温,静止 |
| 钢 | 混凝土 | 0.055~0.27 | 潮湿 |

#### 6.2.1.3 牺牲阳极法阴极保护

牺牲阳极法阴极保护是较古老的电化学保护法。即把被保护金属(阴极)和比它更活泼的金属(阳极)相联接,在电解质溶液中构成宏观电池,依靠活泼阳极金属不断溶解产生的阴极电流对金属进行阴极极化。这种方法称为牺牲阳极保护法。早在 1824 年英国的戴维(Davy)就提出用锌块来保护船舶,以后逐步推广到保护港湾设施、地下管道和化工机械设备等方面。近年来,随着海上油田的开发,牺牲阳极法已用于保护采油平台和海底管线。据日本中川防蚀公司安装的海上平台阴极保护系统统计,90% 以上平台及所有的海底输油管线都采用牺牲阳极法。

#### 6.2.1.4 阴极保护法采用的阳极材料

两种阴极保护方法都要选择阳极材料。但两种方法所选用的阳极材料及其作用是完全不同的。

(1)外加电流阴极保护的辅助阳极。在外加电流阴极保护中,与直流电源正极相连的电极称为辅助阳极。它的作用是使外加电流从阳极经过介质流到被保护的金属上构成回路。辅助阳极的电化学性能、机械性能以及阳极的形状分布等均对阴极保护的效果有重要的影响。因此,要求阳极材料应满足以下要求:

1)具有良好的导电性和较小的表面输出电阻;

2)在高电流密度下阳极极化小,即在一定的电压下,单位面积上能通过较大的电流;

3)具有较低的溶解速度,耐蚀性好,使用寿命长;

4)具有一定的机械强度、耐磨、耐冲击等;

5)价格便宜,容易制作。

一般采用的材料有:石墨、高硅铸铁、铅银($w(Ag)=1\%\sim3\%$)合金,铂及镀铂的钛电极等。

(2)牺牲阳极法阴极保护所用阳极材料。此法所用材料必须满足以下条件:

1)电位足够负,可供应充足的电子,使被保护金属设备发生阴极极化,但是电位又不宜太负,以免在阴极区发生析氢反应引起氢脆;

2)理论输出电量高,即单位质量阳极金属溶解时产生的电量多,一般电流效率都在80%～90%(电流效率是有效电量与理论发生电量的百分比);

3)阳极的极化率要小,容易活化,输出电流稳定;

4)阳极的自腐蚀电流小,金属溶解所产生的电量应大部分用于阴极保护;

5)价格便宜,易加工、无公害。

根据以上条件,牺牲阳极材料主要有镁基合金、锌基合金和铝基合金三大类。它们基本性能列于表 6-5。三种合金的典型代表有:

Zn-(0.3～0.6)Al-0.1Cd;Al-2.5 Zn-0.02 In-0.01Cd;Al-5 Zn-0.5 Sn-0.1Cd;Mg-6 Al-3Zn。

海底管线和海洋平台立柱以往都采用锌阳极保护,近年来有逐渐被铝合金阳极取代的趋势。以日本中川防蚀公司安装的近 200 座平台牺牲阳极保护系统为例,采用铝合金阳极的占 95% 以上。

在我国,应用最普遍的铝合金牺牲阳极是 Al-Zn-In 系合金,加入微量的铟可明显改善铝的活性,但加入过量铟将使铝合金的电流效率下降,点蚀电位变负。

表 6-6、表 6-7 分别列出 Al-Zn-In 系合金化学成分、电化学性能。

表 6-5　镁基、锌基和铝基牺牲阳极的性能

| 阳极材料 | 密度/<br>g·cm$^{-3}$ | 理论电化当量/<br>g·A$^{-1}$·h$^{-1}$ | 理论发生电量/<br>A·h·g$^{-1}$ | 电位/<br>V(SCE) | 电流效率/% |
|---|---|---|---|---|---|
| 锌 合 金 | 7.8 | 1.225 | 0.82 | $-1.0\sim-1.1$ | 约 90 |
| 镁 合 金 | 1.47 | 0.453 | 2.21 | 约 1.5 | 约 50 |
| 铝 合 金 | 2.77 | 0.337 | 2.97 | $-0.95\sim-1.1$ | 约 80 |

注:表中阳极比重和理论电化当量是纯基体金属的值。

表 6-6　Al-Zn-In 系合金化学成分[①]

| 合金种类 | 化学成分(质量分数)/% | | | | | | | | |
|---|---|---|---|---|---|---|---|---|---|
| | Zn | In | Cd | Sn | Mg | Si | Fe | Cu | Al |
| Al-Zn-In-Cd | 2.5～<br>4.5 | 0.018～<br>0.050 | 0.005～<br>0.020 | | | ≤0.13 | ≤0.16 | ≤0.02 | 余量 |

| 合金种类 | 化学成分(质量分数)/% | | | | | | | | |
|---|---|---|---|---|---|---|---|---|---|
| | Zn | In | Cd | Sn | Mg | Si | Fe | Cu | Al |
| Al-Zn-In-Sn | 2.2~5.2 | 0.020~0.045 | | 0.018~0.035 | | ≤0.13 | ≤0.16 | ≤0.02 | 余量 |
| Al-Zn-In-Si | 5.5~7.5 | 0.025~0.035 | | | | 0.10~0.15 | ≤0.16 | ≤0.02 | 余量 |
| Al-Zn-In-Sn-Mg | 2.5~4.0 | 0.020~0.050 | | 0.025~0.075 | 0.50~1.00 | ≤0.13 | ≤0.16 | ≤0.02 | 余量 |

① 引自中华人民共和国国家标准 GB4948—85《铝-锌-铟系合金牺牲阳极》,1985。

表 6-7　Al-Zn-In 电化学性能①

| 项　目 | 开路电位 /V(SCE) | 工作电位 /V(SCE) | 实际发生电量 /A·h·kg⁻¹ | 电流效率 /% | 溶解状况 |
|---|---|---|---|---|---|
| 性　能 | -1.18~-1.20 | -1.12~-1.05 | ≥2400 | ≥85 | 腐蚀产物容易脱落,表面溶解均匀。 |

① 引自中华人民共和国国家标准 GB4948—85《铝-锌-铟系合金牺牲阳极》,1985。

### 6.2.2 阳极保护

将被保护设备与外加直流电源的正极相联,使之成为阳极,进行阳极极化;使被保护设备腐蚀速度降到最小,这种方法称为阳极保护,如图 6-7。阳极保护是一门较新的防护技术,1958 年才正式应用于工业生产上,用来防止碱性纸浆蒸煮锅的腐蚀。近年来阳极保护技术已用到制造硫酸、磷酸及有机酸等设备上,收到较好的效果。

#### 6.2.2.1 阳极保护基本原理

由图 6-8 看出,将处于腐蚀区的金属(如图中的 $A$ 点,其电位为 $E_A$)进行阳极极化,使其电位向正移至钝化区(如图中 $C$ 点,其电位为 $E_C$)则金属可由腐蚀状态(活态)进入钝化状态,使金属腐蚀速度降低而得到保护。阳极保护基本原理,就是将金属进行阳极极化,使其进入钝态区而得到保护。

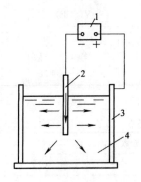

图 6-7　阳极保护示意图
1—直流电源;2—辅助阴极;
3—被保护设备;4—腐蚀介质

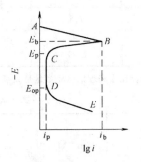

图 6-8　阳极保护原理图

#### 6.2.2.2 阳极保护的主要参数

阳极保护的关键是被保护设备与环境能建立可钝化体系。因此首先要测定出被保护金属在给定的环境中的阳极极化曲线。看其是否具有图 6-8 所示的明显钝化特征,然后根据所测曲线确定出三个基本参数。

(1)临界电流密度 $i_b$(致钝电流密度)。金属在介质中能进入钝态的临界电流密度。一般说愈小愈好,如果 $i_b$ 过大,建立钝态时需要大的整流器,从而增加了设备投资费用。另外,还增加了致钝过程中金属的阳极溶解。

(2)钝化区电位范围($E_p \sim E_{op}$)。阳极保护时应该维持的安全电位范围。钝化区电位范围愈宽愈好,一般不能小于 50mV。如果钝化区电位范围太窄,外界条件稍有变化时,金属就很容易从钝化区进入活化区或过钝化区,不但起不到保护作用,相反,在通电情况下,只会加速金属设备的腐蚀。

(3)维钝电流密度 $i_p$。$i_p$ 表示金属在钝态下的腐蚀速度。维钝电流密度愈低,设备的腐蚀速度愈小,防蚀效果愈显著,耗电愈小。因此 $i_p$ 的大小决定阳极保护有无实际应用价值。

影响钝化区电位范围的主要因素是金属材料和腐蚀介质的性质。表 6-8 为部分金属材料在某些介质中实施阳极保护时的三个主要参数值,可供参考。

阳极保护法发展较晚,而且对不能钝化的金属或含 $Cl^-$ 离子介质中不能使用。因此应用阳极保护法还是有限的。

阳极保护特别适用于不锈钢。主要应用于处理硫酸、发烟硫酸和磷酸的设备。对钛材来说,阳极保护也具有重要意义,这是由于该金属有着优良的钝化性能。

阳极保护法也可用来防止碳钢在多种盐溶液中的腐蚀,尤其可用于硝酸盐和硫酸盐溶液;采用阳极保护来防止液态肥料的腐蚀更具有特殊的意义。图 6-9 示出了阳极保护在运输肥料的铁路槽车上的应用实例示意图。

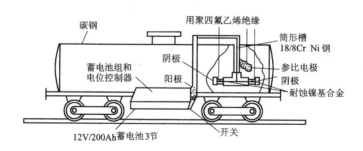

图 6-9 采用阳极保护的实例示意图

另外,阳极保护可用来防止碳钢在碱溶液中的应力腐蚀。对使用碱性的纤维蒸煮锅所进行的阳极保护是众所周知的实例。

#### 6.2.2.3 阳极保护对辅助阴极材料的要求

(1)阴极不极化;

(2)有一定的机械强度;

(3)来源广泛,价格便宜,容易加工。

对浓硫酸介质可采用铂或镀铂电极、高硅铸铁等;对稀硫酸介质,可用铝青铜、石墨等。在碱性溶液中可用普通碳钢;在盐溶液中,可用高镍铬合金或普通碳钢。

一般来说阳极保护时,电流分散能力要优于阴极保护。

表 6-8　金属材料在某些介质中阳极保护的三个主要参数

| 介　　质 | 材料 | 温度/℃ | 致钝电流密度/ A·m$^{-2}$ | 维钝电流密度/ A·m$^{-2}$ | 钝化区电位范围/ mV |
|---|---|---|---|---|---|
| 105% H$_2$SO$_4$ | 碳钢 | 27 | 62 | 0.31 | +100 以上 |
| 96~100% H$_2$SO$_4$ | 碳钢 | 93 | 6.2 | 0.46 | +600 以上 |
| 96~100% H$_2$SO$_4$ | 碳钢 | 279 | 930 | 3.1 | +800 以上 |
| 96% H$_2$SO$_4$ | 碳钢 | 49 | 1.55 | 0.77 | +800 以上 |
| 89% H$_2$SO$_4$ | 碳钢 | 27 | 155 | 0.155 | +400 以上 |
| 67% H$_2$SO$_4$ | 碳钢 | 27 | 930 | 1.55 | +1000~+1600 |
| 50% H$_2$SO$_4$ | 碳钢 | 27 | 2325 | 31 | +600~+1400 |
| 96% H$_2$SO$_4$ 被 Cl$_2$ 饱和 | 碳钢 | 50 | 2~3 | 1.5 | +800 以上 |
| 90% H$_2$SO$_4$ 被 Cl$_2$ 饱和 | 碳钢 | 50 | 5 | 0.5~1 | +800 以上 |
| 76% H$_2$SO$_4$ 被 Cl$_2$ 饱和 | 碳钢 | 50 | 20~50 | <0.1 | +800~+1800 |
| 67% H$_2$SO$_4$ | 不锈钢 | 24 | 6 | 0.001 | +30~+800 |
| 67% H$_2$SO$_4$ | 不锈钢 | 66 | 43 | 0.003 | +30~+800 |
| 67% H$_2$SO$_4$ | 不锈钢 | 93 | 110 | 0.009 | +100~+600 |
| 75% H$_2$PO$_4$ | 碳钢 | 27 | 232 | 23 | +600~+1400 |
| 115% H$_2$PO$_4$ | 不锈钢 | 93 | 1.9 | 0.0013 | +20~+950 |
| 115% H$_2$PO$_4$ | 不锈钢 | 177 | 2.7 | 0.38 | +20~+900 |
| 85% H$_2$PO$_4$ | 不锈钢 | 135 | 46.5 | 3.1 | +200~+700 |
| 20% HNO$_3$ | 碳钢 | 20 | 10000 | 0.07 | +900~+1300 |
| 30% HNO$_3$ | 碳钢 | 25 | 8000 | 0.2 | +1000~+1400 |
| 40% HNO$_3$ | 碳钢 | 30 | 3000 | 0.26 | +700~+1300 |
| 50% HNO$_3$ | 碳钢 | 30 | 1500 | 0.03 | +900~+1200 |
| 80% HNO$_3$ | 不锈钢 | 24 | 0.01 | 0.001 | |
| 80% HNO$_3$ | 不锈钢 | 82 | 0.48 | 0.0045 | |
| 37% 甲酸 | 不锈钢 | 沸腾 | 100 | 0.1~0.2 | +100~+500[①] |
| 37% 甲酸 | 铬锰氮钼钢 | 沸腾 | 15 | 0.1~0.2 | +100~+500[①] |
| 30% 草酸 | 不锈钢 | 沸腾 | 100 | 0.1~0.2 | +100~+500[①] |
| 30% 草酸 | 铬锰氮钼钢 | 沸腾 | 15 | 0.1~0.2 | +100~+500[①] |
| 70% 醋酸 | 不锈钢 | 沸腾 | 10 | 0.1~0.2 | +100~+500[①] |
| 30% 乳酸 | 不锈钢 | 沸腾 | 15 | 0.1~0.2 | +100~+500[①] |
| 20% NaOH | 不锈钢 | 24 | 47 | 0.1 | +50~+350 |
| 25% NH$_4$OH | 碳钢 | 室温 | 2.65 | <0.3 | −800~+400 |
| 碳化液:$c(NH_3)=5mol/L$ $c(CO_2)=3.17mol/L$ | 碳钢 | 40 | 200 | 0.5~1 | −300~+900 |
| 60% NH$_4$NO$_3$ | 碳钢 | 25 | 40 | 0.002 | +100~+900 |
| 80% NH$_4$NO$_3$ | 碳钢 | 120~130 | 500 | 0.004~0.02 | +200~+800 |
| LiOH(pH=9.5) | 不锈钢 | 24 | 0.2 | 0.0002 | +20~+250 |
| LiOH(pH=9.5) | 不锈钢 | 260 | 1.05 | 0.12 | +20~+180 |

① 系指对于铂电极电位,其余均为对饱和甘汞电极电位。

注:表中百分数均为质量分数。

## 6.3 表面保护涂层

### 6.3.1 金属涂层

#### 6.3.1.1 电镀

电镀是使电解液中的金属离子在直流电的作用下,于阴极表面沉积出金属而成为镀层的工艺过程。电镀时,把待镀的零部件作为阴极与直流电源的负极相连接,把作为镀层金属的阳极与直流电源的正极相连接。电镀槽中注入含有镀层金属离子的盐溶液(包括各种必要的添加剂)。

当接通电源后,阳极上发生金属溶解的氧化反应,例如镀铜时 $Cu \rightarrow Cu^{2+} + 2e$;阴极上发生金属析出的还原反应,如 $Cu^{2+} + 2e \rightarrow Cu$。这样,阳极上的镀层金属不断溶解,同时在阴极的工件表面上不断析出,电镀液中的盐浓度不变。如果阳极是不溶性的,则需随时向电解液中补充适量的盐,以维持其浓度。镀层的厚度可由电镀时间控制。

电镀能提高金属零部件的防腐、耐热、耐磨性能,并同时赋予零部件以装饰性外观,因此得到广泛应用。目前可电镀纯金属如 Ni,Cr,Cu,Sn,Zn,Cd,Fe,Pb,Co,Au,Ag,Pt 等及合金如 Zn-Ni,Cd-Ti,Cu-Zn,Cu-Sn 等;此外,近年还出现了复合镀,如 Ni-SiC,Ni-石墨等。电镀制成的金属涂层优点有:镀层厚度可控;镀层可以做得很薄以节约金属;镀层均匀、致密、表面光洁;一般无需加热或加热温度不高。但一般只适于较小型部件,对镀大型工件,电镀应用受到了限制。

#### 6.3.1.2 热镀

把工件浸入熔融金属中,以获得金属涂层的工艺叫热镀,也叫热浸镀。这是在钢铁制件上获取金属涂层的最古老方法之一,因其工艺简单,所以在工业上应用比较普遍。

热镀方法需满足如下条件:

(1)镀层金属的熔点较低,主要出于节能及保持被镀制件的机械性能。目前广泛用作浸镀层的金属有 Zn,Sn,Al,Pb 及其合金。钢铁材料是这些镀层金属的主要基体材料。

(2)熔融的镀层金属与被镀金属润湿。

(3)工件必须能和镀层金属形成化合物或固溶体,以便镀层和基体之间具有足够的结合力而不起皮、不脱落。

#### 6.3.1.3 扩散镀

一种或几种元素从基体表面向其内部扩散,形成与基体成分和性能不同的表层,这就是表面扩散渗透法,也常称为渗镀或表面合金化。实际上渗透过程是一个热化学过程。在渗透区域内,渗透元素与基体元素起化学反应,并可能分别形成固溶体、析出物和化合物类型的表面层。扩散处理提供一个厚度均匀的涂层,即便物体形状复杂,尺寸也不会有明显变化。

锌与钢的扩散处理有着实际意义。此法也叫粉末渗锌,用于小汽车零件如螺钉、钉子、铰链及其他小的钢件。粉末渗锌是将工件和渗透剂即锌粉、砂子(如氧化铝粉末)、有时还有作为激活剂的卤族化合物(如氯化铵粉末)一起置于容器中,容器被密封,并且放在 350～400℃ 的炉中数小时。在处理中,工件得到一富锌表面区,此表面区厚度取决于反应时间,它能在 10～50μm 间变化。钢还能用铝(渗铝)或铬(渗铬)进行扩散处理。

#### 6.3.1.4 化学镀

化学镀指通过置换或氧化-还原反应,来实现盐溶液中的金属离子在被保护金属上沉

积。置换化学镀金属的例子如在钢上镀铜,其反应为:

$$Fe + Cu^{2+} \rightarrow Cu + Fe^{2+} \tag{6-3}$$

这个方法较经济,但镀层通常较薄$(1\mu m)$,并且多孔洞,不能很好地附着在钢上。

在氧化－还原中,借助于加入槽中的还原剂产生沉积。例如用酸性次磷酸盐槽镀镍,总反应为:

$$Ni^{2+} + H_2PO_2^- + H_2O \rightarrow Ni + H_2PO_3^- + 2H^+ \tag{6-4}$$

化学镀镍甚至能在有缝隙和复杂形状的物体上获得均匀的镀层厚度。沉积速度实际上是恒定的,与镀层厚度无关。用亚磷酸盐槽化学镀镍能得到一个镍磷合金表层(质量分数为2%～13%的磷)。从硬度和延性考虑,磷含量是镀层特性的决定因素。化学镀镍比电镀贵得多。

除了在金属表面,还可以在一些非金属如塑料表面通过化学镀,形成金属覆盖层。这种技术在家用电器外壳、各类标牌制造上有广泛应用。

#### 6.3.1.5 金属喷涂

金属喷涂用喷枪进行,涂层金属在喷枪里被溶化或软化,以粒状形式高速射向工件。

金属喷涂有以下几种工艺(如图6-10所示):

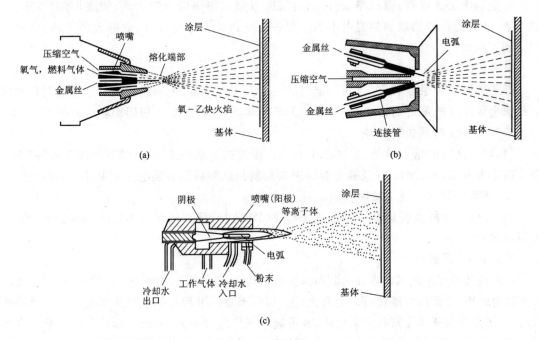

图6-10 金属涂层
(a)—金属丝火焰喷涂;(b)—金属丝电弧喷涂;(c)—等离子粉末喷涂

(1)以丝或粉末为涂层金属的火焰喷涂 金属丝或粉末被氧-乙炔焰熔化,用火焰或压缩空气流把金属破碎很细,并输送到工件上。

(2)用金属丝或粉末作为涂层金属的电弧喷涂 金属丝或粉末被丝间的电弧熔化,由强的压缩空气流将金属破碎,并输送到工件。

(3)以粉末为涂层金属的等离子喷涂 粉末被离子化的氩气等离子束熔化,等离子束在枪中电弧中形成,它有很高的温度(约15000℃),并且将高速熔化的金属颗粒射向工件。等离子喷涂最初用于高熔点材料,如陶瓷涂层,通过金属喷涂人们可得到 $40\sim500\mu m$ 厚的防腐蚀涂层。在某些情况下,涂层甚至更厚。等离子喷涂能保护熔化金属不氧化,并使微粒强有力地撞击工件,从而得到的涂层氧化物少和孔隙度小(大约 $0.5\%\sim2\%$ )。但是当用火焰或电弧喷涂时,就不能防止氧化,微粒的撞击也小,这造成较高的氧化物比例和较大的孔隙(大约 $3\%\sim7\%$ )。由于涂层有孔隙,所以常需用油漆封闭。

金属喷涂常用的喷涂金属有铝、锌、不锈钢和铅等,这个方法对大工件的涂层和涂层损伤的修复是合适的。

### 6.3.1.6 机械方法

金属涂层可通过以下几种机械方法形成:

(1)贴镀。将大宗被处理物品和玻璃球及悬浮于水中的涂层金属放在一个滚筒中,由于玻璃球的捶击作用,金属粉末固定在物品表面。这种方法若用于锡和锌,能获得厚度达 $75\mu m$ 的涂层。

(2)金属包镀。涂层金属以冷态或热态被轧合在基体材料上。

(3)爆炸镀。涂层金属板和基体通过爆炸焊在一起。

(4)挤压。基体材料和涂层金属被挤压在一起。

(5)堆焊。涂层金属的堆焊,如高合金钢。

### 6.3.2 非金属涂层

#### 6.3.2.1 无机涂层

A 搪瓷涂层

搪瓷又称珐琅,是类似玻璃的物质。搪瓷涂层是将瓷釉涂搪在金属底材上,经高温烧制而成金属与瓷釉的复合物。

搪瓷层的性能主要取决于瓷釉的组成和搪制质量。瓷釉的主要成分是耐蚀玻璃料,它是由耐火氧化物、助熔剂和少量添加剂混合熔融烧制而成的。耐火氧化物一般是含 $SiO_2$ 量极为丰富的石英、长石等天然岩石;助熔剂多为硼砂、硼酸、碳酸钾、碳酸钠和一些氟化物;添加剂的加入是为了使搪瓷层与基体密着结合,或者为了获得其他性能如光泽和色调等。

质量分数高于 $60\%$ 的 $SiO_2$ 的搪瓷耐蚀性能特别好,称为耐酸搪瓷。耐酸搪瓷常用于制作化学工业的各种容器衬里,在高温高压下,它能够抵抗有机酸、除氢氟酸和磷酸外所有无机酸以及弱碱的侵蚀。由于搪瓷涂层没有微孔和裂纹,所以能将反应介质与钢材基体完全隔开。除了防蚀效果好外,搪瓷对产品没有污染。搪瓷层是脆性材料,要防止机械冲击及热冲击作用,否则将会使涂层加速破坏。

B 硅酸盐水泥涂层

将硅酸盐水泥浆料涂覆在大型钢管内壁,固化后形成涂层。由于它价格低廉,使用方便,且膨胀系数与钢接近,不易因湿度变化发生开裂,因此广泛用于水溶液和土壤中的钢及铸铁管线的防腐,效果较好。涂层厚度约为 $0.5\sim2.5cm$ ,使用寿命最高可达60年。硅酸盐水泥涂层带有碱性,因此易受酸性气体及酸溶液的侵蚀,近年来已在成分上作了相应调整。这类涂层的另一缺点是不耐机械冲击及热冲击。

C 陶瓷涂层

陶瓷涂层又称高温涂层。它是采用热喷涂等方法将陶瓷材料涂覆于金属表面形成的涂层。涂层主要成分为氧化铝、氧化锆等耐高温氧化物,厚度一般在 $0.3\sim0.5$ mm,工作温度在 $1000\sim1300℃$。其优点是具有耐高温、抗氧化、耐腐蚀、耐磨、耐气体冲蚀以及良好的热震性和绝热、绝缘性能,具有一定的机械性能。陶瓷涂层主要用于喷气发动机、燃汽轮机等。

D 化学转化涂层

化学转化涂层又称化学转化膜,它是金属表层原子与介质中的阴离子发生化学反应,在金属表面生成附着性好、耐蚀性优良的薄膜。用于防蚀的化学转化涂层有以下几种:

a 磷酸盐膜 磷酸盐膜指在含磷酸和可溶性磷酸盐溶液中用化学方法在金属表面上生成不可溶的、附着性良好的保护膜。这种成膜过程称为金属的磷化或磷酸盐处理。磷酸盐处理多用在钢铁上,工业上应用的有磷酸锌、磷酸铁、磷酸锰、磷酸钙、磷酸钠及磷酸铵处理等。磷化工艺分为高温($90\sim98℃$)、中温($50\sim70℃$)和常温($15\sim35℃$);磷化施工方法主要有浸渍、喷淋或浸喷组合法,依磷化工艺及工件状况来选择。磷化膜的厚度一般在 $1\sim50\mu m$,在实际中厚度通常采用的单位是单位面积涂层质量。因涂层孔隙较大,耐蚀性较差,因此磷化后必须用重铬酸钾溶液、肥皂液或浸油等进行封闭处理。这样处理的金属表面在大气、矿物油、动植物油、苯、甲苯等介质中,均具有很好的抗腐蚀能力;但在酸、碱、海水及水蒸气中耐蚀性较差。防护用磷化膜涂层质量一般为 $10\sim40 g/m^2$,磷化后涂防锈油、防锈蜡、防锈脂等。经磷化处理后,膜层中性盐雾实验结果出现第一个锈点的时间为:

| | |
|---|---|
| 钢铁件涂防锈油 | 15h |
| 钢铁件 + 磷酸锌膜($16g/m^2$) + 防锈油 | 550h |
| 钢铁件 + 磷酸锌膜($40g/m^2$) + 防锈油 | 800h |

可见耐蚀性有极大改善。磷酸盐处理结合防锈油漆被广泛地用于冷轧钢板制成的产品,如轿车车身等。另外,磷化膜常作为油漆的底层以增强漆膜与钢铁工件的附着力及防护性,提高钢铁工件的油漆质量,此时膜层较薄,在 $0.2\sim10\ g/m^2$ 之间。这种方法可应用于中等腐蚀环境的板状金属结构中,如农用机器。此外磷化膜还用于冷加工润滑、减摩及电绝缘等方面,磷化膜的使用温度不得超过 $150℃$。

b 铬酸盐处理 常在锌、镉、铝、镁、黄铜上应用这种处理,在铬酸或铬酸盐的水溶液中进行。水溶液中常含有其他添加剂,如磷酸和氢氟酸。在表面上形成一层薄的铬酸盐层,厚度范围一般为 $0.01\sim0.15\mu m$,呈绿色、黄色、黑色或浅蓝色,并有一定的防蚀能力。铬酸盐处理大量地用于镀锌钢材,以得到储运中的耐白锈性能;不过人与六价铬接触易产生过敏性湿疹;此外白锈保护层不易除去,给以后的上漆带来困难。现在正致力于发展一种没有铬酸盐缺点的有效的抗白锈防护措施。铬酸盐处理作为一种装饰性防护还广泛地用于铝的漆前热处理。黄色铬酸盐一般能改善漆层在铝表面上的附着。

c 钢铁的化学氧化膜 采用化学方法在钢铁制品表面生成一层保护性氧化物膜($Fe_3O_4$),表面一般呈蓝黑色或深黑色,故又称为钢铁的发蓝。发蓝方法有酸性和碱性发蓝,后者用得较多。碱性发蓝是将钢铁制品浸入含有氧化剂(亚硝酸钠或硝酸钠)的氢氧化钠溶液中,在 $135\sim145℃$ 下进行氧化处理。膜层为 $0.5\sim1.5\mu m$,氧化处理时不析氢,故不会产生氢脆。因膜层很薄,对零件尺寸和精度无显著影响。

钢铁零件经氧化处理后,其抗蚀性能仍较差,需用肥皂液、浸油或经重铬酸溶液进行补充处理。经补充处理后的膜层其抗蚀性和润滑性都大大提高,可用于在 $200℃$ 以下润滑油中工作的、高精度配合零件的保护层。

钢铁的氧化处理广泛应用于机械零件、电子设备、精密光学仪器、弹簧和兵器等的防护装饰方面,但使用过程中应定期擦油。

d 铝的阳极氧化膜 铝在空气中生成的钝化膜厚度为 3~5nm,经铬酸、草酸、硫酸溶液阳极氧化处理后,氧化膜厚度可达几十至几百微米。这种氧化膜与底金属结合得非常牢固,但由于多孔性,耐蚀性能并没有显著提高。为了提高阳极氧化膜的耐蚀性、绝缘性和耐磨性,氧化后要进行封闭处理。常采用重铬酸钾溶液使氧化膜孔隙下的基体钝化。有时也采用沸水或水蒸气处理,氧化铝发生水合作用,体积膨胀,使微孔封闭。经上述封闭处理后,再在氧化膜上涂上油脂,其抗蚀性可大大提高。未封闭前的氧化膜,具有很强的吸附染料能力,利用这个特点可给阳极氧化铝表面染上各种颜色,形成彩色保护层,作表面装饰用。铝的阳极氧化膜在航空、汽车制造工业、民用工业上都有广泛的应用。

### 6.3.2.2 有机涂层

#### A 涂料涂层

a 涂层的基本组成及作用

涂料又称漆,是一种有机高分子混合物,用以保护和装饰物体的表面,使其免受外界环境(如大气、化学品、紫外线等)侵蚀;掩盖表面的缺陷(凹凸不平、斑疤或色斑等),赋予表面丰富的色彩,改善外观。因此涂料在各种防腐措施中占有十分重要的地位。涂料一般由四个主要部分组成,即成膜物质、颜料、溶剂和助剂,其成分及作用见表 6-9。

**表 6-9 涂层的基本组成及作用**

| 基本组成 | 典型品种 | 主 要 作 用 |
|---|---|---|
| 成膜物质 | 合成高分子、天然树脂、植物油脂 | 是涂料的基础,粘接其他组分,牢固附着于被涂物表面,形成连续固体涂膜,决定涂料及涂膜的基本特征 |
| 颜 料 | 钛白粉、滑石粉、铁红、铅黄、铝粉、云母 | 具有着色、遮盖、装饰作用,并能改善涂膜性能(如防锈、抗渗、耐热、导电、耐磨等),降低成本 |
| 分散介质 | 水、挥发性有机溶剂(如酯,酮类) | 使涂料分散成黏稠液体,调节涂料流动性,干燥性和施工性,本身不能成膜,在成膜过程中挥发掉 |
| 助 剂 | 固化剂、增塑剂、催干剂、流平剂等 | 本身不能单独成膜,但改善涂料制造、贮存施工、使用过程中的性能 |

b 涂层的保护机理

(1)屏蔽作用。许多涂料对酸、碱、盐等腐蚀介质显示化学惰性,且介电常数高,阻止了腐蚀电路的形成,因此,金属表面涂漆后,把金属表面与环境隔开,起到了屏蔽作用。但是涂料用高聚物具有一定的透气性,其结构气孔的平均直径比水和氧的分子直径大 1~3 个数量级,这样的涂层不能阻止或减缓金属的腐蚀。因此涂层的抗渗性是涂层起屏蔽作用的关键,为提高抗渗性,防腐涂料应选用聚集态结构紧密、透气性小的成膜物质、屏蔽作用大的固体填料及挥发后不易留有孔隙的溶剂;同时,应适当增加涂覆次数,以使涂层达一定的厚度而致密无孔。

(2)钝化缓蚀作用。借助涂料中的防锈颜料与金属反应,使金属表面钝化或生成保护性的物质,以提高涂层的防护能力。另外,许多油料在金属皂的催化作用下生成的降解产物,也能起到有机缓蚀剂的作用。

(3)电化学保护作用。涂料中使用电位比铁低的金属(如锌等)作填料,会起到牺牲阳极的阴极保护作用。而且锌腐蚀产物是碳酸锌、氯化锌,它们会填塞、封闭膜的孔隙,从而使腐蚀大大降低。

c　涂层的结构

通常,一种涂层不能同时满足防腐装饰等使用要求。因此,一般的涂层结构包括底漆、中间层和面漆。每层按需要涂刷一至数次。底漆直接与金属接触,是整个涂层体系的基础。它必须对表面金属具有良好的附着性能,还要能防止腐蚀。因此,大多数情况下,底漆除含有粘接剂外,还有活性剂。

中间层是为了与底、面漆结合良好,有时也为了增加涂层厚度以提高屏蔽作用。

面漆直接与环境接触,因此要具有耐化学环境腐蚀性、抗紫外线、耐候性等,同时还要使表面美观。面漆的主要组分是颜料和有机粘接剂。颜料应阻止阳光和水抵达基体,并给表面以颜色。颜料有二氧化钛、氧化铁、铝粉和硫酸钡。粘接剂要有良好的抗化学变化能力,主要有聚氯乙烯、氯化橡胶、氨基甲酸乙酯和环氧树脂等。

要根据环境的腐蚀性选择填料的类型、涂刷层数及涂层厚度。要保证底漆、中间漆和面漆是相容的。

d　常用防腐涂料及其耐蚀性

目前,常用的防腐涂料大多数属树脂类或橡胶类涂料。同一成膜物质制成的涂料具有基本相似的性质,但由于其他组分不同或施工处理条件不同,涂层性质在某些方面会有很大的差别;同一树脂因其分子量不同,制造方法不同,性能也会有明显不同;至于几种树脂混合组成的改性涂料,其性能更为复杂。一些典型涂料及其耐蚀性见表 6-10。

表 6-10　典型涂料的耐蚀性比较[①]

| 品　　种 | 耐　腐　蚀　性　能 | | | | | | | | |
|---|---|---|---|---|---|---|---|---|---|
| | 酸 | 碱 | 盐 | 溶剂 | 水 | 耐氧化性 | 耐候性 | 耐磨性 | 耐热性 |
| 丙烯类 | 8 | 8 | 9 | 5 | 8 | 9 | 10 | 10 | 8 |
| 醇酸类 | 6 | 6 | 8 | 4 | 8 | 3 | 6 | 6 | 8 |
| 沥青类 | 10 | 7 | 10 | 2 | 8 | 2 | 4 | 3 | 4 |
| 氯化烃类 | 8 | 8 | 8 | 2 | 3 | 2 | 4 | 3 | 4 |
| 氯化橡胶类 | 10 | 10 | 10 | 4 | 10 | 0 | 8 | 6 | 8 |
| 环氧类 | 9 | 10 | 10 | 9 | 10 | 6 | 8 | 6 | 8 |
| 环氧-聚酯类 | 10 | 1 | 7 | 3 | 7 | 2 | 6 | 6 | 7 |
| 乳胶 | 2 | 1 | 6 | 1 | 2 | 1 | 10 | 6 | 5 |
| 含油料类 | 1 | 1 | 6 | 2 | 7 | 1 | 10 | 4 | 7 |
| 酚醛类 | 10 | 2 | 10 | 9 | 10 | 7 | 9 | 5 | 10 |
| 苯氧基类 | 3 | 9 | 10 | 5 | 10 | 6 | 4 | 6 | 8 |
| 硅酮类 | 4 | 3 | 6 | 2 | 8 | 4 | 9 | 4 | 10 |
| 乙烯类 | 10 | 10 | 10 | 5 | 10 | 10 | 10 | 7 | 6 |
| 氨基甲酸酯类 | 9 | 10 | 10 | 9 | 10 | 9 | 8 | 10 | 8 |
| 无机类 | 稀 浓<br>2　8 | 1 | 5 | 10 | 5 | 10 | 10 | 10 | 10 |

①　"10"代表最好的保护;"1"代表最差的保护。

c  涂装方法

根据涂料品种、性能、施工要求及固化条件,以及被涂产品的材质、形状、大小、表面状况等具体情况,选择适当的施工方法和工艺设备。常用的涂装方法有:浸涂、喷涂、淋涂法,以及经济效益比较高的静电喷涂、电泳涂装、粉末涂装和卷材辊涂法等。每涂一层都应干燥,干燥的方法有自然干燥、对流烘干、红外线烘干以及高周波电流烘干等。

f  涂层的特点及应用

涂层防腐具有许多优点,如品种多,适应性广,施工简便,不受被保护设备的大小与形状的限制,使用方便,比较经济等。因此在防腐过程中应用极为广泛。但是涂层通常都比较薄($<1\mu m$),有孔隙,且机械性能一般较差,因而在强腐蚀介质、冲刷、冲击、腐蚀、高温等场合下,涂层易受破坏而脱落,所以在苛刻的条件下应用受到一定的限制。目前,防腐涂料主要用于设备、管道、建筑物的外壁和一些静止设备(如贮罐)的内壁等方面的防护。

B  塑料与橡胶涂层

这类涂层主要用作衬里,能够防止暴露在极强腐蚀性化学环境的金属表面受到腐蚀,如用于化学药品储存罐、反应容器、电解槽、酸洗槽、管道、叶片等的防护。塑料涂层还用于电镀钢板或铝板上。

涂层材料主要有:热固性塑料,例如酚醛、环氧、聚酯塑料及玻璃钢;热塑性塑料,例如乙烯、丙烯、酰胺、乙烯树脂、偏二氯乙烯及四氟乙烯等塑料;橡胶,例如天然橡胶、丁基橡胶、氯丁橡胶、腈橡胶及硬橡胶。不同类型的塑料和橡胶在使用性能、附着力、化学耐蚀性以及抗机械和热应力等方面均有很大不同,可根据使用环境及要求进行选择。

涂层的涂覆工艺一是通过把溶液和悬浮体以类似涂漆的方法,即刷、浸和喷而得到涂层;一是加热物件并使它与涂层粉末相接触(仅用于热塑性塑料),并通过所谓的流化床或喷涂进行涂覆。用这种方法可得到 $0.2\sim 2mm$ 的涂层厚度;$1\sim 6mm$ 的较厚涂层也可通过在经过喷砂仔细清理的金属表面上,粘贴膜或片来得到。利用玻璃布或切碎的玻璃纤维同树脂溶液混合,可以得到玻璃纤维加强的塑料涂层,即玻璃钢衬里。此外,防腐蚀特别是地下管道常采用绕带方法,即将管子除油除锈后,涂上底漆,再在其上缠绕聚氯乙烯薄膜或聚乙烯塑料。绕带经常同防止空气和细孔腐蚀的阴极保护相结合,因为细孔和间隙可能在施工和安装中出现。

## 习题与思考题

1. 解释下列词语:

　缓蚀剂、缓蚀率、电化学保护、阳极保护、阴极保护、最小保护电位、最小保护电流密度、牺牲阳极法阴极保护

2. 何谓危险型的缓蚀剂,何谓安全型的缓蚀剂?

3. 按缓蚀剂的作用机理,缓蚀剂可分为几种类型?简要说明缓蚀的电化学原理。

4. 工业循环冷却水经常采用的缓蚀剂有哪些?各属于哪种类型缓蚀剂?举例说明其缓蚀作用。

5. 结合 18-8 不锈钢的阳极极化曲线($0.5mol/L$ 的 $H_2SO_4$ 溶液)说明阳极保护三个主要参数的意义。

6. 两种阴极保护所采用的辅助阳极材料有何不同?简要说明其作用。

7. 为了海洋船壳防腐蚀,用一个从钢船壳伸出镀铂钛的装置,它的作用是什么?它应与蓄电池哪一极相联?钢壳与蓄电池哪一极相联?并说明保护原理。

8. 用极化图说明阴极保护原理,并说明阴极保护的主要参数,应如何选择这些参数?

9. 放在水中的铁棒经如下处理后,腐蚀速度如何变化。简要说明道理。

    a. 水中加入少量 $NaCl$;

    b. 水中加入铬酸盐;

    c. 水中加入少量 $Cu^{2+}$;

    d. 通阳极电流;

    e. 通阴极电流。

10. 铁在海水中以 $2.5g/(m^2 \cdot d)$ 速率腐蚀,假设所有的腐蚀都是由于氧去极化造成的,计算为实现完全阴极保护所需最小电流密度$(A/m^2)$。

11. 试说明各种金属涂层的特点。

12. 何为金属的磷化? 磷化膜有何应用?

13. 试说明涂料涂层的基本组成及作用,并阐述其保护机理。

# 7 高分子材料的腐蚀

## 7.1 概述

### 7.1.1 研究高分子材料腐蚀的意义

随着科技的发展,高分子材料在腐蚀工程领域中的应用越来越重要。通常,高分子材料具有较优良的耐腐蚀性能。但由于介质的多样性以及高分子材料在成分、结构、聚集态和添加物等方面的千差万别,因此,在任何条件下都耐蚀的高分子材料是不存在的。例如,多数高分子材料在酸、碱和盐的水溶液中具有较好的耐蚀性,显得比金属优越,但在有机介质中其耐蚀性却不如金属。有些塑料在无机酸、碱溶液中很快被腐蚀,如尼龙只能耐较稀的酸、碱溶液,而在浓酸、浓碱中则会遭到腐蚀。

但是高分子材料品种繁多,性能各异,只要充分掌握其性能特点,审慎选材,很多化工介质的腐蚀问题是可以解决的。这就要求对高分子材料在各种介质中的腐蚀规律和耐蚀能力问题进行比较系统的分析和研究。然而,高分子材料较普遍地应用在工业上的历史还不很长,如塑料作结构材料应用也仅始于 20 世纪 30 年代。所以,从目前的状况来说,对高分子材料腐蚀的研究远没有对金属材料腐蚀研究得那样广泛、那样深入,显然这与高分子材料日益广泛应用的现状极不相称。大力加强对高分子材料腐蚀问题的研究,仍是今后面临的一个相当重要的任务。

### 7.1.2 高分子材料腐蚀类型

高分子材料在加工、储存和使用过程中,由于内外因素的综合作用,其物理化学性能和机械性能逐渐变坏,以至最后丧失使用价值,这种现象称为高分子材料的腐蚀,通常称之为老化。这里的内因指高聚物的化学结构、聚集态结构及配方条件等;外因指物理因素,如光、热、高能辐射、机械作用力等;化学因素,如氧、臭氧、水、酸、碱等;生物因素,如微生物、海洋生物等。老化主要表现在:(1)外观的变化:出现污渍、斑点、银纹、裂缝、喷霜、粉化及光泽、颜色的变化;(2)物理性能的变化:包括溶解性、溶胀性、流变性能,以及耐寒、耐热、透水、透气等性能的变化;(3)力学性能的变化:如抗张强度、弯曲强度、抗冲击强度等的变化;(4)电性能的变化:如绝缘电阻、电击穿强度、介电常数等的变化。

从本质上讲,高聚物的老化可分为化学老化与物理老化两类。化学老化是指化学介质或化学介质与其他因素(如力、光、热等)共同作用下所发生的高分子材料被破坏现象,主要发生主键的断裂,有时次价键的破坏也属化学老化。因此,化学老化又可分为化学过程和物理过程引起的两种老化形式。前者发生了化学反应,所导致的主键断裂是不可逆的,常见的老化形式见表 7-1,主要发生了大分子的降解和交联作用。降解是高聚物的化学键受到光、热、机械作用力、化学介质等因素的影响,分子链发生断裂,从而引发的自由基链式反应。如:

$$—CH_2—CH_2—CH_2—CH_2— \longrightarrow —CH_2—\overset{\cdot}{C}H_2 + \overset{\cdot}{C}H_2—CH_2— \tag{7-1}$$

177

表 7-1　高分子材料的腐蚀形式

| 环　　境 | | 形　　式 |
| 化　　学 | 其　　他 | |
| --- | --- | --- |
| 氧 | 中等温度 | 化学氧化 |
| 氧 | 高温 | 燃烧 |
| 氧 | 紫外线 | 光氧化 |
| 水及水溶液 | | 水解 |
| 大气中氧/水气 | 室温 | 风化 |
| 水及水溶液 | 应力 | 应力腐蚀 |
| 水或水气 | 微生物 | 生物腐蚀 |
| | 热 | 热解 |
| | 辐射 | 辐射分解 |

交联是指断裂了的自由基再互相作用产生交联结构,如:

$$
\begin{array}{l}
—CH_2—\overset{\displaystyle\cdot}{C}H—CH_2— \\
+ \qquad\qquad \longrightarrow \\
—CH_2—\overset{\displaystyle\cdot}{C}H—CH_2—
\end{array}
\qquad
\begin{array}{l}
—CH_2—CH—CH_2— \\
\qquad\quad | \\
—CH_2—CH—CH_2—
\end{array}
\qquad (7-2)
$$

降解和交联对高聚物的性能都有很大的影响。降解使高聚物的分子量下降,材料变软发粘,抗张强度和模量下降;交联使材料变硬、变脆、伸长率下降。

物理过程引起的化学老化没有化学反应发生,多数是次价键被破坏,主要有溶胀与溶解,环境应力开裂,渗透破坏等。溶胀和溶解是指溶剂分子渗入材料内部,破坏大分子间的次价键,与大分子发生溶剂化作用,引起的高聚物的溶胀和溶解;环境应力开裂指在应力与介质(如表面活性物质)共同作用下,高分子材料出现银纹,并进一步生长成裂缝,直至发生脆性断裂;渗透破坏指高分子材料用作衬里,当介质渗透穿过衬里层而接触到被保护的基体(如金属)时,所引起的基体材料的被破坏。

高聚物的物理老化仅指由于物理作用而发生的可逆性的变化,不涉及分子结构的改变。

### 7.1.3　高分子材料腐蚀特点

高分子材料的腐蚀与金属腐蚀有本质的区别。金属是导体,腐蚀时多以金属离子溶解进入电解液的形式发生,因此在大多数情况下可用电化学过程来说明;而高分子材料一般不导电,也不以离子形式溶解,因此其腐蚀过程难以用电化学规律来说明。此外,金属的腐蚀过程大多在金属的表面发生,并逐步向深处发展;而对于高分子材料,其周围的试剂(气体、液体等)向材料内渗透扩散倒是腐蚀的主要原因。同时,高分子材料中的某些组分(如增塑剂、稳定剂等)也会从材料内部向外扩散迁移,而溶于介质中。因此在研究高分子材料的腐蚀时,应先研究介质的渗入,然后研究渗入的介质与材料间的相互作用和材料组分的溶出问题。

## 7.2 介质的渗透与扩散作用

腐蚀介质渗入高分子材料内部会引起反应。高分子材料的大分子及腐蚀产物因热运动较困难,难于向介质中扩散,所以,腐蚀反应速度主要取决于介质分子向材料内部的扩散速度。因此,研究介质的渗透规律很重要。

### 7.2.1 渗透规律的表征

#### 7.2.1.1 增重率

在高分子材料受介质侵蚀时,经常测定浸渍增重率来评定材料的耐腐蚀性能。增重率实质上是介质向材料内渗入扩散与材料组成物质、腐蚀产物逆向溶出的总的表现。因此,在溶出量较大的情形,仅凭增重率来表征材料的腐蚀行为常导致错误的结论。由于在防腐蚀领域中使用的高分子材料耐腐蚀性较好,大多数情况下向介质溶出的量很少,可以忽略,所以,可将浸渍增重率看作是介质向材料渗入引起。但在实际的腐蚀实验中,因腐蚀条件的多样性,必须考虑溶出这一因素。

增重率是指渗入的介质质量 $q$ 与样品原始质量的比值,其意义是单位质量的样品所吸收的介质量。介质是通过样品表面渗入的,渗入速度在很大程度上依赖于样品总表面积 $A$。使用单位表面积的渗入量 $q/A$ 来描述高聚物的渗透规律,在浸渍初期比增重率更符合实际。单位时间内通过单位面积渗透到材料内部的介质质量,被定义为渗透率,以 $J$ 表示,即

$$J = \frac{q}{At} \tag{7-3}$$

#### 7.2.1.2 菲克定律

由浓度梯度而引起的扩散运动,若经历一定时间后,介质的浓度分布只与介质渗入至高聚物内的距离 $x$ 有关,而不随时间变化,即 $dC/dt = 0$,则就达到了稳定扩散,此时扩散运动服从菲克第一定律:

$$J = \frac{dq}{dAdt} = D\frac{dC}{dx} \tag{7-4}$$

式中　$J$——渗透率;

　　　$D$——扩散系数;

　　$\frac{dC}{dx}$——浓度梯度。

若 $D$ 定值,则有

$$J = D(C_0 - C)/l \tag{7-5}$$

式中　$l$——试样厚度;

　　　$C$——介质浓度。

由式(7-5)可知,对于稳定扩散过程,渗透率 $J$ 只与扩散系数 $D$、试样厚度 $l$ 以及浓度差 $\Delta C$ 有关,而与浓度分布形式无关。因此,只要测出试样的厚度 $l$、面积 $A$、浓度差 $\Delta C$ 及一定时间内的渗透量 $q$,即可求得 $J$ 与 $D$。

当渗透介质呈气态时,可用蒸气压 $p$ 表示其浓度,$C = Sp$,式中 $S$ 为溶解度系数。设与浓度 $C_0$、$C$ 相应的蒸气压分别为 $p_0$、$p$,则

$$J = DS(p_0 - p)/l = P(p_0 - p)/l \tag{7-6}$$

式中，$P = DS$ 为渗透系数。

因此，气体在高分子材料内的渗透能力，也可以用渗透系数 $P$ 来表征。气体的渗透速率与扩散系数、溶解能力有关。介质的扩散系数大，溶解能力强，渗透就容易，材料就易于腐蚀。

对于 $dC/dt \neq 0$ 的非稳定扩散情形，可用菲克第二定律

$$\frac{C}{t} = D \frac{\partial^2 C}{\partial^2 x} \tag{7-7}$$

来描述。

### 7.2.1.3 经验公式

求解方程(7-7)相当繁琐，采用实验方法，测量扩散系数，进而研究扩散运动的规律要方便得多。例如，对于平板形的试件，可以证明在恒温、恒压条件下，渗入量(即增重)与渗透时间 $t$ 的关系，在浸渍初期($q/Q < 0.55$)由下式决定：

$$q/Q = A(Dt/L^2)^{1/2} \tag{7-8}$$

式中　$Q$——无限长时间后介质的渗入量，即平衡增重；

　　　$L$——试样厚度的一半；

　　　$A$——比例常数。

以 $\ln(q/Q)$ 或 $\ln q$ 对 $\ln t$ 作图，其斜率为 $1/2$。$A$ 易于确定，$L$ 与 $t$ 由实验测得，因此由该曲线的截距可求扩散系数。

在浸渍后期($q/Q > 0.55$)，则有：

$$\ln(1 - q/Q) = -BDt/L^2 \tag{7-9}$$

式中　$B$——比例系数。

在测得无限长时间的平衡增重 $Q$(也可用试差法求得)与 $t$ 时间的增重 $q$ 后，由 $\ln(1 - q/Q)$ 对 $t$ 作图，从曲线的斜率即可求得扩散系数。

试验发现介质渗入材料的深度与质量变化呈线性。这样根据式(7-8)和式(7-9)，则只要测得介质的渗入深度(如用着色法)，也可求得扩散系数。

对于衬里设备，如果介质透过衬里层的时间视为其使用寿命，则依式(7-9)可近似求得衬里寿命为

$$t = -\frac{L^2}{BD} \cdot \ln\left(1 - \frac{q}{Q}\right) \tag{7-10}$$

### 7.2.2　影响渗透性能的因素

体系的渗透能力取决于渗透介质的浓度分布及在材料内的扩散系数。而扩散系数是由介质与高聚物共同决定的。

**A　高聚物的影响**

介质分子在高聚物中的扩散，与材料中存在的空位和缺陷的多少有关。空位和缺陷越多，扩散越容易。因此，凡影响材料结构的紧密程度的因素，均影响扩散系数。例如，提高高聚物的结晶度、交联密度及取向程度，均会使结构变得更加致密，故可使扩散运动变得更加困难。

**B　介质的影响**

介质分子的大小、形状、极性和介质的浓度等因素影响介质在高分子材料中的扩散速

度。

在其他因素一定时,介质的分子越小,与高分子的极性越接近,则介质的扩散越快。介质浓度的影响,有两种不同的情况:若介质与高分子材料发生反应,一般随介质浓度升高而使扩散加快;若二者不发生反应,则腐蚀介质中起主要作用的是水,介质浓度越大,水化作用消耗的水分子越多,主要起扩散作用的水分子越少,从而使扩散越慢。

C 温度的影响

温度对扩散运动影响较大。随着温度升高,大分子的热运动加剧,使高分子材料中的空隙增多;同时介质分子的热运动能力也提高,两种因素均使介质的扩散速度加快。

D 其他因素的影响

高分子材料中的填加剂,因其种类、数量及分布状况等都会不同程度地影响高分子材料的抗渗能力。此外,高分子材料在二次加工(如加热成型、热风焊接)后其取向、结晶等聚集态结构,孔隙率及内应力分布等均发生变化,故一般都会降低材料的抗渗性能。

## 7.3 溶胀与溶解

### 7.3.1 高聚物的溶解过程

高聚物的溶解过程一般分为溶胀和溶解两个阶段,溶解和溶胀与高聚物的聚集态结构是非晶态还是晶态结构有关,也与高分子是线形还是网状、高聚物的分子量大小及温度等因素密切相关。

#### 7.3.1.1 非晶态高聚物的溶解

非晶态高聚物聚集得比较松散,分子间隙大,分子间的相互作用力较弱,溶剂分子易于渗入到高分子材料内部。若溶剂与高分子的亲和力较大,就会发生溶剂化作用,使高分子链段间的作用力进一步削弱,间距增大。但是,由于高聚物分子很大,又相互缠结,因此,即使已被溶剂化,仍极难扩散到溶剂中去。所以,虽有相当数量的溶剂分子渗入到高分子内部,并发生溶剂化作用,但也只能引起高分子材料在宏观上产生体积与质量的增加,这种现象称为溶胀。大多数高聚物在溶剂的作用下都会发生不同程度的溶胀。

高聚物发生溶胀后是否发生溶解,则取决于其分子结构,若高聚物为线形结构,则溶胀可以一直进行下去。大分子充分溶剂化后,也可缓慢地向溶剂中扩散形成均一的溶液,完成溶解过程。但如果高聚物是网状体型结构,则溶胀只能使交联键伸直,难以使其断裂,所以这类高聚物只能溶胀不能溶解。而且,随着交联程度的增加,其溶胀度下降。

线形非晶态高聚物随着温度的变化呈现出玻璃态,高弹态和粘流态等三种物理状态。在这几种状态下,高聚物分子链段的热运动的能力有极大的差别。在玻璃态下,基本上没有分子链段的热运动;在高弹态下,分子链段可以比较自由地进行热运动;在黏流态下,分子链段甚至整个大分子都在进行运动。因此,与分子链段相关的溶胀和溶解过程,在这三种状态下也不同,见图 7-1。其中,在玻璃化温度 $T_g$ 以下对应玻璃态;在黏流温度 $T_f$ 以上,对应黏流态;在 $T_g$ 和 $T_f$ 之间为高弹态。

在 $T < T_g$ 时,非晶态高聚物的溶胀层由四部分组成,在大多数情况下,这四个区域的总厚度约为 $0.01 \sim 0.1$cm。在 Ⅰ 区中,高分子已经全部溶剂化,呈黏液状,称液状层;Ⅱ 区中,有大量溶剂,呈透明凝胶状,称凝胶层;Ⅲ 区中,虽含有溶剂,但较少,高聚物层呈溶胀状,仍处于玻璃态,称为固体溶胀层;Ⅳ 区中含溶剂很少,且溶剂主要存在于高聚物的微裂纹及

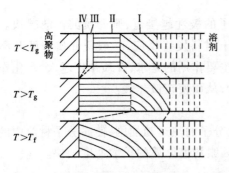

图 7-1 非晶态高聚物溶胀层的结构示意图

空洞中,称为渗透层。上述四层中,Ⅰ和Ⅱ区所占比例最大。由于它们的存在(特别是Ⅱ区)妨碍了小分子的进一步渗透,所以是影响溶解速度的主要障碍。高聚物的分子量增大,溶胀层的厚度增加,导致高聚物的溶解速度明显下降。由图中可以看出,随温度增加,分子链热运动加剧,溶胀层的层次变少,表明溶胀和溶解加快了。在 $T > T_f$ 时就只有Ⅰ区,这时高聚物呈黏流态,溶解过程实际上变为两种液体的混合过程。

##### 7.3.1.2 结晶态高聚物的溶解

结晶态高聚物的分子链排列紧密,分子链间作用力强,溶剂分子很难渗入并与其发生溶剂化作用,因此,这类高聚物很难发生溶胀和溶解。即使可能发生一定的溶胀,也只能从其中的非晶区开始,逐步进入晶区,所以速度要慢得多。当溶剂不能使大分子充分溶剂化时,即使对于线型高聚物来说,也只能溶胀到一定程度,而不能发生高分子材料的溶解,此时,可通过升高温度和介质的浓度来使之逐渐溶解。

高聚物溶胀的结果宏观上体积显著膨胀,虽仍保持固态性能,但强度、伸长率急剧下降,甚至丧失其使用性能。图 7-2 为硬聚氯乙烯因水分的渗入使力学性能下降的情况。可见,溶胀和溶解对材料的机械性能有很强的破坏作用。所以在防腐使用中,应尽量防止和减少溶胀和溶解的发生。

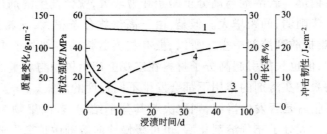

图 7-2 硬聚氯乙烯中水的渗入量及其对性能的影响
1—抗拉强度;2—伸长率;3—冲击韧性;4—质量变化

#### 7.3.2 高分子材料的耐溶剂性

为避免高分子材料因溶胀、溶解而受到溶剂的腐蚀,在选用耐溶剂的高分子材料时,可依据以下几条原则。

##### 7.3.2.1 极性相近原则

极性大的溶质易溶于极性大的溶剂,极性小的溶质易溶于极性小的溶剂。这一原则在一定程度上可用来判断高分子材料的耐溶剂性能。

天然橡胶、无定型聚苯乙烯、硅树脂等非极性高聚物易溶于汽油、苯和甲苯等非极性溶剂中。而对于醇、水、酸碱盐的水溶液等极性介质,耐蚀性较好;对中等极性的有机酸、酯等有一定的耐蚀能力。

极性高分子材料如聚醚、聚酰胺、聚乙烯醇等不溶或难溶于烷烃、苯、甲苯等非极性溶剂中,但可溶解或溶胀于水、醇、酚等强极性溶剂中。

中等极性的高分子材料如聚氯乙烯、环氧树脂、氯丁橡胶等对溶剂有选择性的适应能力,但大多数不耐酯、酮、卤代烃等中等极性的溶剂。

一般来说,溶剂与大分子链节结构类似时,常具有相近的极性,并能相互溶解。

极性相似原则并不严格,如聚四氟乙烯为非极性,但却不能溶于任何冷、热溶剂。

### 7.3.2.2 溶度参数相近原则

溶度参数是纯溶剂或纯聚合物分子间内聚力强度的度量。对非极性或弱极性而又未结晶的高聚物来说要使溶解过程自动进行,通常要求高聚物与溶剂的溶度参数尽量接近。表7-2和表7-3分别列出一些高聚物和溶剂的溶度参数。一般地说,溶度的差值 $|\delta_1 - \delta_2| > 3.5 \sim 4.1 J^{1/2} \cdot cm^{-3/2}$,高聚物就不溶解。有人建议,将耐溶剂性按溶度参数差分为三级:

**表 7-2  某些高聚物溶度参数的实验值**

| 高 聚 物 | $\delta_2$ 的实验值/$J^{1/2} \cdot cm^{-3/2}$ | | 高 聚 物 | $\delta_2$ 的实验值/$J^{1/2} \cdot cm^{-3/2}$ | |
|---|---|---|---|---|---|
| | 上限值 | 下限值 | | 上限值 | 下限值 |
| 聚 乙 烯 | 15.8 | 17.1 | 聚 丙 烯 腈 | 25.6 | 31.5 |
| 聚 丙 烯 | 16.8 | 18.8 | 聚 丁 二 烯 | 16.6 | 17.6 |
| 聚 异 丁 烯 | 16.0 | 16.6 | 聚 异 戊 二 烯 | 16.2 | 20.5 |
| 苯 乙 烯 | 17.4 | 19.0 | 聚 氯 丁 二 烯 | 16.8 | 18.9 |
| 聚 氯 乙 烯 | 19.2 | 22.1 | 聚 甲 醛 | 20.9 | 22.5 |
| 聚 四 氟 乙 烯 | 12.7 | | 聚对苯二甲酸乙二酯 | 19.9 | 21.9 |
| 聚 乙 烯 醇 | 25.8 | 29.1 | 聚 己 二 酰 己 二 胺 | 27.8 | |
| 聚甲基丙烯酸甲酯 | 18.6 | 26.2 | | | |

**表 7-3  常用溶剂的溶度参数**

| 溶 剂 | $\delta_1/J^{1/2} \cdot cm^{-3/2}$ | 溶 剂 | $\delta_1/J^{1/2} \cdot cm^{-3/2}$ |
|---|---|---|---|
| 己 烷 | 14.8~14.9 | 乙 酸 乙 酯 | 18.6 |
| 环 己 烷 | 16.7 | 丙 酮 | 20.0~20.5 |
| 苯 | 18.5~18.8 | 丁 酮-2 | 19.0 |
| 甲 苯 | 18.2~18.3 | 环 己 酮 | 19.0~20.2 |
| 十 氢 化 萘 | 18.0 | 苯 甲 醛 | 19.2~21.3 |
| 三 氯 甲 烷 | 18.9~19.0 | 甲 醇 | 29.2~29.7 |
| 四 氯 化 碳 | 17.7 | 乙 醇 | 26.0~26.5 |
| 乙 醚 | 15.2~15.6 | 环 己 醇 | 22.4~23.3 |
| 苯 甲 醚 | 19.5~20.3 | 苯 酚 | 25.6 |
| 四 氢 呋 喃 | 19.5 | 二 甲 基 甲 酰 胺 | 24.9 |

$$|\delta_1 - \delta_2| > 5.1 J^{1/2} \cdot cm^{-3/2}, 耐腐蚀$$
$$|\delta_1 - \delta_2| = 3.5 \sim 5.1 J^{1/2} \cdot cm^{-3/2}, 尚耐腐蚀,或有条件的耐蚀$$

$$|\delta_1 - \delta_2| < 3.5 \text{J}^{1/2} \cdot \text{cm}^{-3/2}, 不耐腐蚀$$

因此,从溶剂与高聚物的溶度参数即可判断非极性高分子材料的耐溶剂能力,差值大时耐溶剂好。

至于混合溶剂,其溶度参数 $\delta_m$ 可由纯溶剂的溶度参数 $\delta_A$、$\delta_B$ 与其体积分数 $V_A$、$V_B$ 求得:

$$\delta_m = \delta_A V_A + \delta_B V_B \tag{7-11}$$

例如,聚乙烯-醋酸乙烯共聚物 $\delta_m = 21.32\text{J}^{1/2} \cdot \text{cm}^{-3/2}$,可溶于一份乙醚($\delta_A = 15.17\text{J}^{1/2} \cdot \text{cm}^{-3/2}$)和两份丙烯腈($\delta_B = 24.40\text{J}^{1/2} \cdot \text{cm}^{-3/2}$)组成的混合溶剂中,则

$$\delta_m = 15.17 \times 1/3 + 24.4 \times 2/3 = 21.32\text{J}^{1/2} \cdot \text{cm}^{-3/2}$$

而单种溶剂的溶解能力都很差。

必须指出,溶度参数相近原则,只是用于非极性体系,对于极性较强或能生成氢键的体系则不完全适用。对极性高分子或极性溶剂,应将溶度参数分为极性部分的溶度参数和非极性部分的溶度参数。所以极性高分子的溶剂选择,不但要求总的溶度参数相近,而且要求极性部分和非极性部分的溶度参数也分别相近,这样才能很好地溶解。

### 7.3.2.3 溶剂化原则

高聚物的溶胀和溶解与溶剂化作用相关。所谓溶剂化作用,就是指溶质和溶剂分子之间的作用力大于溶质分子之间的作用力,以至使溶质分子彼此分离而溶解于溶剂中。研究表明,当高分子与溶剂分子所含的极性基团分别为亲电基团和亲核基团时,就能产生强烈的溶剂化作用而互溶。常见的亲电、亲核基团的强弱次序为:

亲电基团:

$$-SO_2OH > -COOH > -C_6H_4OH > =CHCN > =CHNO_2 >$$
$$=CHONO_2 > -CHCl_2 > =CHCl$$

亲核基团:

$$-CH_2NH_2 > -C_6H_4NH_2 > -CON(CH_3)_2 > -CONH- > \equiv PO_4 >$$
$$-CH_2COCH_2- > -CH_2OCOCH_2- > -CH_2-O-CH_2-$$

具有相异电性的两个基团,极性强弱越接近,彼此间的结合力就越大,溶解性也就越好。如硝酸纤维素含亲电基团硝基,故可溶于含亲核基团的丙酮、丁酮等溶剂中。如果溶质所带基团的亲核或亲电能力较弱,即在上述序列中比较靠后,溶解不需要很强的溶剂化作用,可溶解它的溶剂较多。如聚氯乙烯,$=CHCl$ 基团只有弱的亲电性,可溶于环己酮、四氢呋喃中,也可溶于硝基苯中。如果聚合物含有很强的亲电或亲核基团时,则需要选择含相反基团系列中靠前的溶剂。例如,聚酰胺—66 含有强亲核基团酰胺基,要以甲酸、甲酚、浓硫酸等作溶剂。含亲电基团 $=CH-CN$ 的聚丙烯腈,则要用含亲核基团 $-CON(CH_3)_2$ 的二甲基甲酰胺作溶剂。

氢键的形成是溶剂化的一种重要的形式。形成氢键有利于溶解。

将上述三原则结合起来考虑,以判断高聚物的耐溶剂性,准确性可达95%以上。

## 7.4 环境应力开裂

### 7.4.1 环境应力开裂现象

当高分子材料处于某种环境介质中时,往往会比在空气中的断裂应力或屈服应力低得

多的应力下发生开裂,这种现象称为高分子材料的环境应力开裂。这种应力包括外加应力和材料内的残余应力;所说的介质,广义上包括液体、蒸气、固体介质,这里指更具实际意义的液体环境介质。

环境应力开裂具有如下特点:

(1)是一种从表面开始发生破坏的物理现象,从宏观上看呈脆性破坏,但若用电子显微镜观察,则属于韧性破坏;

(2)不论负载应力是单轴或多轴方式,它总是在比空气中的屈服应力更低的应力下发生龟裂滞后破坏;

(3)在裂缝的尖端部位存在着银纹区;

(4)与应力腐蚀破裂不同,材料并不发生化学变化;

(5)在发生开裂的前期状态中,屈服应力不降低。

研究高分子材料在特定介质中产生的环境应力开裂行为,可检测材料的内应力和耐开裂性能,用以对材料性能进行评价及质量管理。

### 7.4.2 环境应力开裂机理

#### 7.4.2.1 银纹与裂缝

高聚物的开裂首先从银纹开始。所谓银纹就是在应力与介质的共同作用下,高聚物表面所出现的众多发亮的条纹。银纹是由高聚物细丝和贯穿其中的空洞所组成,如图7-3所示。在银纹内,大分子链沿应力方向高度取向,所以银纹具有一定的力学强度和密度。介质向空洞加剧渗透和应力的作用,又使银纹进一步发展成裂缝,如图7-4。裂缝的不断发展,可能导致材料的脆性破坏,使长期强度大大降低。

银纹　　　　　裂缝

图7-3　银纹和裂缝的示意图

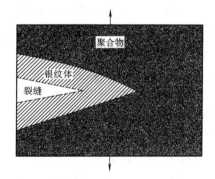

图7-4　银纹发展成裂缝示意图

#### 7.4.2.2 环境应力开裂机理

化学介质种类不同,其应力开裂机理也不同。

A类为非溶剂型介质,包括醇类和非离子型表面活性剂等表面活性介质。这类介质对高聚物的溶胀作用不严重。介质能渗入材料表面层中的有限部分,产生局部增塑作用。于是在较低应力下被增塑的区域产生局部取向,形成较多的银纹。这种银纹初期几乎是笔直的,末端尖锐,为应力集中物。试剂的进一步侵入,使应力集中处的银纹末端进一步增塑,链段更易取向、解缠。于是银纹逐步发展成长、汇合,直至开裂。这是一种典型的环境应力开裂。有人用表面能降低的理论来解释这种现象。根据完全弹性破坏理论,在弹性模量为$E$、单位面积表面能为$V$的材料上,长度为$C$的裂缝传播所需的临界应力为:

$$\delta_C \approx (EV/C)^{1/2} \tag{7-12}$$

当材料与这类介质接触时,其表面能$V$降低,于是产生新的表面所需的能量或$\delta_C$可以减少,所以材料可在较低的应力下进行裂缝的扩展并引起开裂。

B类介质是溶剂型介质,其溶度参数与高聚物的相近,因此对材料有较强的溶胀作用。这类介质进入大分子之间起到增塑作用,使链段易于相对滑移,从而使材料强度严重降低,在较低的应力作用下可发生应力开裂。这种开裂为溶剂型开裂,在开裂之前产生的银纹很少,强度降低是由于溶胀或溶解引起的。

对这类介质,若作用时间较短,介质来不及渗透很深,这时也能在一定的应力作用下产生较多银纹,出现环境应力开裂现象。但若作用时间较长,应力较低,则介质浸入会较充分,易出现延性断裂,即不是环境应力开裂。

C类介质为强氧化性介质,如浓硫酸、浓硝酸等。这类介质与高聚物发生化学反应,使大分子链发生氧化降解,在应力作用下,就会在少数薄弱环节处产生银纹;银纹中的空隙又会进一步加快介质的渗入,继续发生氧化裂解。最后在银纹尖端应力集中较大的地方使大分子断链,造成裂缝,发生开裂。这类开裂产生的银纹极少,甚至比B类还少,但在较低的应力作用下可使极少的银纹迅速发展,导致脆性断裂。这类开裂称为氧化应力开裂,严格地说,不属于环境应力开裂范畴。

最后一类为D类,是安全使用介质,此类介质与材料不发生上述几种作用。

### 7.4.3 影响环境应力开裂的因素

A 高分子材料的性质的影响

高分子材料的性质是最主要的影响因素。不同的高聚物具有不同的耐环境应力开裂的能力;同一高聚物也因分子量、结晶度、内应力的不同而有很大差别。一般来说,分子量小而分子量分布窄的材料,因大分子间解缠容易而使发生开裂所需时间较大分子的短。高聚物的结晶度高,容易产生应力集中,而且在晶区与非晶区的过度交界处,容易受到介质的作用,因此易于产生应力开裂。材料中杂质、缺陷或因加工而形成变形不均匀和微裂纹等应力集中因素,都会促进环境应力开裂。

B 环境介质性质的影响

介质对环境开裂的影响,主要决定于它与材料间的相对的表面性质,或溶度参数差值$\Delta\delta$。若$\Delta\delta$太小(如B类),即介质对材料浸湿性能很好,则易溶胀,不是典型的环境应力开裂。若$\Delta\delta$太大(如D类),即介质不能浸湿材料,介质的影响也极小。只有当$\Delta\delta$在某一范围内时(如A类),才易引起局部溶胀,导致环境应力开裂。

除此之外,试验条件如试件的几何尺寸、加工条件、浸渍时间、外加应力等都对环境应力开裂产生影响。

## 7.5 氧化降解与交联

### 7.5.1 高聚物的氧化机理

高聚物在加工和使用时通常都要接触空气,因此氧的作用非常重要。在室温下,许多高聚物的氧化反应十分缓慢,但在热、光等作用下,却使反应大大加速,因此氧化降解是一个非常普遍的现象。高聚物的氧化反应有自动催化行为,属于自由基链式反应机理。反应分为链的引发、增长(具有自由基增多的含义)和终止等几个阶段。

#### 7.5.1.1 链引发

对大多数高聚物,引发反应为:

$$RH \rightarrow R\cdot + H\cdot \tag{7-13}$$

这步反应通常主要由物理因素引发,如紫外辐射、离子辐射、热、超声波及机械作用等,也可由化学因素引发,如催化作用、直接与氧、单线态氧、原子氧或臭氧反应。不过,通过分子氧与高聚物直接反应夺走一个氢原子来引发反应是不可能的,因为这是一个吸热反应,需要 $12.5 \sim 16.7 kJ/mol$ 的热量。

对于商品高聚物,在合成和加工期间引入的少量氢过氧化物杂质的热解,是最主要的引发方式。此反应可在较低温度下进行,产生自由基 $R\cdot$:

$$ROOH \rightarrow RO\cdot + \cdot OH \tag{7-14}$$

$$RH + \cdot OH \rightarrow R\cdot + H_2O \tag{7-15}$$

$$RH + RO\cdot \rightarrow ROH + R\cdot \tag{7-16}$$

#### 7.5.1.2 链增长

引发过程生成的大分子自由基($R\cdot$)很容易通过加成反应与 $O_2$ 作用,生成高分子自由基($ROO\cdot$):

$$R\cdot + O_2 \rightarrow ROO\cdot \tag{7-17}$$

$ROO\cdot$ 能从其他高聚物分子或同一分子上夺取氢生成高分子氢过氧化物($ROOH$):

$$ROO\cdot + RH \rightarrow ROOH + R\cdot \tag{7-18}$$

式(7-17)、式(7-18)反应不断进行,使 $ROOH$ 浓度增大。

#### 7.5.1.3 链支化

高分子氢过氧化物分解产生自由基,并参与链式反应,即所谓的支化反应:

$$ROOH \rightarrow RO\cdot + \cdot OH \tag{7-19}$$

$$RO\cdot + RH \rightarrow ROH + R\cdot \tag{7-20}$$

$$HO\cdot + RH \rightarrow H_2O + R\cdot \tag{7-21}$$

因 RO—OH、R—OOH 和 ROO—H 键的解离能分别为 $175 kJ/mol$、$290 kJ/mol$ 和 $370 kJ/mol$,所以在热或波长大于 $300 nm$ 的紫外光照射条件下,$ROOH$ 的分解以式(7-19)为主。

#### 7.5.1.4 链终结

当上述反应形成的自由基达到一定浓度时,因彼此碰撞而终止:

$$\left.\begin{array}{l} ROO\cdot + ROO\cdot \\ ROO\cdot + R\cdot \\ R\cdot + R\cdot \end{array}\right\} \rightarrow 不活泼产物 \qquad \begin{array}{l}(7-22)\\(7-23)\\(7-24)\end{array}$$

当氧的压力高(如与空气中相等或更高)时,$R\cdot$ 与 $O_2$ 的结合速率非常快,以至 $[R\cdot] \ll [RO_2\cdot]$,终止反应几乎全按式(7-22)进行。在氧压力很低($<100 mmHg$)或温度较高且碳氢化合物的反应活性极强时,稳定时的 $R\cdot$ 浓度增大,三种终止反应均起作用。

因自由基在高分子链上所处的位置不同,最终得到的是既有降解又有交联的稳定产物。

#### 7.5.2 热氧老化与稳定

单纯热即可使高聚物降解,但热氧老化是高聚物最主要的一种老化形式。热氧老化是由于高聚物引发产生自由基而发生式(7-13)、式(7-17)～式(7-24)的自动氧化反应。

对于热氧老化,最方便最经济的稳定化措施就是在高聚物中添加稳定剂,组成合理的配方。抗热氧老化的稳定剂,依其作用机理分为链式反应终止剂和抑制性稳定剂两类。

A 链式反应终止剂(主抗氧剂)

抗氧剂(AH)主要是通过与自由基作用,而使之被捕获或失去反应活性。这类抗氧剂有苯醌、叔胺、仲胺和受阻酚等。

(1)链转移

$$R\cdot + AH \rightarrow RH + A\cdot \tag{7-25}$$

$$RO_2\cdot + AH \rightarrow ROOH + A\cdot \tag{7-26}$$

(2)链终止

$$A\cdot + RO_2\cdot \rightarrow 稳定产物 \tag{7-27}$$

$$2A\cdot \rightarrow 稳定产物 \tag{7-28}$$

B 抑制性稳定剂(辅助抗氧剂)

主要有过氧化物分解剂和金属离子钝化剂。前者与氢过氧化物作用,使氢过氧化物分解为非活性物质,如长链脂肪族含硫酯、亚磷酸酯等。后者是基于金属离子催化 ROOH 分解产生自由基:

$$Me^{n+} + ROOH \rightarrow RO\cdot + Me^{n+1} + OH^- \tag{7-29}$$

$$Me^{n+1} + ROOH \rightarrow RO_2\cdot + Me^{n+} + H^+ \tag{7-30}$$

所以需将残留的金属离子加以钝化。芳香胺和酰胺类化合物是比较有效的金属离子钝化剂。

### 7.5.3 臭氧老化与稳定

大气中臭氧质量分数约为 $0.01\times10^{-6}$,严重污染时可达 $1\times10^{-6}$。但这些微量 $O_3$ 却可使某些结构高聚物如聚乙烯、聚苯乙烯、橡胶和聚酰胺等发生降解。在应力作用下,高聚物表面会产生垂直于应力的裂纹,称之为臭氧龟裂。

臭氧与含不饱和双键聚合物如橡胶反应生成臭氧化物,接着发生主键破裂:

$$-CH_2-CH=CR-CH_2- \xrightarrow{O_3} -CH_2-\underset{\underset{O}{\overset{O}{\diagdown}}}{CH}\underset{\underset{O}{\overset{O}{\diagup}}}{CR}-CH_2- \rightarrow 断键 \tag{7-31}$$

裂解产物为端部含醛的短链及聚过氧化物或异臭氧化物,后者可进一步降解。产物中的氧化物结构为有效的生色团,吸光后可发生光氧化降解反应。

相反,臭氧与饱和高聚物的反应要缓慢得多,例如,与聚乙烯反应:

$$-CH_2-CH_2-CH_2- \xrightarrow{O_3} -CH_2-\overset{\overset{O-O\cdot}{|}}{CH}-CH_2- + \cdot OH \tag{7-32}$$

$$\downarrow$$

$$-CH_2-COOH + \cdot CH_2- \ 或 \ -CH_2-\overset{\overset{O}{\|}}{C}-CH_2- + \cdot OH \tag{7-33}$$

$$或 \ + -CH_2-CH_2-CH_2- \rightarrow -CH_2-\overset{\overset{O-OH}{|}}{CH}-CH_2- + -CH_2-\overset{\cdot}{CH}-CH_2- \tag{7-34}$$

同样,高聚物与臭氧反应后,生成的氧化物可进一步分解,形成吸收紫外光的生色团。

臭氧老化可用抗氧剂及抗臭氧剂来防护。

## 7.6 光氧老化

高分子材料在户外使用,经常受到日光照射和氧的双重作用,发生光氧老化,出现泛黄、变脆、龟裂、表面失去光泽、机械强度下降等现象,最终失去使用价值。光氧老化是重要的老化形式之一,反应的发生与光线能量和高分子材料的性质有关。

### 7.6.1 光氧化机理

光线的能量与波长有关,波长越短,能量越大。太阳光的波长从 200nm 一直延续到 $10^4$nm 以上,当通过大气时,短波长部分被大气吸收,照射到地面上的光波长大于 290nm,如图 7-5 所示。

光波要引发反应,首先需有足够的能量,使高分子激发或价键断裂;其次是光波能被吸收。通常,典型共价键的解离能约为 300～500kJ/mol,与之对应的波长约为 400～240nm,波长为 290～400nm(400～300kJ/mol)的近紫外光波有足够能量使某些共价键断裂。图 7-6 给出了能打断一些化学键的光能量的相对分数。可以看到,C—H、C—F、O—H、C=C、C=O 的键能很高,照到地面上的近紫外光不能将其破坏;约有 5% 的太阳光可打断

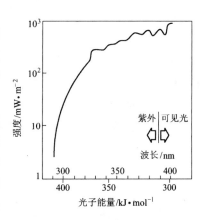

图 7-5 夏季抵达地球表面的日光强度随波长的变化

C—C 键;有 50% 以上的太阳光可使 O—O 和 N—N 键断裂;C—O、C—Cl 和 C—Br 也可被破坏。但是暴露在大气中的高聚物并没有引发"爆发"式的光氧化反应。这是因为正常高聚物的分子结构对于紫外光吸收能力很低;另外高聚物的光物理过程消耗了大部分被吸收的能量,导致光化学量子效率很低,不易引起光化学反应。

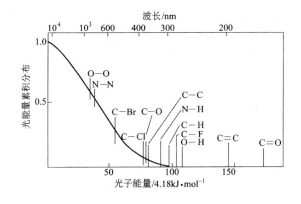

图 7-6 日光的能量分布与化学键的键强度

不同分子结构的高聚物,对于紫外线吸收是有选择性的。如醛和酮的羰基 C=O 吸收的波长范围是 280～300nm;双键 C=C 吸收的波长是 230～250nm;羟基—OH 是 230nm;

单键 C—C 是 135nm。所以照到地面的近紫外光只能被含有羰基或双键的高聚物所吸收，引起光氧化反应，而不被羟基或 C—C 单键的高聚物所吸收。

可见，照到地面的近紫外光并不能使多数高聚物离解，只使其呈激发态。一方面，处于激发态的大分子，通过能量向弱键的转移，尤其是羰基的能量转移作用，导致弱键的断裂。另一方面，若此激发能不被光物理过程消散，则在有氧存在时，被激发的化学键可被氧脱除，产生自由基，发生与热氧老化同一形式的自由基链式反应：

$$RH \xrightarrow{h\nu} R\cdot \text{ 或 } \overset{*}{RH}(\text{激发态分子}) \tag{7-35}$$

$$\overset{*}{RH} + O_2 \rightarrow R\cdot + \cdot OOH \tag{7-36}$$

有水存在时，

$$\overset{*}{RH} + O_2 + H_2O \rightarrow H_2O_2 + RH \tag{7-37}$$

$H_2O_2$ 可能引起大分子发生氧化裂解。

此外，高聚物在聚合和加工时，常会混入一部分杂质，如催化剂残渣，或生成某基团如羰基、过氧化氢基等，它们在吸收紫外光后，能引起高聚物光氧化反应。

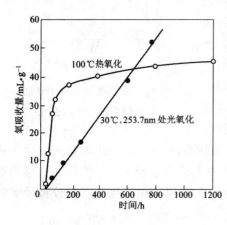

图 7-7　线型聚乙烯在 100℃ 热氧化和 253.7nm 光照下 30℃ 光氧化的氧吸收

高聚物光氧化反应一旦开始后，一系列新的引发反应可以取代原来的引发反应。因为在光氧化反应过程中所产生的过氧化氢、酮、羧酸和醛等吸收紫外光后，可再引发新的光氧化反应。

必须指出，尽管光氧化与热氧老化机理相同，都是自由基链式反应，但两者是有区别的，见图 7-7。热氧化反应经过诱导期和自催化阶段，而光氧化反应没有自催化阶段，这种现象可以用光氧化过程的高引发速率和短动力学链长来解释。在光氧条件下，ROOH 的分解是迅速的，不存在积累到一定浓度才大量分解的过程。

### 7.6.2　光氧老化的防护

光氧老化的稳定化，可采取以下几种途径：

(1)光屏蔽剂。加入光屏蔽剂是使紫外光不能进入高聚物内部，限制光氧老化反应，使反应停留在高聚物的表面上，使高聚物得到保护。许多颜料如炭黑、氧化锌等都是很好的光屏蔽剂。

(2)光吸收剂。紫外光吸收剂对紫外光有强烈的吸收作用，它能有选择性地将高聚物有害的紫外光吸收，并将激发能转变为对高聚物无害的振动能释放出来，从而使高聚物得到保护。

(3)猝灭剂。猝灭剂是把受光活化的大分子激发能通过碰撞等方式传递出去，用物理方式消耗掉，也称能量转移剂，二价镍络合物是目前广泛使用的一类猝灭剂。

(4)受阻胺。受阻胺已成为当今效能最优良的光稳定剂(受阻胺也表现出良好的抗热氧老化性能)。它具有多种功能如猝灭功能、氢过氧化物分解功能、捕获活性自由基功能、使金属离子钝化功能等。

## 7.7 高能辐射降解与交联

### 7.7.1 高能辐射降解与交联机理

高能辐射源有：$\alpha$、$\beta$、$\gamma$、X 射线，中子、加速电子等。波长约为 $10^{-4} \sim 10 \text{nm}$，能量巨大。当高分子材料被这些高能射线作用时，如所用辐射剂量很大，可以彻底破坏其结构，甚至使它完全变成粉末；在一般剂量的辐射下，高分子材料的性质也有不同程度的变化。辐射化学效应是大分子链的交联与降解。对大多数高聚物来说，交联与降解是同时发生的，只是何者占优而已。

一般说来，碳链大分子的 $\alpha$-碳上若有氢原子时，如 $\leftarrow CH_2—CHX \rightarrow_n$，则辐射交联占优势；若 $\alpha$-碳位置上没有氢原子时，如 $\leftarrow CH_2—CRX \rightarrow_n$，则主键断裂，发生降解。前者如聚乙烯、聚丙烯、聚苯乙烯、聚氯乙烯及大多数橡胶、尼龙、涤纶等；后者如聚四氟乙烯、聚甲基丙烯酸甲酯、聚异丁烯等。

在高能辐射作用下，高聚物首先发生电离或激发作用，然后进一步发生降解与交联反应。例如聚乙烯等的辐射交联作用多按自由基型进行：

$$-CH_2—CH_2—CH_2— \xrightarrow{h\nu} -CH_2—\overset{*}{C}H_2—CH_2— \tag{7-38}$$
$$（激发的聚乙烯分子）$$

$$-CH_2—\overset{*}{C}H_2—CH_2— \longrightarrow -CH_2—\overset{\cdot}{C}H—CH_2— + H\cdot \tag{7-39}$$
$$（激发的聚乙烯分子）$$

$$H\cdot + -CH_2—CH_2— \longrightarrow -CH_2—\overset{\cdot}{C}H—CH_2— + H_2 \tag{7-40}$$

$$
\begin{array}{c}
-CH_2—\overset{\cdot}{C}H—CH_2— \\
+ \\
-CH_2—\overset{\cdot}{C}H—CH_2—
\end{array}
\longrightarrow
\begin{array}{c}
-CH_2—CH—CH_2— \\
| \\
-CH_2—CH—CH_2—
\end{array}
\tag{7-41}
$$

交联使高聚物分子量增加，硬度与耐热性提高，耐溶剂性大为改善。

辐射降解反应过程，对聚异丁烯首先发生 C—C 断裂：

$$-CH_2—CRR'—CH_2—CRR'— \xrightarrow{h\nu} -CH_2—\overset{\cdot}{C}RR' + \cdot CH_2—CRR'— \tag{7-42}$$

然后生成的自由基以歧化反应或从其他分子中夺取 H 而稳定：

$$-CH_2—\overset{\cdot}{C}RR' + \cdot CH_2—CRR'— \longrightarrow CH_3—CRR'— + CRR'=CH— \tag{7-43}$$

$$-CH_2—\overset{\cdot}{C}RR' + RH \longrightarrow -CH_2—CRR'H + R\cdot \tag{7-44}$$

$$-CH_2—CRR'—\overset{\cdot}{C}H_2 + RH \longrightarrow CH_3—CRR'— + R\cdot \tag{7-45}$$

聚合物的高能辐射降解稳定性有如下次序：聚苯乙烯＞聚乙烯＞聚氯乙烯＞聚丙烯腈＞聚三氟氯乙烯＞聚四氟乙烯。就是说，仅含有碳氢原子的聚合物的辐射稳定性较高，分子链上再含有芳香基团时稳定性更好，而含有其他原子时稳定性变差。具有优良的光、热氧化稳定性的含氟聚合物的耐辐射性能最差。

### 7.7.2 高能辐射降解与交联的防护

辐射破坏的防护方法有两类：一类是通过聚合物本身的化学结构修饰以增加材料的辐

射稳定性,称为内部防护;另一类是外加防护剂,称为外部防护。防护作用方式有三种不同情况:一种是局部牺牲式,使添加剂或防护结构优先发生活化乃至破坏,降低辐射对聚合物主体结构的破坏作用,从而达到保护材料基本性能的目的。再一种是缓冲式或海绵式,使辐射激发的活性聚合物的能量转移到防护物质上,在不引起化学反应的情况下由防护剂将所接受的能量耗散掉。第三种方式是补偿式,是高聚物在降解过程中同时发生交联作用,或使已降解的聚合物再通过适当方式重新偶联,使性能不发生明显改变。

## 7.8 化学侵蚀

化学介质与大分子因发生化学反应而引起的腐蚀,除前面讲的氧化反应外,水解反应也很普遍。此外,还有侧基的取代、卤化等,大气污染物对大分子的腐蚀也应重视。

### 7.8.1 溶剂分解反应

溶剂分解反应通常指 C—X 链断裂的反应,这里 X 指杂(非碳)原子,如 O、N、Si、P、S、卤素等。发生在杂链高聚物主链上的溶剂分解反应是主要的,因此时会导致主链的断裂:

$$—\overset{|}{\underset{|}{C}}—X—\overset{|}{\underset{|}{C}}— + YZ \longrightarrow \overset{|}{\underset{|}{C}}—X—Z + Y—\overset{|}{\underset{|}{C}}— \tag{7-46}$$

其中,YZ 为溶剂分解剂,通常有水、醇、氨、肼等。当(YZ ＝HO—H)时,即为水解反应,如聚醚水解:

$$—\overset{|}{\underset{|}{C}}—O—\overset{|}{\underset{|}{C}}— + HO—H \longrightarrow \overset{|}{\underset{|}{C}}—OH + HO—\overset{|}{\underset{|}{C}}— \tag{7-47}$$

高聚物能否耐水与它的分子结构有密切关系。若高聚物分子中含有容易水解的化学基团,如醚键(—O—)、酯键(—COO—)、酰胺键(—CONH—)、硅氧键(—Si—O—)等,则会被水解而发生降解破坏。键的极性越大,越易被水解。水解反应在酸或碱的催化作用下更易进行。典型例子见表 7-4。

表 7-4　线型高聚物水解

| 受 侵 主 链 键 | 水 解 产 物 | 典 型 例 子 |
|---|---|---|
| $—\overset{|}{\underset{|}{C}}—\overset{\phantom{|}}{\underset{\overset{\|}{O}}{C}}—O—\overset{|}{\underset{|}{C}}—$ <br> 羧酸酯 | $—\overset{\phantom{|}}{\underset{\overset{\|}{O}}{C}}—OH + HO—\overset{|}{\underset{|}{C}}—$ | 聚 酯 |
| $—O—\overset{\overset{O^{(-)}}{\|}}{\underset{\underset{\|}{O}}{P}}—O—\overset{|}{\underset{|}{C}}—$ <br> 磷酸酯 | $—O—\overset{\overset{O^{(-)}}{\|}}{\underset{\underset{\|}{O}}{P}}—OH + HO—\overset{|}{\underset{|}{C}}—$ | 核酸(DNA 等) |
| $—\overset{|}{\underset{|}{C}}—O—\overset{|}{\underset{|}{C}}—$ <br> 醚,苷 | $—\overset{|}{\underset{|}{C}}—OH + HO—\overset{|}{\underset{|}{C}}—$ | 聚醚,多糖类 |

| 受侵主链键 | 水解产物 | 典型例子 |
|---|---|---|
| \n酰胺(肽) | | 聚酰胺,蛋白质,多肽 |
| \n氨基甲酸乙酯 | | 聚氨酯类 |
| \n硅氧烷 | | 聚二烷基硅氧烷 |

高聚物耐水解程度与所含基团的水解活化能有关,见表 7-5。活化能高,耐水解性好。由表 7-5 可知,耐酸性介质水解能力为:醚键>酰胺键或酰亚胺键>酯键>硅氧键;耐碱性介质水解能力为:酰胺或酰亚胺键>酯键。

**表 7-5 典型基团水解反应活化能(J/mol×10³)**

| 基团类型 | | 酰胺键\nO\n‖\n—C—NH— | 酯键\nO\n‖\n—C—O—C— | 酰亚胺键\nO  O\n‖  ‖\n—CONCO—\n│\nC— | 醚键\n│  │\n—C—O—C—\n│  │ | 硅氧键\n│  │\n—Si—O—Si—\n│  │ |
|---|---|---|---|---|---|---|
| 活化能 | 酸性介质 | 约 83.6 | 约 75.2 | 约 83.6 | 约 100.3 | 约 50.2 |
| | 碱性介质 | 约 66.9 | 约 58.5 | 约 66.9 | — | — |

引入某种基团屏蔽上述易水解基团,使之受到空间屏蔽效应的保护,以及提高材料的结晶程度会使高聚物的耐水解能力增强。例如氯化聚醚与环氧树脂在主链中均含有大量醚键,但氯化聚醚具有下述结构:

$$\begin{matrix} & CH_2Cl & & CH_2Cl & \\ & | & & | & \\ -CH_2-C-CH_2-O-CH_2-C-CH_2-O- & & \\ & | & & | & \\ & CH_2Cl & & CH_2Cl & \end{matrix} \tag{7-48}$$

由于主链两侧的氯甲基(—CH₂Cl)基团的空间屏蔽效应使介质分子不易接近醚键,所以水解难以进行;而且氯化聚醚的结晶性好,因此,其耐腐蚀性能要比同样具有醚键的环氧树脂好得多。

### 7.8.2 取代基的反应

饱和的碳链化合物的化学稳定性较高,但在加热和光照下,除被氧化外还能被氯化。如聚乙烯可被氯化为:

$$—CH_2—CH_2—CH—CH_2— + Cl_2 \xrightarrow{\text{光或热}} —CH—CH_2—CH—CH— \tag{7-49}$$
$$\underset{\overset{|}{CH_2}}{} \qquad\qquad \underset{\overset{|}{Cl}}{} \underset{\overset{|}{CH_2}}{} \underset{\overset{|}{Cl}}{}$$

在 $Cl_2$ 及光、热作用下,聚氯乙烯也可被氯化:

$$—CH—CH_2—CH—CH_2— + Cl_2 \longrightarrow —CH_2—CH—CH—CH— + HCl \tag{7-50}$$
$$\underset{\overset{|}{Cl}}{} \qquad \underset{\overset{|}{Cl}}{} \qquad\qquad\qquad \underset{\overset{|}{Cl}}{} \underset{\overset{|}{Cl}}{} \underset{\overset{|}{Cl}}{}$$

随着含氯量的增加,生成物的大分子间作用力增强,结晶性改善,在溶剂中的耐溶解能力会大大提高。

含苯基的高分子材料,原则上具有芳香族化合物所有的反应特征。在硫酸、硝酸作用下能起磺化、硝化等取代反应。如聚苯乙烯的磺化:

$$+CH—CH_2+ \qquad\qquad +CH—CH_2+ \tag{7-51}$$

$$\xrightarrow{H_2SO_4}$$

游离的氯、溴,硝酸、浓硫酸、氯磺酸等对聚苯硫醚都有显著的腐蚀作用。原因是这些试剂能很好地使苯环发生取代反应,或使硫原子受到氧化,使 S—C 键破坏。

### 7.8.3 与大气污染物的反应

许多长期在户外使用的塑料,能被大气中的污染物如 $SO_2$、$NO_2$ 等侵蚀。通常饱和高聚物在没有光照的室温条件下,对 $SO_2$、$NO_2$ 是相当稳定的,如聚乙烯、聚丙烯、聚氯乙烯等。而结构为 $+(CH_2)_4 O—CO—NH(CH_2)_6 CO—O+_n$ 的高聚物如尼龙 6,6 和聚亚胺酯却受到侵蚀,结果同时出现降解和交联,并以交联为主。饱和高聚物在高温时,则可被 $NO_2$ 等破坏。

不饱和高聚物易被 $SO_2$ 和 $NO_2$ 侵蚀。异丁橡胶主要发生主链的分解,而聚异戊二烯则以交联为主。对后者,$NO_2$ 和 $SO_2$ 被加成到双键:

$$C=C + NO_2 \longrightarrow \dot{C}—C— \tag{7-52}$$
$$\underset{\overset{|}{NO_2}}{}$$

$SO_2$ 吸收紫外光,使大多数反应明显加快:

$$SO_2 + h\nu \longrightarrow {}^1SO_2^* \longrightarrow {}^3SO_2^* \tag{7-53}$$

激发的三线态($^3SO_2^*$)可夺取氢:

$$^3SO_2^* + RH \xrightarrow{h\nu} R\cdot + \dot{H}SO_2 \tag{7-54}$$

上述产生的大分子游离基 $R\cdot$ 可进行多种反应如:

$$R\cdot + SO_2 \longrightarrow R\dot{S}O_2 \tag{7-55}$$

有 $O_2$ 时,

$$R\cdot + O_2 \longrightarrow RO_2\cdot \tag{7-56}$$

进而发生自由基链式反应。

## 7.9 微生物腐蚀

生物能腐蚀金属材料和非金属材料。这里仅考虑微生物对高分子材料的腐蚀问题。通常微生物能够降解天然聚合物,而大多数合成高聚物却表现出较好的耐微生物侵蚀能力。

### 7.9.1 微生物的种类及生存环境

地球上生存有大量的微生物,如真菌、细菌和放线菌等。微生物的生存和繁殖条件取决于 pH 值、温度、矿物养料、氧及湿度。真菌如霉菌,通常在有 $O_2$ 和 pH＝4.5～5.0 条件下繁殖;温度范围较宽,最高可达 45℃。在大多数情况下,最适生长速度出现在 30～37℃ 之间。放线菌常生存在 $O_2$ 和 pH＝5～7、中等温度条件下,温度范围较宽。细菌有厌氧和嗜氧两类,分别在有氧及无氧或缺氧条件、pH＝5～7、中等温度下生存。

有些微生物喜热,它们可在相当高的温度下繁殖,如 40～70℃;其最适生长速度在 50～55℃,甚至更高,达 50～70℃。微生物的最低生长温度为 0℃,低于 0℃ 其所含水分冻结。

细菌和某些低级真菌在水中生长,较高级的真菌可在高湿度(通常为 95% 以上)下生存。许多高分子材料都含有微生物生长和繁殖所需的养分,如碳、氮等。所有微生物均需氮,氮也可从大气中获取。

### 7.9.2 微生物腐蚀特点

微生物对高分子材料的降解作用是通过生物合成所产生的称作酶的蛋白质来完成的。酶是分解高聚物的生物实体。依靠酶的催化作用将长分子链分解为同化分子,从而实现对高聚物的腐蚀。降解的结果为微生物制造了营养物及能源,以维持其生命过程。

酶可根据其作用方式而分类。如催化酯、醚或酰胺键水解的酶为水解酶;水解蛋白质的酶叫蛋白酶;水解多糖(碳水化合物)的酶称醣酶。酶具有亲水基团,通常可溶于含水体系中。

微生物腐蚀有如下特点:

A "专一性"

对天然高分子材料或生物高分子材料,酶具有高度的专一性,即酶/高聚物以及高聚物被侵蚀的位置都是固定的。因此,分解之产物也是不变的。但对合成高分子材料来说,细菌和真菌等微生物则有所不同。一方面对于所作用的物质即底物的降解,微生物仍具有专一性;另一方面,微生物也能适应底物,即当底物改变时,微生物在数周或数月之后,能产生出新的酶以分解新的底物。目前,人们已相信,合成高聚物是可被许多微生物降解的。

B "端蚀性"

酶降解生物高分子材料时,多从大分子链内部的随机位置开始。对合成高分子材料则与此相反,酶通常只选择其分子链端开始腐蚀,聚乙烯醇和聚 ε-己酸内酯二者例外。因大多数合成大分子端部优先敏感性,大分子的分解相当缓慢,又由于分子链端常常藏于高聚物基体内,因而大分子不能或非常缓慢地受酶攻击。必须指出,从动力学上讲,酶分解长链高分子材料是个一步过程(one-step process)(不是链式反应),它由众多连续的初级反应组成,每个初级反应可分解一两个基元(base units)。因此,当酶反应进行时,高分子材料试样的平均分子量和相应的物理性质减少的极其微小。但当高分子链受到随机攻击时,即酶从内部而不是端部或外部作用时,则材料物理性质的改变要大得多。"端蚀性"可解释合成高分子材料耐生物降解现象。

　　C　高分子材料中添加剂的影响

　　大多数添加剂如增塑剂、稳定剂和润滑剂等低分子材料,易受微生物降解,特别是组成中含有高分子天然物的增塑剂尤为敏感。表 7-6 示出了用标准试验获得的典型降解结果。从表中可见,许多塑料都是相当耐蚀的,聚乙烯和聚氯乙烯用甲苯萃取后其耐微生物腐蚀能力相当好。这些结果表明,低分子量添加剂(对聚氯乙烯是豆油增塑剂)是可被微生物降解的,而大分子基体是很少或不被侵蚀。由于微生物与增塑剂、稳定剂等相互作用,而不与大分子作用,所以在高聚物表面常有微生物生存。早期的研究表明,添加剂的种类及含量对高分子材料的生物降解影响极大。

表 7-6　商品塑料的微生物降解

| 塑　　料 | 在琼脂板上生长速度[①] |
|---|---|
| 聚异丁烯<br>聚-4-甲基-1-戊烯<br>聚甲基丙烯酸甲酯<br>聚乙烯醇缩丁醛<br>聚甲醛<br>聚乙烯乙基醚<br>乙酸纤维素<br>双酚 A 聚碳酸酯 | 0 |
| 聚乙酸乙烯酯<br>苯乙烯–丁二烯嵌段共聚物<br>聚偏二氯乙烯<br>聚对苯二甲酸乙酯<br>聚苯乙烯<br>聚丙烯 | 1<br>(＜10% 被覆盖) |
| 聚乙烯 | 2<br>(10%～30% 被覆盖) |
| 增塑聚乙烯 | 3<br>(30%～60% 被覆盖) |
| 聚亚胺酯 | 4<br>(60%～100% 被覆盖) |

　　① 用黑曲霉、黄曲霉、球毛壳酶和绳状青霉菌做的标准试验。

　　D　侧基、支链及链长对腐蚀有影响

　　事实上,只有酯族的聚酯、聚醚、聚氨酯及聚酰胺,对普通微生物非常敏感。引进侧基或用其他基团取代原有侧基,通常会使材料成为惰性。这同样适于可生物降解的天然高聚物材料。纤维素的乙酰化及天然橡胶的硫化,可使这些材料对微生物的侵蚀相当稳定。生物降解性也强烈地受支链和链长的影响。这是由酶对于大分子的形状和化学结构的专一行为引起的。对碳氢化合物如链烃和聚乙烯的研究表明,线性链烃的分子量≤450 时,出现严重的微生物降解现象,见表 7-7。而支链和高分子分子量大于 450 的烃类则不受侵蚀。

表 7-7　分子量和支链对碳氢化合物的微生物降解的影响

| 碳氢化合物 | 分子量 | 支链 | 在琼脂板上生长速度[①] |
|---|---|---|---|
| 十二烷($C_{12}H_{26}$) | 170 | 无 | 4 |
| 2,6,11-三甲基十二烷($C_{15}H_{32}$) | 212 | 有 | 0 |
| 正十六烷($C_{16}H_{34}$) | 226 | 无 | 4 |
| 2,6,11,15-四甲基十六烷($C_{20}H_{42}$) | 283 | 有 | 0 |
| 正二十四烷($C_{24}H_{50}$) | 339 | 无 | 4 |
| 异三十烷($C_{30}H_{62}$) | 423 | 有 | 0 |
| 正三十二烷($C_{32}H_{66}$) | 451 | 无 | 4 |
| 正四十烷($C_{40}H_{82}$) | 563 | 无 | 0 |
| 正四十四烷($C_{44}H_{90}$) | 619 | 无 | 0 |

① 注释同表 7-6。

E　易侵蚀水解基团

由于许多微生物能产生水解酶,因此在主链上含有可水解基团的高聚物,易受微生物侵蚀。这一特性对开发可降解高聚物很有帮助。

### 7.9.3　微生物腐蚀的防护

化学基团影响高分子材料耐微生物腐蚀的性能,并且酶对底物具有专一侵蚀性。因此,微生物腐蚀的防护也要从材料结构和抑制酶的活性两方面入手。

A　化学改性

化学改性的基本目的是通过改进聚合物的基本结构或取代基,以化学或立体化学方式而不是添加抑菌剂的方式,赋予聚合物以内在的抗微生物性能。这种内在的抵抗效能将一直保持到微生物因进化而能够合成出新型酶时为止。

B　抑制剂或杀菌剂

在非金属材料的制造过程中,添加杀菌剂可防止微生物腐蚀。所谓杀菌剂就是能够杀死或除掉各种微生物,对材料或零件的性能无损、对人体无毒害并在各种环境下能保持较长时间杀菌效果的化学药剂。有许多化学药剂如水杨酸、水杨酰苯胺、8-烃基喹啉铜亏和菲绕啉等都可作为杀菌剂。杀菌剂应该根据材料、霉菌种类和杀菌期限等各种条件选择使用。

C　改善环境

为了防止微生物腐蚀,控制工作环境是必要的。例如降低湿度;保持材料表面的清洁,不让表面上存在某些有机残渣,都可以降低微生物对材料的腐蚀危害。

最后应指出,除微生物外,自然环境中一些较高级的生命体如昆虫、啮齿动物和海生蛀虫等对纤维素和塑料制品也都有侵蚀作用,所造成的经济损失往往是相当惊人的。因此在设备的使用中也应采取防范措施。

## 7.10　高聚物的存放效应与物理老化

### 7.10.1　概述

玻璃态高聚物多数处于非平衡态,其凝聚态结构是不稳定的。这种不稳定结构在玻璃化转变温度 $T_g$ 以下存放过程中会逐渐趋向稳定的平衡态,从而引起高聚物材料的物理力学性能随存放或使用时间而变化,这种现象被称为物理老化或"存放效应"。物理老化是玻璃态高聚物通过小区域链段的微布朗运动使其凝聚态结构从非平衡态向平衡态过渡的弛豫过程,因此与存放的温度有关。在可观察的时标内,它发生在高聚物玻璃化转变温度 $T_g$ 和次级转变温度 $T_\beta$ 之间,所以又称为 $T_g$ 以下的退火效应。

早在 20 世纪 30 年代初,人们就发现玻璃等非晶态固体在 $T_g$ 以下处于热力学非平衡态,其本体黏度随存放时间按指数规律增加。随后又发现非晶态高聚物从熔体冷却至 $T_g$ 以下,同样是处于热力学非平衡态。这些材料可看作为一种凝固了的过冷液体,被称作"准玻璃态"固体。准玻璃态固体的体积($V$)、热焓($H$)和熵($S$)比其在平衡的玻璃态即"真玻璃态"要大,大于平衡态部分的 $V$、$H$ 和 $S$ 称为过剩热力学函数,它们是促使玻璃态高聚物物理老化的推动力。

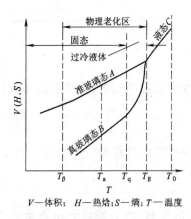

$V$—体积;$H$—热焓;$S$—熵;$T$—温度

图 7-8　高聚物熔体冷却过程中
热力学函数随温度变化示意图

图 7-8 表示液态高聚物熔体 $C$ 在通常冷却速度下,由 $T_0$ 冷却至 $T_g$ 时,由于链段运动被冻结,高聚物本体黏度增加 3~4 个数量级,高聚物熔体的热力学函数来不及弛豫到真玻璃态 $B$,而是由过冷区进入准玻璃态 $A$ 被冻结保存下来。由图可知,物理老化是高聚物准玻璃态 $A$ 在某一温度 $T_a$($T_a < T_g$)下,过剩热力学函数通过小区域的链段运动弛豫到真玻璃态 $B$ 的过程。因此物理老化既不同于由热、光、湿气、辐射等引起的氧化、降解等化学老化,也不同于增塑剂、低分子添加剂迁移流失以及多相聚合物相分离而引起材料性能随时间的变化。

物理老化使高聚物材料自由体积减小,堆砌密度增加,反映在宏观物理力学性能上是模量和抗张强度增加,断裂伸长及冲击韧性下降,材料由延性转变为脆性,从而导致材料在低应力水平下的失效破坏。因此,了解高聚物材料物理老化的机理及规律,对合理使用和改进高聚物材料性能,估算其使用寿命等都有重要的意义。

### 7.10.2　物理老化的特点

既然物理老化是一种弛豫过程,因此它具有弛豫过程的一切特征。温度、时间、压力等外部因素,物理、化学、结构等内部因素,对老化的影响也符合弛豫过程的一般规律。

A　物理老化的可逆性

与化学老化不同,物理老化是一种热力学可逆过程。由图 7-8 可知,准玻璃态的高聚物固体,在老化温度 $T_a$ 下存放,其过剩热力学函数由 A 弛豫到真玻璃态 $B$,升高温度其热力学函数将沿 $BC$ 曲线进入液态,再降温至 $T_a$ 将沿 $CABC$ 如此可逆地循环,反映在宏观物理力学性能上其可逆性也是如此。利用物理老化可逆性的特点,可以用热处理的方法消除试样的存放历史或使试样达到所需要的状态,这对某些研究和测试是很重要的。

B　物理老化是缓慢的自减速过程

物理老化是通过链段运动使自由体积减少的过程,而自由体积的减少又使链段运动的活动性减低。链段活动性减低则导致老化速率降低。如此形成一负反馈的"自减速"过程,老化速率随存放时间 $t_a$ 成指数函数减少,越接近平衡态速率越低。这一过程使塑料制品在使用期(5~10 年)都受其影响。图 7-9 为聚苯乙烯从熔体淬火至不同温度($T_s$)后,在存放

温度 $T_a = 95.46℃$ 时自由体积(比容)随存放时间 $t_a$ 变化的规律。其中 $V$ 和 $V_\infty$ 分别表示存放时间 $t_a \to 0$ 和 $t_a \to \infty$ 时的自由体积，$V - V_\infty$ 是过剩自由体积。

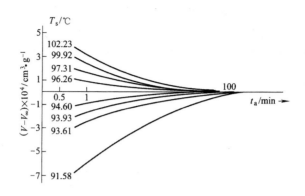

图 7-9    自由体积随存放时间的变化图

C    老化速率与温度符合 Arrhenius 方程

研究表明老化速率 $dV/dt_a$ 或速率常数与温度的关系符合 Arrhenius 方程。图 7-10 为非晶聚对苯二甲酸乙二醇酯(PET)在不同老化温度($T_a$)下样品发生脆性转变所需时间($t_b$)的 Arrhenius 作图。由图可知 $\ln t_b$ 对 $1/T_a$ 呈很好的线性关系。

D    不同材料有相似的老化规律

从一般意义上讲，物理老化是玻璃态材料的共性，许多实验也证实了这一点。从合成高分子到天然高分子如虫胶、木材、干酪、沥青等；从有机物到无机玻璃，直到某些金属材料等都观察到物理老化现象。其特征和规律也很相似，不依赖于材料的化学结构，仅取决于材料所处的状态。

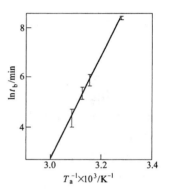

图 7-10    PET 的 $\ln t_b$-$1/T_a$
关系符合 Arrhenius 方程

### 7.10.3    物理老化对性能的影响

物理老化对高聚物材料的性能尤其是材料的力学性能有较大的影响。20 世纪 70 年代初期，发现许多工程塑料如聚碳酸酯、聚酯、聚苯醚、聚苯硫醚等制品(包括膜和片材)在存放过程中会变硬，冲击韧性和断裂伸长大幅度降低，材料由延性转变为脆性，而在此过程中材料的化学结构、成分及结晶度等都未发生变化。此种现象引起了科学家的兴趣和重视，随之对物理老化进行了大量研究。

A    老化对材料密度的影响

物理老化是自由体积减少的过程，直接的宏观效果是材料的密度增加。一般体积(比容)变化约在 $10^{-4} \sim 10^{-3}$ 数量级。

B    老化对材料强度的影响

老化使材料强度增加，断裂伸长降低。图 7-11 是硬聚氯乙烯(PVC)的抗拉强度 $\sigma_b$ 和断裂伸长 $\varepsilon_b$ 在 65℃ 存放随存放时间 $t_a$ 变化的百分率。由图可知，存放 1000 小时，$\sigma_b$ 增加约 10%，而 $\varepsilon_b$ 下降约 50%。

C 老化对材料脆性的影响

老化使材料变脆。物理老化使材料模量和屈服应力增加,材料由延性变为脆性。图 7-12 是 PET 膜在存放过程中产生的由延性变为脆性的转变。图中实线是 PET 膜在老化前的应力-应变曲线,虚线是在 51℃存放 90 分钟后的应力-应变曲线。由图看出屈服应力较老化前有明显增加,而断裂伸长则显著降低,材料在屈服前发生脆性断裂。

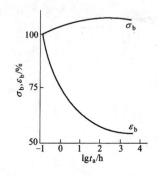

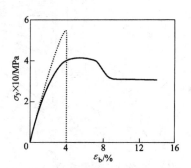

图 7-11 PVC 的 $\sigma_b$、$\varepsilon_b$ 在 65℃
存放随 $t_a$ 变化的百分率

图 7-12 老化对 PET 膜应力-
应变曲线的影响

D 老化对输运速率的影响

老化使输运速率降低。低分子在高聚物中的输运行为受高聚物自由体积或链段活动性支配。老化使自由体积或活动性降低,因此使低分子气体或溶剂在高聚物中的吸附、扩散和渗透速率降低。如 PET 薄膜在存放过程中其热焓弛豫量、密度和 $T_g$ 温度均增加,而 $CO_2$ 气体在膜中的渗透速率下降。但在这一过程中并没有发生结晶等结构的变化。图 7-13 为聚碳酸酯(PC)吸附 $CO_2$ 气体量($C$)与 $CO_2$ 压力($p$)的关系曲线。曲线上所标数字 0、2、10、204 分别表示 PC 在 125℃存放的时间(h)。由图可见,存放效应在压力低($p<0.5$MPa)时对吸附量 $C$ 影响不大。当 $p>0.5$MPa 时,存放时间对 $C$ 有较大的影响。

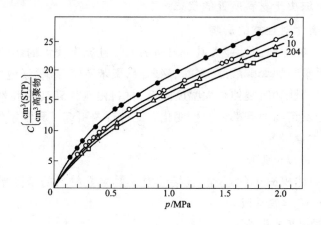

图 7-13 PC 吸附 $CO_2$ 气体量($C$)与 $CO_2$ 压力($p$)的关系

E 老化对偶极运动的影响

偶极运动与自由体积有关,自由体积减少必将降低其偶极的活动性,因而使极性高聚物介电极化偶极取向或驻极体偶极解取向更加困难。图7-14为聚氯乙烯驻极体偶极解取向热释电谱。由图可知，聚氯乙烯在60℃经不同时间老化后，其热释电谱有明显变化，老化120h的样品其热释电流的峰值减少约1个数量级。

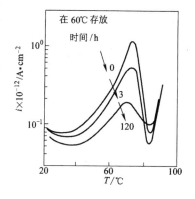

图7-14　聚氯乙烯驻极体偶极解取向热释电谱

F　物理老化与交联程度无关

研究表明，物理老化活化能与交联度无关，说明其运动单元小于交联点间的分子量。

## 7.11　高分子基复合材料的腐蚀

### 7.11.1　高分子基复合材料的腐蚀环境

高分子基复合材料是由树脂基体、增强相及界面相组成。当材料与热及化学环境接触时，会引起各个组元不同程度的腐蚀。温度对复合材料的腐蚀影响如下：

(1)在纤维和树脂之间以及在层状材料中取向不同的层之间，不同的膨胀会导致内应力。

(2)温度的变化导致复合材料组元尤其是基体性质的变化。在未加载荷时，如果温度没达到玻璃晶化的转变温度，则温度对基体性质的影响通常可逆。基体性质的变化，影响复合材料短期强度和模量，例如，单向层合板的纵向压缩模量主要取决于基体。

(3)由于基体的粘弹性，材料抗蠕变性能强烈地依赖温度。在加载时会出现物质的流动和不可逆的微裂纹，从而导致材料的完全断裂。尤其对短纤维增强的热塑性塑料，这些取决于基体的性质受影响最大。

气体或液体环境会导致复合材料性质的重大变化。这可通过环境对单个组元即纤维、基体和界面的影响来说明。表7-8示出了复合材料常见的腐蚀形式。尽管表中分可逆和不可逆的变化，但事实上，任何变化都不可能是可逆的。其中对任意组元的破坏均会引起复合材料的腐蚀。

表7-8　高分子基复合材料的腐蚀形式

| 组　　元 | 可　逆　变　化 | 不　可　逆　变　化 |
|---|---|---|
| 树　脂 | (1)水的溶胀<br>(2)温度引起的柔韧化<br>(3)分子局部区域的物理有序 | (1)水解导致的化学破坏<br>(2)与化学药品反应引起的化学破坏<br>(3)紫外辐射导致的化学破坏<br>(4)热导致的化学破坏<br>(5)应力(与溶胀和外加应力相关的)引起的化学破坏<br>(6)分子局部区域的物理有序<br>(7)溶出(leaching)引起的化学成分改变<br>(8)沉淀与溶胀引起的空位和裂缝<br>(9)消除溶胀不均而产生的表面银纹和裂缝<br>(10)热塑性聚合物含量对长期稳定性的化学影响 |

| 组　元 | 可　逆　变　化 | 不　可　逆　变　化 |
|---|---|---|
| 界　面 | 柔韧界面 | (1)上面(1)～(4)的化学破坏<br>(2)内应力(与收缩、溶胀和外加应力相关的)引起脱粘<br>(3)界面的溶出 |
| 纤　维 | | (1)腐蚀引起的强度损失<br>(2)纤维的溶出<br>(3)紫外辐射引起的化学破坏 |

### 7.11.2　高分子基复合材料的腐蚀机制

高分子基复合材料的腐蚀通常是化学或物理作用引起的,而很少是电化学反应。化学作用导致复合材料的主化学键的断裂。电化学腐蚀仅在增强材料是碳纤维或其他导电材料并与金属接触时才会发生。主要的腐蚀机制有以下各点。

(1)水解。水、酸和碱可引起树脂、纤维及界面水解。升高温度可大大加快水解过程。

(2)氧化反应引起断键。氧、臭氧、硝酸(盐)及硫酸(盐)等氧化剂,可与树脂、纤维及界面反应引起断键。

(3)应力开裂。聚合物基体吸收液体引起其溶胀和增塑。溶胀引起复合材料中内应力场发生改变,从而导致一定量的纤维/树脂脱粘。对水溶液情形,烘出树脂中的水分会使树脂表面处于拉伸状态而易于出现银纹和表面龟裂。

(4)聚合物溶胀与溶解。

(5)溶出(leaching)。如果低分子物质与聚合物间不以化学键相联,则溶剂会使低分子物质从聚合物中溶出。交联聚合物常含少量的非交联物质,后者可被溶剂溶出。聚酯树脂接触碱液会发生化学侵蚀,其结果增加了可溶出物质的量。当聚酯或类似聚合物长时间浸渍在溶剂中,再烘干,则所得材料与原来的不同。由于塑料稀释剂的损失,导致了材料模量的增加。

(6)渗透压引起的破坏。树脂内孤立的水溶性物质,吸水量达一定值后,会形成渗透压区。在这些区域将产生细小而繁多的微裂纹,这些微裂纹对树脂强度有害,而对树脂模量影响不大。

(7)纤维/树脂脱粘。纤维与基体以化学键、次价键、机械咬合等形式粘接。化学键可通过纤维的表面处理来改善。对碳纤维,要进行氧化处理,以增加基体和纤维间的粘接。玻璃纤维用硅烷进行表面处理,硅烷与纤维和基体均发生化学反应。硅烷涂层与玻璃纤维间的化学和物理键可被水破坏。在界面区,离子从玻璃纤维中溶出而引起的渗透压,有利于界面脱粘。脱粘可通过细致的烘干来部分恢复,在许多情况下,剪切强度可完全被恢复。

### 7.11.3　高分子基复合材料在水环境中的腐蚀

在研究各种介质对高分子基复合材料的腐蚀作用中,水引起复合材料破坏的机理较为清楚。现以潮湿环境中,水分向碳纤维环氧树脂层合板扩散为例,说明环境对复合材料的腐蚀机理。

水向聚合物中扩散会引起材料性质改变。对一给定树脂,其平衡吸水量取决于环境的相对湿度和温度。吸水速度除湿度和温度外还取决于水在树脂中的扩散速度。水分会导致树脂溶胀,而溶胀又部分地受纤维制约。受纤维约束程度取决于纤维的几何条件和体积分数。在非平衡条件下,树脂中水的含量不均,水浓度梯度会引起材料的应力和应变呈梯度分布。类似地,即使水分含量是均匀的,层合板中相邻层间的溶胀性能差异也会导致内应力的产生。

水分能使环氧树脂柔韧性增加,或者说,使其弹性模量降低。基体模量的变化对复合材料纵向拉伸强度和模量几乎没有影响。然而,由于树脂含量较大,因而基体模量的改变对纵向压缩强度和层间及层内剪切性能有重要影响。在高温下,水分会降低树脂的玻璃转变温度,因此,上述效应更为明显。例如,在室温下,1.5%的吸水量使碳纤维环氧树脂层合板的层间剪切强度稍有降低;但温度在 $100 \sim 130 ℃$ ,强度降低达 $50 \% \sim 60 \%$ 。

水引起的环氧树脂弹性模量降低是可逆的。原因是当外界环境改变以及水分扩散出后,树脂的模量可恢复到原值。但是,对表 7-8 中许多吸收水分的过程来说,吸水引起的性质改变是不可逆的。这些不可逆的变化会导致复合材料物理和力学性质的明显降低。

纤维以如下方式影响水分向树脂基体中的扩散:

(1)水分扩散路径取决于纤维的排列和体积分数;

(2)界面具有不同于基体的扩散特征,而且沿界面出现的毛细管作用会引起水分快速扩散;

(3)表 7-8 中的不可逆过程会在界面和树脂中引起微裂纹的形核与生长,为化学介质提供了易于扩散的路径。

应力使扩散过程及由此引起的劣化速度加快,其机理尚不清楚。可能是流体静拉应力会有利于树脂的溶胀,从而使扩散速度和总的吸水量增加。毫无疑问,应力对裂纹的产生有影响。

除细小微裂纹外,水分的侵入还会导致大裂纹的生长和传播。例如,长期接触水时,聚酯层合板会鼓泡。在这里裂纹的产生是由于渗透压作用引起的。水通过扩散作用,穿过树脂,在孔隙析出。在此过程中,水使周围玻璃和树脂中的水溶性物质溶解,而树脂则起到半渗膜作用。由于连续不断地向具有最大可溶物浓度的区域扩散,在孔隙内,产生了渗透压。渗透压最终足以引起树脂的开裂和鼓泡的形成。

环境也影响纤维强度。例如,玻璃纤维遇到水时,极易使可溶性物质如 $Na_2O$ 和 $K_2O$ 溶出。随时间的增加,溶出会导致纤维表面出现坑点,从而使强度下降。在玻璃纤维周围,溶解在水中的盐,可导致渗透压的产生。此渗透压甚至在没有外加应力时,就可在界面处引起脱粘。

在纤维表面和基体内,会出现应力腐蚀现象。其原因为 $H^+$ 以如下形式交换:

$$\equiv Si—O—Na + H^+ \longrightarrow \equiv Si—O—H + Na^+ \tag{7-57}$$

上述交换导致纤维表层收缩,结果在纤维表面产生大的拉应力,导致玻璃纤维强度降低。

## 习题与思考题

1. 什么是高分子材料的腐蚀? 有何主要表现?

2. 高分子材料的老化应如何分类? 各含有哪些主要形式?

3. 应如何表征介质的渗透扩散作用?

4. 何为溶胀? 溶胀层的结构如何?

5．高分子材料耐溶剂性的优劣可用哪些原则进行判断？

6．什么叫高分子材料的环境应力开裂？不同介质的开裂机理有何不同？

7．高分子材料的氧化反应机理是什么？反应分哪几个阶段？其中引发反应可由哪些因素引起？

8．光氧化反应是怎样引发的？为什么暴露在大气中的高分子材料没有引发"爆发"式的光氧化反应？

9．高分子材料的高能辐射反应有哪两种？通常何者占优？

10．举例说明什么是水解反应。

11．试述微生物腐蚀的特点。

12．何为高分子材料的物理老化？其特点是什么？物理老化对性能有何影响？

13．高分子基复合材料的腐蚀形式有哪些？试述腐蚀机理。

# 8 无机非金属材料的腐蚀

## 8.1 概述

无机非金属材料是指除有机高分子材料和金属材料以外的固体材料,其中大多数为硅酸盐材料。所谓硅酸盐材料即指主要由硅和氧组成的天然岩石、铸石、陶瓷、玻璃、水泥等。现代陶瓷作为结构材料和功能材料发挥的作用越来越大。无机非金属材料也往往称为陶瓷材料。

无机非金属材料是以地球表层20km左右的地壳中的岩石及岩石风化而成的粘土、砂砾为原料,经加工而成,因而其主要成分为各种氧化物如 $SiO_2$、$Al_2O_3$、$TiO_2$、$Fe_2O_3$、$CaO$、$MgO$、$K_2O$、$Na_2O$、$PbO$ 等。现代陶瓷材料对性能有很高的要求,采用人工合成的碳化物、氮化物、硅化物等来制造。

无机非金属材料通常具有良好的耐腐蚀性能。但因其化学成分、结晶状态、结构以及腐蚀介质的性质等原因,在任何情况下都耐蚀的无机非金属材料是不存在的。无机非金属材料除石墨以外,在与电解质溶液接触时不像金属那样形成原电池,故其腐蚀不是由电化学过程引起的,而往往是由于化学作用或物理作用所引起。

无机非金属材料作为结构和功能材料应用极其广泛。但对其腐蚀机理的研究还很不够,大力开展这方面研究极为必要。

## 8.2 无机非金属材料的腐蚀

### 8.2.1 一般性机理

在防腐方面涉及的耐蚀无机非金属材料大多属于硅酸盐材料,如下因素影响硅酸盐材料耐蚀性。

#### 8.2.1.1 材料的化学成分和矿物组成

硅酸盐材料成分中以酸性氧化物 $SiO_2$ 为主,它们耐酸而不耐碱,当 $SiO_2$(尤其是无定型 $SiO_2$)与碱液接触时发生如下反应而受到腐蚀:

$$SiO_2 + 2NaOH \rightarrow Na_2SiO_3 + H_2O \tag{8-1}$$

所生成的硅酸钠易溶于水及碱液中。

$SiO_2$ 含量较高的耐酸材料,除氢氟酸和高温磷酸外,它能耐所有无机酸的腐蚀。温度高于300℃的磷酸,任何浓度的氢氟酸都会对 $SiO_2$ 发生作用:

$$SiO_2 + 4HF \rightarrow SiF_4 \uparrow + 2H_2O \tag{8-2}$$

$$SiF_4 + 2HF \rightarrow H_2[SiF_6] \tag{8-3}$$

$$(氟硅酸)$$

$$H_3PO_4 \xrightarrow{高温} HPO_3 + H_2O \tag{8-4}$$

$$2HPO_3 \rightarrow P_2O_5 + H_2O \tag{8-5}$$

$$SiO_2 + P_2O_5 \rightarrow SiP_2O_7 \tag{8-6}$$
（焦磷酸硅）

一般来说,材料中 $SiO_2$ 的含量越高耐酸性越强,$SiO_2$ 质量分数低于 55% 的天然及人造硅酸盐材料是不耐酸的,但也有例外,例如铸石中只含质量分数为 55% 左右的 $SiO_2$,而它的耐蚀性却很好;红砖中 $SiO_2$ 的含量很高,质量分数达 60%~80%,却没有耐酸性。这是因为硅酸盐材料的耐酸性不仅与化学组成有关,而且与矿物组成有关。铸石中的 $SiO_2$ 与 $Al_2O_3$、$Fe_2O_3$ 等在高温下形成耐腐蚀性很强的矿物——普通辉石,所以虽然 $SiO_2$ 的质量分数低于 55% 却有很强的耐腐蚀性。红砖中 $SiO_2$ 的含量尽管很高,但是以无定型状态存在,没有耐酸性。如将红砖在较高的温度下煅烧,使之烧结,就具有较高的耐酸性。这是因为在高温下 $SiO_2$ 与 $Al_2O_3$ 形成具有高度耐酸性的新矿物——硅线石($Al_2O_3 \cdot 2SiO_2$)与莫来石($3Al_2O_3 \cdot 2SiO_2$),并且其密度也增大。

含有大量碱性氧化物($CaO$、$MgO$)的材料属于耐碱材料。它们与耐酸材料相反,完全不能抵抗酸类的作用。例如由钙硅酸盐组成的硅酸盐水泥,可被所有的无机酸腐蚀,而在一般的碱液(浓的烧碱液除外)中却是耐蚀的。

#### 8.2.1.2 材料孔隙和结构

除熔融制品(如玻璃、铸石)外,硅酸盐材料或多或少总具有一定的孔隙率。孔隙会降低材料的耐腐蚀性,因为孔隙的存在会使材料受腐蚀作用的面积增大,侵蚀作用也就显得强烈,使得腐蚀不仅发生在表面上而且也发生在材料内部。当化学反应生成物出现结晶时还会造成物理性的破坏,例如制碱车间的水泥地面,当间歇地受到苛性钠溶液的浸润时,由于渗透到孔隙中的苛性钠吸收二氧化碳后变成含水碳酸盐结晶,体积增大,在水泥内部膨胀,使材料产生内应力破坏。

如果在材料的表面及孔隙中腐蚀生成的化合物为不溶性的,则在某些场合它们能保护材料不再受到破坏,水玻璃耐酸胶泥的酸化处理就是一例。

当孔隙为闭孔时,受腐蚀性介质的影响要比开口的孔隙为小。因为当孔隙为开口时,腐蚀性液体容易透入材料内部。

硅酸盐材料的耐蚀性还与其结构有关。晶体结构的化学稳定性较无定型结构高。例如结晶的二氧化硅(石英),虽属耐酸材料但也有一定的耐碱性。而无定形的二氧化硅就易溶于碱溶液中。具有晶体结构的熔铸辉绿岩也是如此,它比同一组成的无定形化合物具有更高的化学稳定性。

#### 8.2.1.3 腐蚀介质

硅酸盐材料的腐蚀速度似乎与酸的性质无关(除氢氟酸和高温磷酸外),而与酸的浓度有关。酸的电离度越大,对材料的破坏作用也越大。酸的温度升高,离解度增大,其破坏作用也就增强。此外酸的黏度会影响它们通过孔隙向材料内部扩散的速度。例如盐酸比同一浓度的硫酸黏度小,在同一时间内渗入材料的深度就大,其腐蚀作用也较硫酸快。同样,同一种酸的浓度不同,其黏度也不同,因而它们对材料的腐蚀速度也不相同。

### 8.2.2 典型材料的耐蚀性

#### 8.2.2.1 玻璃

玻璃是非晶的无机非金属材料。在人们的印象中,玻璃较金属耐蚀,因而总认为它是惰性的。实际上,许多玻璃在大气、弱酸等介质中,都可用肉眼观察到表面污染、粗糙、斑点等腐蚀迹象。下面依次讨论玻璃的结构和腐蚀。

A 结构

玻璃是以 $SiO_2$ 为主要组成,并含有 $R_2O$、$RO$($R$ 代表碱金属或碱土金属)、$Al_2O_3$、$B_2O_3$ 等多种氧化物。实践表明,玻璃具有很好的耐酸性,而耐碱性相对较差些,这与材料的组成和结构密切相关。

玻璃的结构如图 8-1 所示,玻璃是缺乏对称性及周期性的三维网络(图 8-1b),其中结构单元不像同成分的晶体结构那样做长期性的重复排列,如图 8-1(a)。其结构是以硅氧四面体$[SiO_4]$为基本单元的空间连续的无规则网络所构成的牢固骨架,此为材料中化学稳定的组成部分。被网络外的阳离子如 $K^+$、$Na^+$、$Ca^{2+}$、$Mg^{2+}$ 等所打断而又重新集聚的脆弱网络,它是材料中化学不稳定的组成部分,如图 8-1(c)。

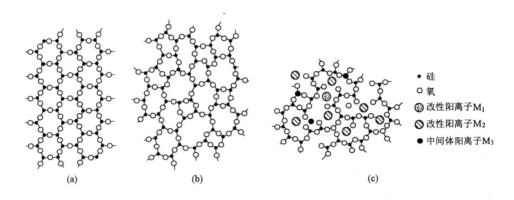

图 8-1 玻璃结构二维示意图

(a)—有序的晶体结构;(b)—无规则的网络结构(玻璃);(c)—多种阳离子的玻璃结构

B 腐蚀

玻璃与水及水溶液接触时,可以发生溶解和化学反应。这些化学反应包括水解及在酸、碱、盐水溶液中的腐蚀,玻璃的风化,除这种普遍性的腐蚀外,还有由于相分离所导致的选择性腐蚀。

a 溶解

$SiO_2$ 是玻璃最主要的组元,图 8-2 示出 pH 值对可溶性 $SiO_2$ 的影响。当 pH<8,$SiO_2$ 在水溶液中的溶解量很小;而当 pH>9 以后,溶解量则迅速增大。这种效应可从图 8-3 所示的模型得到说明:

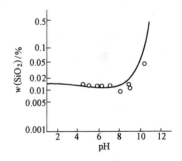

图 8-2 玻璃的可溶性 $SiO_2$ 与 pH 值之间关系(25℃)

(1)在酸性溶液中,要破坏所形成的酸性硅烷桥困难,因而溶解少而慢;

(2)在碱性溶液中,Si—OH 的形成容易,故溶解度大。

b 水解与腐蚀

含有碱金属或碱土金属离子 $R$($Na^+$、$Ca^{2+}$ 等)的硅酸盐玻璃与水或酸性溶液接触时,不是“溶解”,而是发生了“水解”,这时,所要破坏的是 Si—O—R,而不是 Si—O—Si。

这种反应起源于 $H^+$ 与玻璃中网络外阳离子(主要是碱金属离子)的离子交换:

$$\equiv\text{Si—O—Na} + H_2O \xrightarrow{\text{离子交换}} \equiv\text{Si—OH} + \text{NaOH} \qquad (8\text{-}7)$$

此反应实质是弱酸盐的水解。由于 $H^+$ 减少，pH 值提高，从而开始了 $OH^-$ 对玻璃的侵蚀（见图 8-3）。上述离子交换产物可进一步发生水化反应：

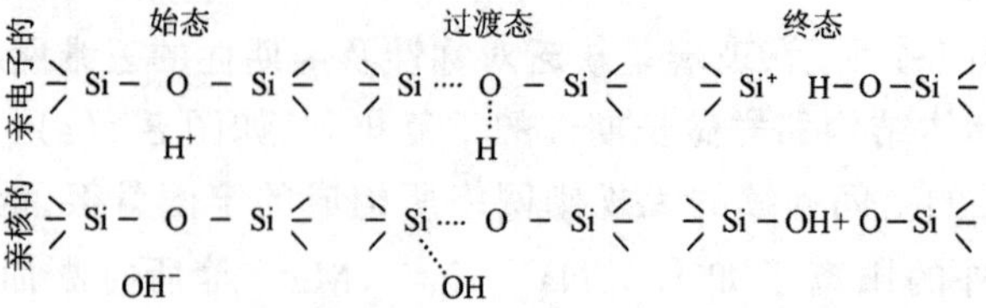

图 8-3　$H^+$ 及 $OH^-$ 对 Si—O—Si 键破坏示意图

$$\equiv\text{Si—OH} + 3/2H_2O \xrightarrow{\text{水化}} \text{HO—Si—OH} \qquad (8\text{-}8)$$

随着这一水化反应的进行，玻璃中脆弱的硅氧网络被破坏，从而受到侵蚀。但是反应产物 $Si(OH)_4$ 是一种极性分子，它能使水分子极化，而定向地附着在自己的周围，成为 $Si(OH)_4 \cdot nH_2O$。这是一个高度分散的 $SiO_2—H_2O$ 系统，称为硅酸凝胶，其除一部分溶于溶液外，大部分附着在材料表面，形成硅胶薄膜。随着硅胶薄膜的增厚，$H^+$ 与 $Na^+$ 的交换速度越来越慢，从而阻止腐蚀继续进行，此过程受 $H^+$ 向内扩散的控制。

因此，在酸性溶液中，$R^+$ 为 $H^+$ 所置换，但 Si—O—Si 骨架未动，所形成的胶状产物又能阻止反应继续进行，故腐蚀较少。

但是在碱性溶液中则不然。如图 8-3 所示，$OH^-$ 通过如下反应：

$$\equiv\text{Si—O—Si}\equiv + OH^- \longrightarrow \equiv\text{SiOH} + \equiv\text{SiO}^- \qquad (8\text{-}9)$$

使 Si—O—Si 链断裂，非桥氧 $\equiv\text{SiO}^-$ 群增大，结构被破坏，$SiO_2$ 溶出，玻璃表面不能生成保护膜。因此腐蚀较水或酸性溶液为重，并不受扩散控制。

表 8-1 中的腐蚀数据证实了上述的分析，其中耐碱玻璃由于含有 $ZrO_2$，故在碱中的腐蚀速度也很低。

表 8-1　各类玻璃在酸及碱中的腐蚀数据

| 编　号 | 玻　璃　类　型 | 腐蚀失重/mg·cm$^{-2}$ | |
|---|---|---|---|
| | | $w(\text{HCl})=5\%,100℃,24h$ | $w(\text{NaOH})=5\%,100℃,5h$ |
| 7900 | 96% 高硅氧玻璃 | 0.0004 | 0.9 |
| 7740 | 硼硅酸盐玻璃 | 0.005 | 1.4 |
| 0080 | 钠钙灯泡玻璃 | 0.01 | 1.1 |
| 0010 | 电真空铅玻璃 | 0.02 | 1.6 |
| 7050 | 硼硅酸盐钨封接玻璃 | 选择性腐蚀 | 3.9 |
| 8870 | 高铅玻璃 | 崩解 | 3.6 |
| 1710 | 铝硅酸盐玻璃 | 0.35 | 0.35 |
| 7280 | 耐碱玻璃 | 0.01 | 0.09 |

一般说来,含有足够量 $SiO_2$ 的硅酸盐玻璃是耐酸蚀的。但是,在为了获得某些光学性能的光学玻璃中,降低了 $SiO_2$,加入了大量 Ba、Pb 及其他重金属的氧化物,正是由于这些氧化物的溶解,使这类玻璃易为醋酸、硼酸、磷酸等弱酸腐蚀。此外由于阴离子 $F^-$ 的作用,氟氢酸极易破坏 Si—O—Si 键而腐蚀玻璃:

$$\equiv Si—O—Si \equiv \xrightarrow{\quad H^+ \quad F^- \quad} \equiv Si \cdots O—Si \equiv \xrightarrow{\quad F^- \quad H^+ \quad} \equiv Si—F + HO—Si \equiv \tag{8-10}$$

c 玻璃的风化

玻璃和大气的作用称为风化。玻璃风化后,在表面出现雾状薄膜,或者点状、细线状模糊物,有时出现彩虹。风化严重时,玻璃表面形成白霜,因而失去透明,甚至产生平板玻璃粘片现象。

风化大都发生于玻璃储藏、运输过程中,温度、湿度比较高,通风不良的情况下;化学稳定性比较差的玻璃在大气和室温条件也能发生风化。

玻璃在大气中风化时,首先吸附大气中的水,在表面形成一层水膜。通常湿度越大,吸附水分越多。然后,吸附水中的 $H_3O^+$ 或 $H^+$ 与玻璃中网络外阳离子进行式(8-7)的离子交换和式(8-9)的碱侵蚀,破坏硅氧骨架。由于风化时表面产生的碱不会移动,故风化始终在玻璃表面上进行,随时间增加而变得严重。

在不通风的仓库储存玻璃时,若湿度高于 75%,温度达 40℃ 以上,玻璃就会严重风化。大气中含有的 $CO_2$ 和 $SO_2$ 气体,会加速玻璃的风化。

d 选择性腐蚀

如图 8-4 所示的 $SiO_2$—$B_2O_3$—$Na_2O$ 三元系中的"影线区"的成分,通过热处理(例如 580℃,3~168h)可以形成双向组织——孤立的硼酸盐相弥散在高 $SiO_2$ 基体之中。这种双向组织的玻璃在酸中发生了选择性腐蚀,富 $B_2O_3$ 的硼酸盐相受侵,而高 $SiO_2$ 的基体没有变化,从而形成疏松的玻璃。孔洞的直径在 3~6nm 之间,孔洞的体积可达 28%。再通过弱碱处理,由于溶去孔洞内部的高 $SiO_2$ 的残存区,可扩大孔洞直径。

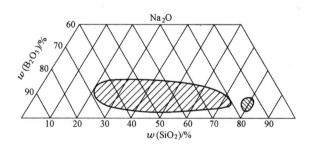

图 8-4 通过侵蚀可获得疏松玻璃的成分范围(影线区)

其他不少玻璃也具有这种相分离及选择性腐蚀的性能。例如,简单的钠玻璃也可通过上述的热处理-腐蚀工艺,获得孔洞直径为 0.7nm 的疏松玻璃,显示分子筛的功能。

8.2.2.2 混凝土

混凝土是一种很复杂的复合材料,它是砾石、卵石、碎石或炉渣在水泥或其他胶结材料中的凝聚体。其品种繁多,家族庞大。用量最大的胶结材料是水泥,特别是波特兰水泥。下面先分析混凝土的结构,再讨论波特兰水泥的腐蚀。

A 结构

$C_s$ 表示混凝土的结构,$C$ 为水泥或其他胶结材料,$A_c$ 及 $A_f$ 分别表示粗及细骨料,$W$ 及 $V$ 分别为水及孔隙,$x_1,x_2,\cdots,x_n$ 为各种添加物,$I_1,I_2,\cdots,I_m$ 为各种内界面,则

$$C_s = f(C,A_c,A_f,W,V,x_1,\cdots,x_n,I_1,\cdots,I_m) \qquad (8\text{-}11)$$

这里函数 $f$ 包括各组元的含量及排列方式,由于 $A_c$ 及 $A_f$ 因地而异,添加物(包括钢筋)又很多,$W$ 及 $V$ 则随工艺而有差异,对于界面(实质上是薄区),知道的不多,下面只讨论波特兰水泥的结构。

水泥的主要组元是氧化物,这些氧化物的符号一般简化为一个英文字母,例如 $C=CaO,S=SiO_2,A=Al_2O_3,M=MgO,N=Na_2O,K=K_2O,P=P_2O_5,T=TiO_2,F=Fe_2O_3,f=FeO,H=H_2O,\overline{C}=CO_2,\overline{S}=SO_3$ 等,这样 $CaSiO_3=CS,Ca_3Al_2O_6=C_3A$。

波特兰水泥大约由质量分数为 75% 的硅酸钙和质量分数为 25% 的矿物质所组成,前者为 $C_3S$ 及 $C_2S$;后者主要是 $C_3A,C_4AF$,还有少量的 $C_5A_3,CA,C_3A_5,C_2F,CF$ 等。此外,碱的质量分数(以 $Na_2O$ 计算)为 0.3%~2%。

水泥在混凝土中由于水合作用而变硬,成为"水泥石",它的组成取决于水泥中各组元的水合反应:

$$2C_3S + 7H \rightarrow C_3S_2H_4 + 3CH \qquad (8\text{-}12)$$

$$2C_2S + 5H \rightarrow C_3S_2H_4 + CH \qquad (8\text{-}13)$$

$$2C_3A + 27H \rightarrow C_4AH_{19} + C_2AH_8 \rightarrow 2C_3AH_6 + 15H \qquad (8\text{-}14)$$

有硫酸钙($C\overline{S}$)时,则

$$C_3A + 3C\overline{S}H_2 + 26H \rightarrow C_6A\overline{S}_3H_{32} \qquad (8\text{-}15)$$

$$2C_3A + C_6A\overline{S}_3H_{32} + 4H \rightarrow 3C_4A\overline{S}H_{12} \qquad (8\text{-}16)$$

$C_4AF$ 的水合作用与 $C_3A$ 相似,水合产物有 $C_3(A,F)H_6$,$C_2F$ 水合则产生 $C_4FH_{13}$、$C_3FH_6$ 及非晶的 $Fe(OH)_3$。

水泥水合硬化时还出现了另一个结构参数即孔隙,即式(8-11)中的 $V$,它的大小、分布和含量对混凝土的力学和耐蚀性能有着重要的影响。用某号水泥实验(表 8-2)发现,水泥/砂比下降及水/水泥比增加,使总孔隙率、连通孔隙率及透气性都显著增加。表 8-3 列出不同孔隙大小的形成原因及其效应。

表 8-2 水泥砂浆的孔隙率和透气性[①]

| 砂浆配合比<br>(水泥:砂),<br>(以质量计) | 水灰比 | 硬化砂浆中的水泥石(质量分数)/% | 在相对湿度为50%的条件下硬化 | | | 在水中硬化 | | |
|---|---|---|---|---|---|---|---|---|
| | | | 总孔隙率/% | 连通孔隙率/% | 透气性/$10^{-11}\mathrm{cm}^2$ | 总孔隙率/% | 连通孔隙率/% | 透气性/$10^{-11}\mathrm{cm}^2$ |
| 1:3.5 | 0.46 | 37 | 66.2 | 23.2 | 183 | 59 | 14 | 40 |
| 1:1.8 | 0.28 | 47 | 42.2 | 12.9 | 2.2 | 33.2 | 7.3 | 2.8 |
| 1:1.3 | 0.23 | 53 | 37 | 12.7 | 4.5 | 32.2 | 4.4 | 1.4 |
| 1:1 | 0.2 | 58 | 35 | 9.8 | 2.6 | 30.2 | 2.9 | 1.2 |

① 总孔隙率和连通孔隙率是按水泥石的体积分数计算的。

表 8-3 水泥浆体中的孔隙

| 类型 | | 孔径/nm | 检查方法 | 来　源 | 影　响 |
|---|---|---|---|---|---|
| 大孔 | | >5000 | 光学金相 | 陷入空气;混水过多;工艺不当 | 强度下降 |
| 毛细管 | 大 | >50 | 水银法 | 盛水残留部分 | 控制渗透性及耐蚀性 |
| | 中 | 2.6~50 | 水银法 | 盛水残留部分,小孔与 C-S-H 有关 | 干燥时产生应力 |
| | 小 | <2.6 | 气体法 | 与 C-S-H 有关 | 干燥及润湿影响断离 |

B　腐蚀

混凝土结构大多在室外遭受大气、河水、海水或土壤的腐蚀,而在地下或阴暗的场所,例如排污水的混凝土管道,还有微生物腐蚀。混凝土结构中有孔隙,因而腐蚀性流体既可在混凝土结构的表面发生反应,也可通过孔隙渗进,在内部发生溶解或化学反应,这些作用的产物也可通过孔隙而流出。

室温下混凝土结构的腐蚀主要是水和水溶液腐蚀,这类破坏可分为两类:(1)浸析腐蚀,即水或水溶液从外部渗入混凝土结构,溶解其易溶的组分,从而破坏混凝土;(2)化学反应引起的腐蚀,即水或水溶液在混凝土表面或内部与混凝土某些组元发生化学变化,从而破坏混凝土。

a　浸析腐蚀

现以 $Ca(OH)_2$ 溶解侵蚀为例,说明影响这种破坏过程的因素。水泥中可含游离的 CH,或通过式(8-12)及式(8-13)产生 CH,这些 CH 可被渗透水溶解而带走。现在来计算厚度 $l$ = 10cm 的构件,在压头 $\Delta p$ 为 15m 的软水作用下的混凝土设备工作 $t$ = 100 年所允许的最高允许渗透率 $P$。

CH 在渗透水中的浓度是在变化的,设在侵蚀期间 CaO 在水中的平均浓度 $\bar{c}(CaO)$ = $5 \times 10^{-4}$ g/cm³;波特兰水泥用量 $q$ = 0.3g/cm³;每一克波特兰水泥平均含氧化钙 $q_{CaO}$ = 0.65g;假设 CaO 的允许浸出率(即这样浸出,混凝土强度仍在设计范围内)$\alpha$ 为水泥中 CaO 总量的 20%,若表面积 $A$ = 1cm²,则在使用期允许带走的 CaO 量 $Q_{CaO}$ 为:

$$Q_{CaO} = q \alpha q_{CaO} l A = \alpha q q_{CaO} l \tag{8-17}$$

带走 $Q_{CaO}$ 所需的水量 $W$ 为:

$$W = Q_{CaO} / \bar{c} \tag{8-18}$$

由式(7-6),上式所需 $W$ 的渗透率 $P$:

$$W = P \times \frac{\Delta p}{l} \times t \tag{8-19}$$

由式(8-17)~式(8-19)得:

$$P = \frac{\alpha q q_{CaO} l^2}{\bar{c} \Delta p t} \tag{8-20}$$

代入数据:

$$P = \frac{0.2 \times 0.3 \times 0.65 \times 10^2}{5 \times 10^{-4} \times (15 \times 100) \times (100 \times 365 \times 86400)} = 1.65 \times 10^{-9} \mathrm{cm/s} \qquad (8\text{-}21)$$

从式(8-20)可以看出,为了使允许的 $P$ 值大,则要求 $\alpha$、$q$、$q_{CaO}$、$l$ 大,$\bar{c}$、$\Delta p$、$t$ 小。在其他条件相同的情况下,寿命 $t$ 反比于渗透率 $P$。表 8-4 示出 $P$ 随孔隙半径的增加而增加;表 8-5 示出 $P$ 随有效孔隙率的增加而增加;减少及缩小孔隙对于降低 $P$、从而增加寿命都是有利的。可以预期,水泥砂浆和混凝土的强度损失将随石灰浸析量的增加而增加(图 8-5)。

**表 8-4  孔隙半径对渗透率及迁移机理的影响**

| 孔隙半径/cm | 渗透率/cm·s$^{-1}$ | 迁移机理 |
| --- | --- | --- |
| $<10^{-5}$ | $<10^{-8}$ | 分子扩散 |
| $10^{-5} \sim 10^{-3}$ | $18^{-8} \sim 10^{-7}$ | 分子流动 |
| $>10^{-3}$ | $>10^{-7}$ | 黏滞流动 |

**表 8-5  石灰石的孔隙率和渗透率之间的关系**

| 有效孔隙率/% | 4.1 | 10.6 | 20.6 | 26.5 |
| --- | --- | --- | --- | --- |
| 渗透率/$10^{-11} \mathrm{cm^2}$ | 0.0001 | 0.004 | 1.54 | 18.5 |

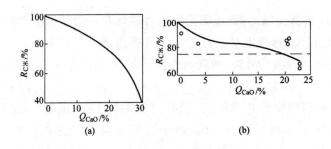

图 8-5  石灰浸析时水泥砂浆和混凝土的强度损失

(a)—水泥砂浆;(b)—混凝土

b  化学反应引起的腐蚀

环境中的 $CO_2$、游离酸、碱、镁盐等化合物可与混凝土中某些组元发生反应,而使后者受到腐蚀。常见的有两类问题。

(1)酸性软水的腐蚀。含有 $CO_2$ 的软水将会腐蚀波特兰水泥产物中的 $Ca(OH)_2$ 及 $CaCO_3$:

$$Ca(OH)_2 + CO_2 \rightarrow CaCO_3 + H_2O \qquad (8\text{-}22)$$

$$CaCO_3 + CO_2 + H_2O \rightarrow Ca(HCO_3)_2 \qquad (8\text{-}23)$$

在硬水中,沉积的碳酸盐层,可以保护水泥石而使之腐蚀速度很低。如表 8-6 所示,只有 $CO_2$ 低及 $CaCO_3$ 高的第 1 种情况,对混凝土几乎不腐蚀。

表 8-6 水的成分对混凝土腐蚀的影响

| 序 号 | 水 的 硬 度 | | 对混凝土的腐蚀性 |
|---|---|---|---|
| | $CaCO_3/10^{-6}$ | $CO_2/10^{-6}$ | |
| 1 | >35 | <15 | 几乎无 |
| 2 | >35 | 15~40 | 微 |
| | 3.5~35 | <15 | 微 |
| | >35 | 40~90 | 重 |
| 3 | 3.5~35 | 15~40 | 重 |
| | <3.5 | <15 | 重 |
| 4 | >35 | >90 | 强烈 |
| | 3.5~35 | >40 | 强烈 |
| | <3.5 | >15 | 强烈 |

(2)硫酸盐水溶液的腐蚀。可溶性硫酸盐可与水泥中水合产物发生化学反应,导致体积膨胀或崩解。例如 $Na_2SO_4$ 水溶液通过如下反应而腐蚀水泥水合产物:

$$Ca(OH)_2 + Na_2SO_4 + 2H_2O \rightarrow CaSO_4 \cdot 2H_2O + 2NaOH \qquad (8\text{-}24)$$

$$3CaO \cdot Al_2O_3 \cdot 6H_2O + 3(CaSO_4 \cdot 2H_2O) + 20H_2O \rightarrow$$
$$3CaO \cdot Al_2O_3 \cdot 3CaSO_4 \cdot 32H_2O \qquad (8\text{-}25)$$

碱金属硫酸盐不能腐蚀水合的硅酸钙。硫酸铵可腐蚀 $Ca(OH)_2$:

$$(NH_4)_2SO_4 + Ca(OH)_2 \rightarrow CaSO_4 + 2NH_4OH \qquad (8\text{-}26)$$

$NH_4OH$ 分解产生的氨一部分溶于水,一部分以气体释放出来,因此上面反应极易向右进行。实验证明,硫酸铵是混凝土的强腐蚀性介质。

硫酸镁的腐蚀反应如下:

$$CH + M\overline{S} + 2H \rightarrow C\overline{S} \cdot 2H + MH \qquad (8\text{-}27)$$

$$C_3AH_6 + 3C\overline{S} \cdot 2H + H \rightarrow C_3A \cdot 3C\overline{S} \cdot 32H \qquad (8\text{-}28)$$

$$C_xS_y + M\overline{S} + H \rightarrow C\overline{S}H_2 + MH + S \qquad (8\text{-}29)$$

$CaSO_4$、$BaSO_4$、$PbSO_4$ 等虽可腐蚀混凝土,但它们的溶解度小,因而腐蚀速度很小。如表 8-7 所示,波特兰水泥的腐蚀性是随着 $SO_4^{2-}$ 的浓度的增加而增加的,只有水中 $SO_4^{2-}$ 的浓度小于 300mg/L 腐蚀性才低微。

表 8-7  水中硫酸盐浓度对普通波特兰水泥腐蚀性的影响

| $c(SO_4^{2-})/mg \cdot L^{-1}$ | 耐 蚀 性 | $c(SO_4^{2-})/mg \cdot L^{-1}$ | 耐 蚀 性 |
|---|---|---|---|
| <300 | 低微 | 1501~5000 | 严重 |
| 300~600 | 低 | >5000 | 很严重 |
| 601~1500 | 中等 | | |

应该指出,硫酸盐腐蚀产物的溶解度小,它们的沉淀所导致的应力可加剧混凝土的破

坏。

## 8.3 陶瓷基复合材料的腐蚀

假设陶瓷基复合材料的组成相之间化学上相容,那么,此材料的热稳定性由熔点、组元的分解或组元与周围环境的反应(通常是氧化反应)等来决定。大多数复合材料组元的熔点、分解温度及蒸气压可查阅有关热化学数据和相图,在此不再讨论。下面讨论的大多数复合材料,上述温度均超过 1500℃。

预测复合材料的氧化及高温腐蚀行为极其困难。通常,某一组元的氧化行为,在热力学和动力学上要受其他组元的影响。组成相与杂质的界面在许多情况下也显著影响氧化行为。因此,复合材料的腐蚀行为,通常不能从组元的性质来推得。

为了讨论方便,对于氧化反应,可把陶瓷基复合材料的组成相分成三类:

(1)氧化物。本身不氧化,然而,在其他氧化物或杂质与氧同时存在时,可形成低熔点的混合氧化物或玻璃;

(2)Si 的非氧化物。特别是 $SiC$、$Si_3N_4$、$MoSi_2$,假设体系中的氧偏压不太低,那么就会在其上形成一有效的 $SiO_2$ 保护层,从而限制氧化反应速度。

(3)其他非氧化物。抗氧化能力相对较差,在温度低于 1000℃ 时,氧化速度很快。例如,$TiC$、$TiN$、$B_4C$、$BN$、$TiB_2$ 等增强的陶瓷基复合材料。

$SiC$ 和 $Si_3N_4$ 氧化的特征是发生由钝态向活性转变,其标志是 $SiO_2$ 的分解和气化:

$$2SiO_2 \rightarrow 2SiO \uparrow + O_2 \tag{8-30}$$

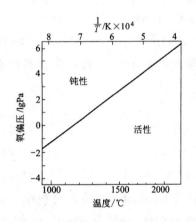

图 8-6 温度和氧偏压对 $SiC$ 和 $Si_3N_4$ 氧化的活性与钝性转变的影响

这种转变由温度和氧偏压决定,如图 8-6。在钝化区,当压力为 $10^5Pa$,温度 $1000 \sim 1500$℃ 时,氧化速度很低,此时,膜层的生长速度为 $10^{-12} \sim 10^{-11}g/(cm^2 \cdot s)$。不过,此区域的氧化反应对氧化层的性质很敏感。如果该层呈结晶态而不是非晶态,则其氧化速度要低得多。对于非晶态情况,随某些玻璃形成物引起的粘性的降低,氧化速度明显加快。

通常,在 $SiC$ 和 $Si_3N_4$ 与氧化物组成的复合材料中,$SiC$ 和 $Si_3N_4$ 的抗氧化性能要降低。这是因为 $SiO_2$ 层常常与氧化物组元反应,形成玻璃或混合氧化物。即使最终的反应产物是结晶的,随氧化速度的增加,中间低黏度的玻璃相也可能会形成。当此玻璃相渗透至晶界和界面时,氧化速度会进一步加快。

这种效应可用研究较详细的 $Al_2O_3/SiC$ 复合材料来说明。这种复合材料在空气中约 1200℃ 时,氧化明显加快。先形成的 $SiO_2$,随后与 $Al_2O_3$ 反应生成莫来石($3Al_2O_3 \cdot 2SiO_2$),莫来石也是一个非平衡玻璃相。在某些复合材料中,发现这个相富含 Ca。该玻璃相不仅使氧快速扩散至下面的 $SiC$,而且通过渗透到界面和晶界,因而以提供氧进入材料通道的方式加快氧化。因此,$SiC$ 颗粒或晶须快速消耗并最终转变为莫来石:

$$3Al_2O_3 + 2SiC + 6O \rightarrow Al_6Si_2O_{13} + 2CO \tag{8-31}$$

这个过程要求氧通过反应产物表面扩散入和 CO 气扩散出材料。通过莫来石中的玻璃相和裂纹,这两个过程极易进行,并且氧化速度大约比纯 SiC 快一个数量级。最终反应产物含有莫来石,其中的 $Al_2O_3$ 或 $SiO_2$ 何者占优取决于复合材料中 SiC 的原始质量分数。

SiC/氧化物复合材料的氧化速度并非在任何情况下都以这种方式被加快。例如,在 SiC 晶须增强的 $Al_2O_3$—$ZrO_2$ 复合材料中,在 1000～1200℃时,$SiO_2$ 层是结晶的且该层为一有效的扩散阻挡层。

假设增强相为抗氧化性较差的非氧化物,并以孤立的颗粒或纤维形式存在;同时,假设此增强相氧化时所形成的氧化物与基体氧化物没有不利的反应发生,则这种复合材料可具有令人满意的抗氧化性。在这种情况下,在自由表面上化合物的氧化一旦完成,其氧化速度就减慢。

另外,复合材料的组元间的界面氧化作用也很重要。在某些复合材料中,用氧化来改善界面强度。例如,对于聚合物—前驱体 SiC 纤维增强的复合材料,其假塑性行为取决于弱的石墨界面。在氧化过程中,此界面可迅速由高强度的氧化物界面取代而变脆。

## 习题与思考题

1. 试述硅酸盐材料的腐蚀机理及影响腐蚀的因素。

2. 玻璃的腐蚀有哪几种形式? 简要说明之。

3. 混凝土的腐蚀有哪几种形式? 简要说明之。

4. 以 $Al_2O_3$/SiC 复合材料为例说明陶瓷基复合材料的氧化行为。

# 9 防腐蚀设计

防腐蚀设计是材料腐蚀与防护研究中一个非常重要的课题。大量实验和实践证明,许多腐蚀问题是可以从绘图板开始,通过正确运用已有的知识和经验,经过周密的防腐蚀设计来减少和避免的。防腐蚀设计包括:

(1)选材;
(2)防腐蚀措施的选择;
(3)防腐蚀结构设计;
(4)防腐蚀强度设计;
(5)防腐蚀工艺设计。

## 9.1 选材

### 9.1.1 正确选材基本原则

正确合理选材是一个调查研究、综合分析与比较鉴别的复杂而细致的过程,是防腐蚀设计成功与否的关键一环。选材应遵循如下基本原则。

A 材料的耐蚀性能要满足设备或物件使用环境的要求

根据环境选择材料,所选择材料才能适应环境。例如,如下"材料—环境"搭配证明效果良好:铝用于非污染性大气;含铬合金用于氧化性溶液;铜及其合金用于还原性和非氧化性介质;哈氏合金用于热盐酸;铅用于稀硫酸;蒙乃尔合金用于氢氟酸;镍及镍合金用于还原性和非氧化性介质;不锈钢用于硝酸;钢用于浓硫酸;锡用于蒸馏水;钛用于热的强氧化性溶液;钽用于除氢氟酸和烧碱溶液外的介质。

B 材料的物理、机械和加工工艺性能要满足设备或物件的设计与加工制造要求

结构材料除具有一定的耐蚀性外,一般还要具有必要的机械性能(如强度、硬度、弹性、塑性、冲击韧性、疲劳性能等)、物理性能(如耐热、导电、导热、光、磁及密度、比重等)及工艺性能(如机加工、铸造、焊接性能等)。如泵材要求具有良好的耐磨性和铸造性;换热器用材要具有良好的导热性;大型设备用材往往要有良好的可焊性。

C 选材时力求最好的经济效益和社会效益

要优先考虑国产的、价廉质优的、资源丰富的材料。在可以用普通结构材料如钢铁、非金属材料等时,不采用昂贵的贵金属。在可以用资源较丰富的铝、石墨、玻璃、铸石等时,不用不锈钢、铜、铅等。在其他性能相近的情况下,不选用会引起环境污染的材料。

### 9.1.2 选材时应考虑的因素

选材顺序如图 9-1 所示,从图中可见,选材时应考虑如下因素。

A 明确产品的工作环境

材料的选定主要是通过工艺流程中各种环境因素来决定的。选材时必须了解的环境因素包括化学因素和物理因素。以工程结构接触水溶液为例,则化学因素包括溶液的组分、pH 值、氧含量、可能发生的化学反应等;物理因素包括溶液温度、流速、受热和散热条件、受力种类及大小等。

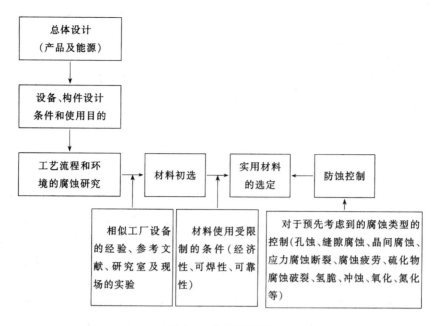

图 9-1  选材顺序图

B  查阅权威手册,借鉴失效经验

查阅已公开出版的手册、文献,对于选材十分有益。可供查阅的材料腐蚀性能手册主要有:左景伊编写的《腐蚀数据手册》,朱日彰等编写的《金属防腐蚀手册》;美国腐蚀工程师协会(NACE)出版的《Corrosion Data Survey》等。还可以查询我国自然环境条件下的腐蚀数据库。

与此同时,可仔细查阅腐蚀事故调查报告。如 1971 年美国 Fontana 发表的杜邦公司 1968~1969 年两年间金属材料损伤 313 例调查;日本发表的 1964~1973 年 10 年间 985 例不锈钢失效事故报告;我国也有类似的分析报告。这些资料为正确选材提供了宝贵的经验和教训。

C  腐蚀试验

资料中所列的使用条件有时与实际使用条件并不完全一致,这时就必须进行腐蚀试验。腐蚀试验应是接近于实际环境的浸泡试验或模拟试验,条件许可时还应进行现场(挂片)试验,甚至实物或应用试验,以便获得材料可靠的腐蚀性能数据。

D  兼顾经济性与耐用性

在保证产品在使用期内性能可靠的前提下,要考虑所选材料是否经济合理。一般不要选用比确实需要的材料还要昂贵的材料。采用完全耐蚀的材料并不一定是正确的选择,应在充分估计预期使用寿命的范围内,平衡一次投资与经常性的维修费用、停产损失、废品损失、安全保护费用等。对于长期运行的、一旦停产可造成巨大损失的设备,以及制造费用远远高于材料价值的设备,选择耐蚀材料往往更经济。对于短期运行的设备,易更换的简单零件,则可以考虑用成本较低、耐蚀性较差的材料。就环境而言,在海水这样较为苛刻的潮湿环境下,采用相对廉价材料并提供辅助的保护,一般比选用昂贵的材料更经济。在苛刻的腐蚀环境中,大多数情况下,采用耐腐蚀材料比选用廉价材料附加昂贵的保护措施更为可取。

E  考虑防腐措施

在选材的同时，应考虑行之有效的防护措施。适当的防护如涂层保护、电化学保护及施加缓蚀剂等，不仅可以降低选材标准，而且有利于延长材料的使用寿命。

F　考虑材料的加工性能

材料最后的选定还应考虑其加工焊接性能，加工后是否可进行热处理，是否会降低耐蚀性。

## 9.2　防腐蚀结构设计

### 9.2.1　合理的结构形式和表面状态

结构件的形式力求简单。这便于采取防腐蚀措施，便于检查、排除故障，有利于维修。形状复杂的构件，往往存在死角、缝隙、接头，在这些部位容易积液或积尘，从而引起腐蚀。在无法简化结构的情况下，可将构件设计成分体结构，使腐蚀严重的部位易于拆卸、更换。另外，构件的表面状态，要尽量致密、光滑。通常光亮的表面比粗糙的表面更耐腐蚀。

### 9.2.2　防止积水或积尘

在有积水或积尘的地方，往往腐蚀的危险性大。因此在结构设计时，应尽可能不存在积水或积尘的坑洼。例如，容器的出口应位于最低处(图 9-2)；积液的部位，开排液孔；不让水或尘埃积聚等(图 9-3)。

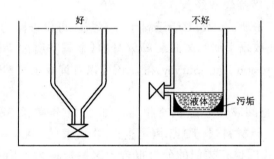

图 9-2　液体容器应不很困难就能被完全排空

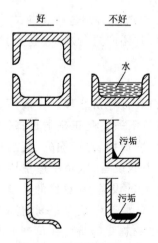

图 9-3　几种防止积水或积尘的结构剖面图

### 9.2.3　防止缝隙腐蚀

缝隙中的介质可引起金属的缝隙腐蚀，但可通过拓宽缝隙、填塞缝隙、改变缝隙位置或防止介质进入等措施加以避免，见图 9-4。例如板材搭接尽可能以焊接代替铆接，而且最好采用双面对焊和连续焊外用绝缘材料封闭，而不宜采用搭接焊和点焊。在采用铆接时，也应在铆缝间填入一层不吸潮的垫片，见图 9-5。又如，安装在混凝土基础上的液体贮罐，会因渗出和凝结的液体进入基础与罐底间的缝隙，而导致贮罐外底被腐蚀。此时应使用支架使罐底与基础隔开来避免腐蚀，若用一块焊接板把流到罐外的液体引开就更好，如图 9-6 所示。

### 9.2.4　防止电偶腐蚀

防止电偶腐蚀的常用办法是避免腐蚀电位不同的金属连接。电偶腐蚀仅在有电解质如潮湿环境下局部接触地方才可

能发生,若在干燥的环境就没有这种腐蚀危险。防止或减少电偶腐蚀的措施如下:

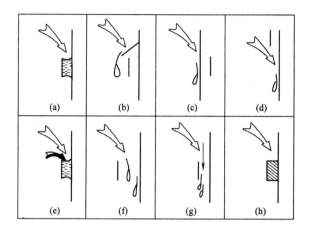

图 9-4　缝隙处防腐蚀方法示意图

(a)—带缝的结构件(箭头表示浸蚀液进入缝隙方向);(b)、(c)、(d)—使缝隙处于浸蚀液外;

(e)—在缝隙处加入缓蚀剂;(f)—把缝宽增大,使浸蚀液不能保持在缝中;

(g)—在缝隙入口处装有气流装置,把缝内存液吹掉;(h)—用填料密封缝隙

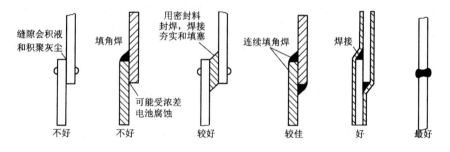

图 9-5　防止搭接处缝隙腐蚀方案

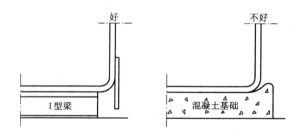

图 9-6　平底容器的基础设计

(1)不应把电位序相差过大的金属连接在一起。在海洋大气及金属表面可能长期接触潮气的场合,此要求务必满足。

(2)将异种金属相互隔开,防止金属接触。例如采用抗老化塑料或橡胶,如图 9-7 所示。

(3)在两种异类金属之间插入第三种金属材料,减少电位差,如图 9-8 所示。

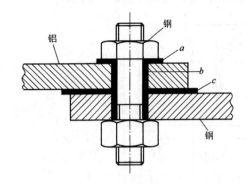

图 9-7　不同金属间的绝缘隔离

a、b、c—绝缘材料,如氯丁橡胶

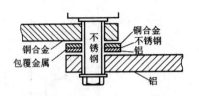

图 9-8　插入金属以降低两种金属间的电位差

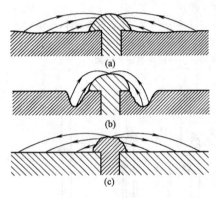

图 9-9　电偶腐蚀

(a)—大阳极,小阴极,电解液导电性好;

(b)—大阳极,小阴极,电解液导电性差;

(c)—小阳极,大阴极

(4)若不能避免异类金属接触时,一定要尽量降低阴极面积与阳极面积比,避免大阴极/小阳极的组合,如图 9-9 所示。当阳极面积比阴极面积大且溶液有良好导电性时,腐蚀呈大面积分布,因而在大多数情况下不严重,如图 9-9(a)。但若溶液导电性不好时,则在靠近阴极附近的阳极区域会发生严重腐蚀,如图 9-9(b)。当阳极面积比阴极面积小时,严重腐蚀的危险性很大,如图 9-9(c)。

(5)结构的合理设计使水分不会在接触点集聚或存留。

(6)用防腐蚀漆或沥青涂覆接触区及其周围。涂覆后由于电流路径加长,电阻增大,导致电偶腐蚀速率显著降低。不能只涂贱金属,因为在涂层的气孔处会发生局部腐蚀;只涂贵金属,在许多场合是可行的。

### 9.2.5　防止磨损腐蚀

当金属表面处于流速很高的腐蚀性液体中时,会发生磨损腐蚀。磨损腐蚀在具有局部高流速和湍流显著的地方特别大。因此在设计时,应避免构件出现可造成湍流的凸台、沟槽、直角等突变结构(如图 9-10 所示),而应尽可能采用流线型结构,如图 9-11 所示。为使流速不超过一定的限度,管子的曲率半径一般应为管径的 3 倍以上,而且不同金属这个数值也不同,如软钢和铜管为 3 倍,高强钢取 5 倍。流速越高,管子曲率半径则越大。在高流速的接头部位,也应采用流线型结构,而不采用 T 型结构,如图 9-12 所示。

为避免高流速液体直接冲击容器壁,可在适当位置安装易于拆卸的缓冲板或折流板,如图 9-13 所示,还可以考虑采取加固该处的容器壁的措施。

### 9.2.6　防止环境诱发破裂

环境诱发破裂是由机械应力和腐蚀联合作用产生,包括应力腐蚀破裂和腐蚀疲劳。防止这类破坏的措施旨在消除拉应力(或交变应力)或腐蚀环境,或者可能时使两者一并消除。

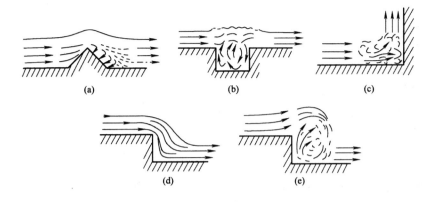

图 9-10　几种形成涡流的设计

(a)—凸台的影响；(b)—沟槽的影响；(c)—直角的影响；(d)—堰的影响(低流速)；(e)—堰的影响(高流速)

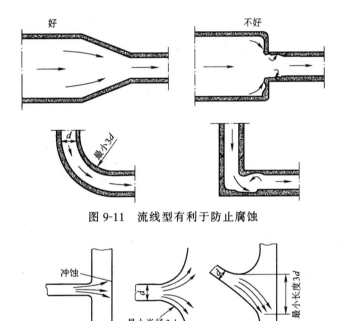

图 9-11　流线型有利于防止腐蚀

图 9-12　高流速接头部位的设计

（1）零件在改变形状和尺寸时，不要有尖角，而应有足够的圆弧过渡，如图9-14所示。当不同壁厚的管子需要直接焊在一起时，应将焊接处厚壁管径逐渐减小到与薄壁管径相同，以使焊缝和过渡区分开($l \geqslant \delta$)，因而焊缝处于低应力区，如图9-15所示，这样会防止焊接应力与工作应力叠加而出现很高的拉应力。

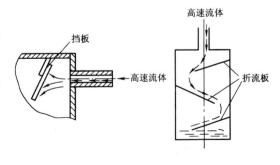

图 9-13　防止高速流体冲击设备

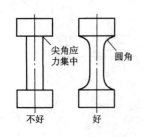

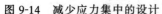

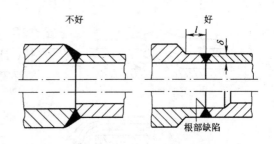

图 9-14　减少应力集中的设计　　　　　图 9-15　不同壁厚管件的焊接

（2）加大危险截面的尺寸和局部强度。避免构件的承载能力在应力最大的地方被凹槽、截面的突然变化、尖角、切口、键槽、油孔、螺纹等所削弱。

（3）结构构件中的开口应开在低应力部位。选择合适的开口形状和方向控制应力集中。图 9-16 所示是不同开口形状和方向所对应的应力集中系数 $K_t$，及 $K_t$ 与相对寿命曲线。由图可知，长轴平行于拉力方向的椭圆形开口最好，$K_t$ 最小，相对寿命最长。如在受剪切的板件中，拉力方向变化范围大时，可选用圆的开口。

（4）对各种载荷，流线型的填角焊缝可减少应力集中和改善应力线，如图 9-17 所示。

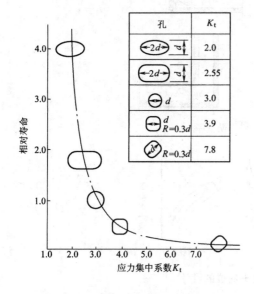

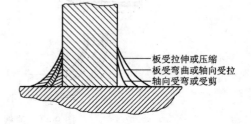

图 9-17　流线型的填角焊可减少应力集中

（5）设计的结构不能产生颤动、振动或传递振动；禁止载荷、温度或压力的急剧变化。

（6）结构设计中应尽量避免间隙和可能造成废渣、残液留存的死角，防止有害物质如 $Cl^-$ 的浓缩，以改变或抑制腐蚀性环境。

此外，减少结构偏心，避免复合应力集中等措施在设计中也应注意。

图 9-16　开口形状与相对寿命

### 9.2.7　避免温度不均引起的腐蚀

加热器或加热盘管的位置应向着容器的中心，以防止出现温差电池，如图 9-18 所示。

建在导热支架上的贮气罐，在外部温度低于气体的露点时，可能因保温不均而引起气体凝露而腐蚀罐壁。这种露点腐蚀可通过用良好绝缘的方法来避免，如图 9-19 所示。

### 9.2.8　设备和建筑物的位置合理性

建筑物的位置如有选择可能，应选择自然腐蚀较低的位置，如避免海洋大气、工业排水、化工厂有害烟尘的加速腐蚀，如图 9-20 所示。

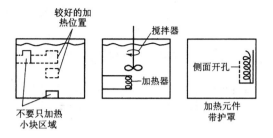

图 9-18　加热器的位置要合理

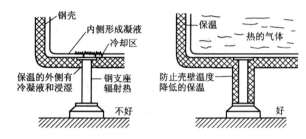

图 9-19　导热支架可能引起贮热气体的罐发生凝露和腐蚀

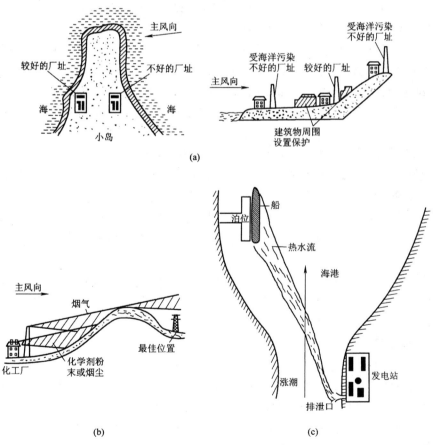

图 9-20　建筑物的合理布置

(a)—海洋大气和污染；(b)—工业污染；(c)—海流

设备的位置分布应避免其中一部分对另一部分的有害作用,如图 9-21 所示。

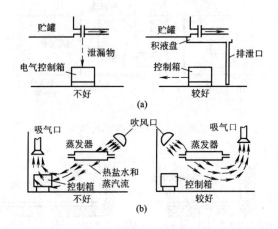

图 9-21　设备的合理布置
(a)—泄漏;(b)—污染

## 9.3　防腐蚀措施的选择

根据具体情况选择方便、有效、可行的防腐蚀措施,是减缓材料及设备腐蚀的重要环节。选择防腐蚀措施时,既要考虑设备、装置的整体性及主要部件的结构特征,又要考虑组成材料的性质和环境性质,还要考虑防腐蚀措施的使用条件和特点。只有将上述因素统筹考虑,才能选择最佳的防腐措施。可供选择的防腐措施总体上可分三大类。

(1)覆盖层保护。通过在设备表面涂覆保护层而使设备与介质隔开。这些措施包括:电镀层、化学镀层、扩散镀层、热浸镀层、热喷涂层、涂料涂层、塑料和橡胶涂层、陶瓷涂层、密封、衬里等。

(2)电化学保护。电化学保护可分为阴极保护和阳极保护两类。

(3)改善环境。改善环境就是去除有害的物质,加入有利的物质。去除有害物质,首先要干燥脱水,控制相对湿度在 60% 以下;防止水及水溶液进入设备。如果设备服役时,必须与水或水溶液接触,则要考虑脱气和脱盐。脱气就是去除腐蚀性大气、烟气等;脱盐就是去除盐的沉积物。此外还要去尘,即防止灰尘积聚。加入有利物质就是添加各种类型的缓蚀剂。

上述三类措施可单独使用或联合使用,联合使用往往具有最好的防腐蚀效果。各类防腐蚀措施在本书第 6 章有详细讨论,在此不再介绍。

## 9.4　防腐蚀强度设计

A　均匀腐蚀的强度设计

均匀腐蚀的强度设计,常采用留取腐蚀余量的方法。腐蚀余量是根据预计的腐蚀量增加材料的尺寸以资补偿,来保证原设计的寿命要求。腐蚀余量的计算方法是先根据腐蚀数据手册,查出结构材料在一定腐蚀介质条件下的年腐蚀量,然后按构件使用年限,计算腐蚀尺寸。此外,还要考虑结构部位的重要性和其他安全系数,所以实际留出的腐蚀余量比计算的要大一些。腐蚀余量的大小,要根据具体情况而定。一般来说,介质的腐蚀性越大,腐蚀余量也越大。对于管道和槽体,由于所接触的往往是腐蚀性较强的介质,所以设计时壁厚常为计算量的两倍。腐蚀余量一般局限于预计腐蚀率特别高的结构部分,例如液-气交界区。

B 局部腐蚀的强度设计

局部腐蚀类型较多,破坏形式相差较大。目前还很难根据局部腐蚀的强度降低,采用强度公式对腐蚀余量进行估算。在设计中常将腐蚀与机械强度综合起来考虑,通过正确选材、合理的结构设计、加工工艺设计、施加涂层以及控制环境介质等措施来防止腐蚀发生。例如在有残余应力和诱发应力的场合,优先选择抗晶间腐蚀和应力腐蚀的材料。又如在可能遭受振动的场合,避免采用铆接装配,应采用在摩擦面增加垫片、衬垫或设计挠性支架等办法,防止磨损腐蚀。但是对应力腐蚀断裂和腐蚀疲劳,在材料的数据齐全的情况下,可能作出合适可靠的设计。例如在有应力腐蚀断裂危险的场合,设计时应保证构件所受拉应力不超过该结构材料在实际应用环境中的应力腐蚀临界应力。在可能出现腐蚀疲劳的场合,应保证可变载荷不超过构件疲劳极限。

C 加工中的强度设计

在加工、装配过程中,可能引起材料腐蚀强度特性发生变化,应引起注意。有些加工工艺可提高材料的强度,应尽可能采用。如喷丸强化可将压应力引入材料表面;热处理、表面处理、超声波振荡等措施可解除材料的残余应力。有些加工会使材料的强度降低,如酸洗或电镀可使材料渗氢,而引起氢脆。某些不锈钢在焊接时,由于敏化温度影响而造成晶间腐蚀,使材料强度下降,在使用中造成断裂。所以在加工、装配中应严格遵守工艺规程,并采用有效的补救措施。

## 9.5 防腐蚀工艺设计

金属材料在加工制造、装配及贮运等过程中,可能发生腐蚀或留下腐蚀隐患,因此必须重视防腐蚀工艺设计。下面就加工和装配环节中,应考虑到的防腐蚀措施作一简要介绍。

A 机械加工

在机械加工中产生的残余应力对耐蚀有不利的影响,为此,金属材料最好在退火状态下进行机械加工和冷弯、冷冲等成型工艺,以使制件的残余应力较小;在加工后要进行应力解除热处理。有时采用磨光、抛光和喷丸强化等加工来增加金属表面残余压应力,以提高材料的耐蚀性。机加工还要保证制件表面有较高的光洁度,较少的表面缺陷。此外,机械加工中使用的切削冷却液,应对所加工的材料没有腐蚀作用。对机加工周期较长的零件,应采取必要的工序间防锈措施。

B 热处理

应正确选择热处理气氛,例如为防止金属氧化,最好选用真空或可控气氛热处理;也可考虑使用热处理保护涂层;对有氢脆敏感性的材料,要禁止在氢气氛中加热。

应有严格的热处理规范,避免因热处理不当引起的晶间腐蚀和应力腐蚀等。对可产生较大残余应力的热处理,应有解除残余应力的措施。可能时,应尽量采用可造成制件表面产生压应力的工艺,如表面淬火、化学热处理等。此外,也要注意消除热处理中可能带来的腐蚀性残余物。

C 锻造和挤压

锻造和挤压件的性能呈各向异性。在短横向上应力腐蚀最敏感,因此在设计时应避免在此方向上承受大的工作应力;在纵向上可承受大的载荷。

在锻造前应选择合适的锻造工艺,如自由锻比模锻高强铝合金的抗应力腐蚀性能好。在锻造时,应控制流线末端的外露。锻造后应对锻件采取解除残余应力的措施。这些考虑均可提高锻件的耐蚀能力。

D 铸造

铸件表面存在大量的孔洞、砂眼和夹杂等缺陷,这些地方易于积聚腐蚀介质而被腐蚀,而且还可能成为应力腐蚀或腐蚀疲劳的危险区。此外,表面多孔层还影响对铸件进行表面处理的效果。所以要选择合适工艺予以避免。通常精密铸造和压力铸造比普通铸造的表面质量好,从而有利于铸件耐蚀性能的提高。

E 焊接

为防止缝隙腐蚀,要用对接焊而不用搭接焊,用连续焊而不用间断焊和点焊。为防止电偶腐蚀,焊条的成分和组织结构应与基体的相似,或其电位比基体更正一些,避免大阴极小阳极的不良组合。为防止焊缝两侧热影响区发生的腐蚀,应采用固溶淬火的热处理,予以消除。防止焊接中起焊和停焊位置、焊缝端部以及引弧点位置易于发生的腐蚀疲劳和应力腐蚀,应采取热处理和喷丸强化来解除残余应力。对氢敏感的材料,避免在能产生氢原子的气氛中进行焊接。诸如镀锌、镀铬层等易引起金属脆性的镀层,严禁镀后焊接,以免产生金属脆致裂纹或发生断裂。焊接后,焊缝处的残渣应及时清理,以免残渣引起局部腐蚀。

F 表面处理

表面处理属防腐措施,应注意处理不当引起的腐蚀或留下腐蚀隐患。

涂镀前的脱脂、酸洗,既要使零件表面清洁没有污物,又要防止产生过腐蚀或渗氢。在电镀、氧化等表面处理之后,要及时清洗,以免残液腐蚀零件。对高强钢,酸洗、电镀后,要进行除氢处理。对超高强钢,不宜进行可导致氢脆的表面处理。对于组合件,应先进行表面处理而后组合。

G 装配

设备装配时,应严格施工,不得用镀层有损伤的零件;也不宜赤手装配精密产品或易于腐蚀的零件。装配时应不要造成过大的装配应力,要采用提高设计精度、减少公差、适当加垫以及采用合理装配方法来减少装配应力。对有密封要求的部位,在装配中要保证密封质量,防止有害介质的侵入。装配结束后,应及时进行清理检查,除去装配中留下的灰尘、金属屑等残留物;检查通风孔、排水孔等孔口,使其不被堵塞。

## 习题与思考题

1. 防腐蚀设计包括哪几个方面?
2. 选材的原则及应考虑的因素是什么?
3. 防腐蚀结构设计应遵循的原则是什么?
4. 防腐蚀措施大体分哪几类?
5. 防腐蚀强度设计应注意哪几点?
6. 防腐蚀工艺设计中应注意哪些问题?

# 10 腐蚀经济与管理

## 10.1 腐蚀经济损失

从1920年开始,便有专家对腐蚀经济损失作了估计。尤里格(Uhlig)于1950年估算了美国的腐蚀直接损失为每年55亿美元。1969年霍尔(Hoar)负责组织调查英国的腐蚀损失和降低措施,1971年提出报告,年损失为13.65亿英镑。美国商业部所属的国家标准局(NBS)与巴特勒(Battelle)在科伦巴斯(Columbus)的实验室(BCL)合作,于1976年发表的报告中指出,美国的损失为每年820亿美元,占美国当年国家总产值(GNP)的4.9%。由于货币贬值及其他因素的影响,这两个数值于1982年分别为1260亿美元及4.2%。澳大利亚在1983年发表的报告中指出:英、美、苏、芬、瑞典、西德、印度及澳大利亚八国的腐蚀损失估算约为各国GNP的2%~4%,上限包括了腐蚀的间接损失。本节示例地选择Uhlig、Hoar及NBS/BCL的报告,从方法论角度简介一些概念。

### 10.1.1 尤里格的估算

腐蚀经济损失可分为直接的和间接的两大类。

#### 10.1.1.1 直接损失

直接损失为更换被腐蚀的结构、机器或其零部件所需的费用。例如更换冷凝器管、汽车排气管、锅炉、金属物顶等所需材料及劳力费用。此外,直接损失还包括以下几个方面:

(1)采用不锈钢及耐蚀合金比采用碳钢所增加的费用;

(2)涂层如热镀锌、电镀镍、油漆等的费用;

(3)添加缓蚀剂的费用;

(4)干燥贮存金属设备及零部件的费用。

上述四方面的直接年损失,在美国为55亿美元(1950年)。

#### 10.1.1.2 间接损失

间接损失较难估算,一般包括如下五方面:

(1)停工。炼油厂更换一根腐蚀了的钢管只需几百美元,但停工1小时,产值可损失10000美元。在大的发电厂停工更换锅炉或冷凝器,停工1天,损失25000美元。

(2)产品损失。腐蚀管道可导致油、气或水的损失,防冻剂可在辐射器内损失。

(3)降低产品效率。由于腐蚀产物沉积管内,减小了管的内径,从而需增泵运能力。仅此一项,导致年损失4000万美元。又如,由于腐蚀,使汽车的活塞与汽缸的配合差,从而增加耗油量。

(4)产品的污染。制造肥皂的工厂,由于铜管的腐蚀,可导致成批的产品报废;微量的金属可改变染料的颜色;美国食物及药物局规定,食物中铅不能超过$1 \times 10^{-6}$质量分数,由于铅的腐蚀,可使这类产品报废;大量玻璃罐头的金属盖由于点蚀成小孔,使内贮食物腐烂而报废。

(5)腐蚀余量设计。由于缺乏恰当的腐蚀速度数据或者缺乏控制腐蚀的措施,为了"安全",经常给予金属构件"充裕"的腐蚀余量,例如增加管道的壁厚。如铺设长362.1km的

$\phi 203.2mm$ 的地下管道,为了防止土壤腐蚀,初步确定壁厚为 8.18mm,由于采用了腐蚀防护措施,最后选用壁厚为 6.35mm 的钢管,节约了 3700t 钢管。对于一些运动的金属构件,例如抽油杆,增加重量又将增加随后的能耗。

上述的各项间接腐蚀损失,又使美国的年直接腐蚀损失 55 亿美元之外,再增加十几亿美元。

至于腐蚀导致的人身安全事故,例如容器的爆炸、化工设备的突然破坏、飞机、火车、汽车的事故等造成的经济损失更难估算,还导致重大的社会及政治影响。

### 10.1.2 霍尔报告

霍尔委员会于 1971 年向英国技术部提出的报告中,按行业列出 1970 年英国的腐蚀费用如表 10-1 所示。从表 10-1 的统计可以看出如下两个问题:

表 10-1 英国主要工业腐蚀和防护费用(1970 年)

| 工业或部门 | 估计费用 | | 可能节省的费用 | |
|---|---|---|---|---|
| | 百万英镑 | % | 百万英镑 | % |
| 建 筑 | 250 | 18.32 | 50 | 25.00 |
| 食 品 | 40 | 2.93 | 4 | 10.00 |
| 政府部门 | 55 | 4.03 | 20 | 36.36 |
| 海 洋 | 280 | 20.51 | 55 | 19.64 |
| 金属提炼及粗加工 | 15 | 1.10 | 2 | 13.33 |
| 石油及化工 | 180 | 13.19 | 15 | 8.33 |
| 劳 力 | 60 | 4.40 | 25 | 41.67 |
| 运 输 | 350 | 25.64 | 100 | 28.57 |
| 供 水 | 25 | 1.83 | 4 | 16.00 |
| 其 他 | 110 | 8.06 | 35 | 31.82 |
| 共 计 | 1365 | 100.01 | 310 | 22.71 |

(1)腐蚀损失最多的四个部门(运输、海洋、建筑和石化)的腐蚀占整个腐蚀损失的 77.66%。而采用现有的腐蚀防护技术,可分别节省损失的 28.57%、19.64%、25% 及 8.33%。因此,在这四个部门中,石化工业重视腐蚀问题,已采取了不少措施,可进一步节省的百分数最低;而在运输及建筑两大部门,则大有潜力可挖,应大力开发已有防蚀技术的应用。

(2)总的看来,在估计腐蚀的 13.65 亿英镑中,若能利用现有的腐蚀防护技术,可节省 22.71%。

霍尔报告还指出,石油及化工部门由于腐蚀是工厂及产品的主要问题,而航空部门由于安全原因,都十分重视腐蚀和防护。但是,在另一些部门,例如运输、建筑、海洋部门片面认为,腐蚀和生物死亡一样是不可避免的,它是一种不可救药的疾病,在经济上不值得控制,因而也就不值得去管它。

### 10.1.3 NBS/BCL 模型

NBS 与 BCL 合作,在执行美国国会关于调查研究美国腐蚀的年损失时,首先分析了过去这类工作存在的一些局限性,即数据库小;腐蚀费用的有关定义的结构松散;经济分析技术的应用不够。

为了克服这些局限性,NBS 与 BCL 的腐蚀专家与经济学家合作,搜集足够的工业数据,提出一个经济模型,从而确定腐蚀的经济效应。下面简要地介绍这个模型。

#### 10.1.3.1 概念和定义

A 腐蚀

"腐蚀"只指金属的腐蚀,它是液体或气体环境使金属降解的现象,包括溶解引起的普遍和局部的金属损耗,SCC、腐蚀疲劳、磨蚀、氧化和硫化。它不包括化学介质未参与的破坏,例如蠕变、力学损伤及应力断裂等。

B 腐蚀费用

腐蚀费用包括如下的四方面共十二项:

(1)资本费用:更换设备及建筑;富裕容量;多余的设备。

(2)控制费用:维修费;腐蚀控制。

(3)设计费用:建筑材料;腐蚀余量;特殊工艺。

(4)相关费用:产品损失;技术支持;保险;零件及设备存货。

上述各项费用中,有些费用专用于腐蚀防护,例如地下管道的涂层;另一些则是兼用,例如汽车的涂漆。一方面是用于汽车的防蚀,另一方面是为了美观,在这种情况下,仅取费用的一半作为腐蚀费用。

下列各项费用则不包含于腐蚀费用:生命损失;信誉丧失;有用的腐蚀,例如热轧钢件的酸洗;腐蚀事故后的清理;防蚀技术广告及市场开发。

C 总腐蚀费用

总的腐蚀费用($C_C$)为:

$$C_C = C_T - C_0 \qquad (10\text{-}1)$$

式中 $C_T$——总费用;

$C_0$——无腐蚀时的费用,这是达不到的状态,因为腐蚀总是存在的,但这里为便于比较而假设的基态。

D 可避免的腐蚀费用

可避免的腐蚀费用($C_A$)为:

$$C_A = C_C - C_B \qquad (10\text{-}2)$$

式中 $C_B$——采用最佳腐蚀控制方法之后的腐蚀费,"最佳"是指最经济。指导思想是采用最经济的腐蚀控制方法,而不是不计费用的完全抑制腐蚀的方法。这种最佳方法由专家确定。

计算 $C_A$ 时,还要考虑不同工业界采用最佳腐蚀控制方法的积极性,这种积极性取决于:(1)利润与腐蚀费用之间的关系;(2)产品质量;(3)对于腐蚀的认识;(4)腐蚀费用跨越的时间;(5)问题的复杂性;(6)管理体制。

对于不同工业界对腐蚀重要性应有所评价,例如,(1)化学工业:主动性高,响应性也高;(2)畜牧产品:主动性中等,响应性低;(3)批发及零售商业:主动性低,响应性也低。对于(1)由于充分重视腐蚀,可避免的潜力小,而(3)的潜力大;因此,从(1)到(3)如果采用最佳腐蚀控制方法,维修费用可减少5%~45%。这种评价虽有任意性,但接近实际。

### 10.1.3.2 模型和结果

为了获得$C_C$及$C_A$,需要计算$C_T$、$C_0$及$C_B$。因此选定某年(例如1975年)作为共同的基准,假定全额生产,将整个经济划分为若干部门(例如130个),计算"三个世态"的费用:

第一世态(World Ⅰ)——调整到某年全额生产的总费用,$C_T$;

第二世态(World Ⅱ)——计算上述条件下无腐蚀时的生产费用,$C_0$;

第三世态(World Ⅲ)——计算上述条件下采用最佳腐蚀控制方法后的生产费用,$C_B$。

将一个国家或地区的经济活动划分为若干领域($m$,例如美国划分为130个领域),计算$C_T$时需要收集如下四方面数据:(1)生产某种产品所需的输入(Input,I);(2)生产这种产品所需的设备投资;(3)设备的寿命;(4)社会对于这种产品的需求(Output,O)。

基于这些概念,建立输入/输出(I/O)模型,或叫投入/产出模型。每个经济领域的产品输出到其他经济领域,而整个经济领域又从其他经济领域得到输入,将这些数据填入到$m \times m$的矩阵进行演算。计算结果表明,1975年美国总的腐蚀费用($C_C$)为820亿美元,占国家生产总值(GNP)的4.9%;约40%的$C_C$是可避免的,即$C_A = 330$亿美元;由于技术上和经济方面的原因,$C_C$的未确定度为$\pm 30\%$,而$C_A$的未确定度比$\pm 30\%$还大一些。

## 10.2 腐蚀管理

### 10.2.1 腐蚀失效分析

#### 10.2.1.1 腐蚀失效

腐蚀是失效的一种方式。顾名思义:

"产品功能失去效果叫做失效。"

也可定义失效:

"工程结构的部件在制造、试车、储运或服役过程'伤亡',使工程结构无法或低效工作,或提前退役的现象,叫做失效。"

可依据需要,采用不同的标准对失效分类。

(1)失效的起因——设计、材料、工艺、使用四类。

(2)部件的制造工艺——冷变形件、锻件、铸件、熔化焊接件、钎焊件等。

(3)部件的类型——轴、轴承、密封件、流体筒类、紧固件、弹簧、齿轮、模具、压力容器、热交换器、锅炉、提升装置、金属人体器件等。

(4)失效的机理或失效的形式——失效的原因是由于材料的性能满足不了服役(或制造、试车、储运)时的力学、化学、热学等外界条件,因此,按失效机理或失效形式,将失效分为变形、断裂、腐蚀、磨损、烧损、物理性能降级等。对于广泛使用的金属结构材料,腐蚀、磨损及断裂是三种主要失效方式。

关于腐蚀失效的原因,表10-2示出各种腐蚀事故调查结果。其中,应力腐蚀所占的比例最大。

表 10-2　各种腐蚀事故调查结果分析

| 类　　　型 | | 767 事故／% | 884 事故／% |
|---|---|---|---|
| 全面腐蚀 | | 17.8 | 18.2 |
| 局部腐蚀 | (1)点蚀及缝隙腐蚀 | 27.2 | 26.2 |
| | (2)晶间腐蚀 | 11.5 | 10.1 |
| | (3)焊缝及其他 | 2.4 | 3.9 |
| | (4)应力腐蚀 | 38.0 | 39.4 |
| | (5)磨损腐蚀 | | 1.1 |
| 其　　　他 | | 3.1 | 1.1 |

#### 10.2.1.2　分析方法

如图 10-1 所示,生产的材料在机械制造部门制造成部件,装配成工程结构件,经试车后投入使用,经常发生断裂、腐蚀、磨损等破坏或失效现象。这些失效确实是无法避免的,这种失效结果的反馈,可能对设计、冶金(或其他材料)生产、机械制造、使用等部门中一个或几个提出疑问和建议,将会取得图 10-2 所示的效果。

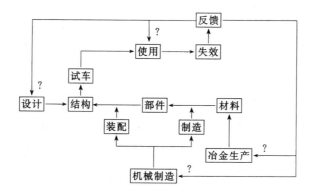

图 10-1　与工程结构失效有关的各个部门之间的关系

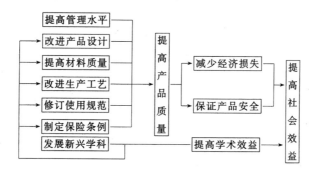

图 10-2　失效分析结果反馈的各种效果

失效分析时,采取如下步骤:

(1)现场调查。对破坏部位照相;听取负责人、操作者等介绍情况;了解工作条件,如化学介质的温度、浓度、pH 值、杂质等,以及有无载荷、载荷类型及大小等;取样。

(2)实验室分析。分两步进行:1)收集数据。腐蚀形貌及产物分析,材料力学性能的查阅或测定;金相组织及断口(若是应力腐蚀断裂事故)形貌的观察;依据逻辑推理,初步确定失效原因和机理;2)进行验证性实验或/和前人结果,验证所提出的原因和机理。

(3)提出防止或挽救措施。

失效分析应证据充分,推理严密。

### 10.2.1.3 失效与管理

从图 10-1 可以看出,失效的原因涉及到设计、材料、工艺(包括冶金及机械制造)及使用四方面的工作。设计思想是否正确,所选材料是否恰当,工艺是否合适,使用是否正确,四者之一都可导致失效。

#### A 设计

采用强度设计时,当工作应力确定后,强度越高则安全系数越大。对于高强度钢,由于其 $K_{IC}$,特别是 $K_{ISCC}$ 随着屈服强度($\sigma_s$)的提高而减少(图 10-3)。对于最常见的长为 $2c$、深为 $a$ 的半椭圆表面裂纹,则:

$$K_{ISCC}^2 = \frac{1.21\pi\sigma_f^2 a}{\Phi^2 - 0.212(\sigma_f/\sigma_s)^2} \tag{10-3}$$

式中  $\Phi$——第二类完全椭圆积分,随椭圆形状($a/c$)而异;

$\sigma_s$——材料的屈服强度。

从最安全的角度进行估算,即浅长裂纹,这时 $a/c \rightarrow 0$,则 $\Phi \rightarrow 1$,并令 $\sigma_f = \sigma_s$,则从上式获得裂纹的临界深度 $a_c$ 的表达式为:

$$a_c = 0.2\left(\frac{K_{ISCC}}{\sigma_s}\right)^2 \tag{10-4}$$

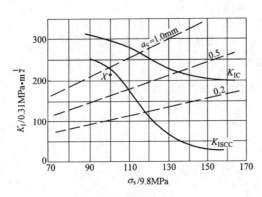

图 10-3 示出恒定 $a_c$ 值下 $K_{ISCC}$ 与 $\sigma_s$ 之间的线性关系。若 $\sigma_s = 980MPa$,$K_{ISCC} = 65MPa \cdot m^{\frac{1}{2}}$,代入上式得到 $a_c = 0.88mm$;这个 $K_{ISCC}\sigma_s$ 数据便是图 10-3 中的 $X$ 点,这种图解法对于工程估算是很方便的。

当 $a_c$ 等于常数时,例如图 10-3 中 0.5mm,代入上式:

$$K_{ISCC} = 2.5^{1/2}\sigma_s \tag{10-5}$$

图 10-3  40CrNiMo 钢 $K_{IC}$ 及 $K_{ISCC}$ 与 $\sigma_s$ 之间的关系图

$K_{ISCC}$ 与 $\sigma_s$ 之间具有如图 10-3 中的线性关系:$\sigma_s$ 越高,能容许的 $a_c$ 值越小,反而越不安全。

此外,设计还规定了材料和工艺。因此说,设计对失效起了主导作用。

#### B 材料

腐蚀发生在材料的表面,对腐蚀失效进行分析时,材料的耐蚀性是一个基础问题。材料也包括涂层材料,要从技术和经济两方面选择最佳的防护技术,这些技术也包括耐蚀材料和防护涂层的对比。

C 工艺

良好的材料需要合适的工艺来保证。例如,对于造船工业来说,引入了焊接工艺来提高生产率,但也引入了脆断问题;与此相对应,对于奥氏体不锈钢,应用了焊接工艺,也迎来了晶间腐蚀问题。

D 使用

用户对于设备及其工作环境的正确监护,可使设备"延年益寿",抵制腐蚀失效。

综上所述,为了全面管理腐蚀以及其他失效,应如图10-4所示,综合考虑:设计是主导,材料是基础,工艺是保证,使用是监护。

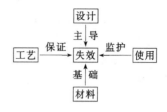

图 10-4 全面管理腐蚀失效

### 10.2.2 防腐蚀对策的经济评价方法

腐蚀问题本质上也是个经济问题。防腐蚀工作者的义务就是用最经济的办法解决所在单位的腐蚀问题。正因为如此,防腐蚀工作者应能从各种防腐蚀方法中选择最有效、最经济的方法。为此,应具有全面的防腐蚀技术知识,掌握经济因素和适当的判断能力。

关于经济评价的直接计算方法,在我国尚未有统一的标准。可以借鉴技术改造项目评价上采用的一些评价方法。在投资方案的优选上,通常是将资金投入各种各样的对象,使将来以收益的形式能够回收到更大的金额,在评价这些投资问题的经济性及选择有利方案的原则和计算方法中,有不少是可以共同使用的,而且不少部门都有自己的核算方法。

本书考虑到我国目前状况和将来与国际核算接轨的实情,主要以 NACE 防蚀法的经济性技术委员会(T-3C)推荐并公开的方法为基准,进行比较评价各种防腐蚀对策的经济性。目前此法已对世界各国防腐蚀工作者产生很大帮助。

这个计算方法是基于杰伦(Jelen)考虑的方法,符合美国折旧方式和税收上的优待实情,具有普遍的适用性。将有关各项的现金流通加上利息和纳税,换算成工程开始时(现在或 0 年)的金额,也就是现在价值,根据它的大小进行判断,也可用这个数值均等分成年经费的方法。

#### 10.2.2.1 评价的手段

从经济上的观点评价防腐蚀方法有多种,如投资效益法(return on investment)、资金回收法(pay-out period)、减值法(discounted cash flow)等。对应不同的考虑方法,有些到目前为止在概念上有不足之处,有的过于复杂,不能用于实际计算,NACE 推荐书中所采用的减值法,在数学解析上通过计算"现在价值"(有税)和"平均年经费",比较容易进行,适用于各种类型企业。

#### 10.2.2.2 概念

a 现金流通(cash flow)

现金流通包括负的现金流通(或支出)和正的现金流通(或收入)。负的现金流通主要指部件或材料、制造、设备维修、工资、经常性的和定期或不定期的各项支出;还有运输资金、救助金等。正的现金流通,指贩卖、降低成本预金、废品价格、折旧金等,由贷方用税法认定所产生的收入。

b 寿命(life),$n$

寿命在现金核算里是指预定的计划期间,也就是年数。计算的实际寿命也好,人为的折旧年也好,从财务上考虑,就是设定的偿还期间。

c 利息(interest),i

利息是指占用资金所付的报酬,用每单位期间的小数来表示。例如利息率为6%,则 $i=0.06$(年或月)。利息又分单利或复利,复利计算方法能比较客观地反映资金在社会再生产过程中运动的实际情况,所以在投资项目的分析中,一般都采用复利的计算方法,即指本金和利息都生息的计算方法。单利只有本金生息。

d 税率(tax rate),t

税率是指一个国家税法规定的税率,用小数来表示。t 值的计算与减值法有关联,纳税后的利息用 r 表示:$r=i(1-t)$。

e 减值折旧(depreciation)

减值折旧是指财产账簿上组织价格的减低。通过评价消耗、劣化、旧式化等方法使资产减低的手段有:定额法(SL)、级数法(sum of digid:SOD)、定律法(余额减少的比)、复数余额减少法(是将寿命也考虑进去的定律折旧法)。NACE 的 T-3C 委员会对前三个方法进行解说,复数余额减少法与定律法在计算上相同,计算时可以采用。

f 0年概念

将现行年或计划的初始年作为 0 年。在 0 年的现金结算时,不进行折旧处理。比如说 1969 年是现在年,作为 0 年,1969 年的现金结算时不打折扣;1970 年现金结算时将 1 年的金利进行折扣。

10.2.2.3 符号含义

$a$ 所有现金合算的现金额,用美元表示。

$n$ 计划的寿命,用年表示。

$n'$ 耐用年数或者是折旧年数,用年表示。

$n''$ 到现金结算发生为止的年数,用年表示。

$i$ 年利率,用小数表示。

$r$ 将税计算在内的年利率:$r=i(1-t)$。

$t$ 税率,用小数表示。

$F$ 资金回收系数的变形。

$d$ 对应 1 美元的税和减价折旧系数,使用税和减价折旧率的相当数值,用小数来表示,$d$ 可从普通的 $DCF$ 计算法的解析上求出。

$N$ 级数法的减价折旧法的分母,$N=(n'^2+n')/2$。

$P$ 定律减价折旧法的减价率。

$PW$ 现在价值。

$FW$ 将来价值。

$A$ 年经费,是作为均等值表示的年间经费,从第 1 年也就是 0 年终了发生的与 $PW$ 和 $PWAT$ 有关联。

$PWAT$ 纳税后的现在价值(也可以说真正的现在价值)。

$DCF$ 折扣现金结算;它是把将来的效益减值到现在价值时,使净现值正好等于 0 的利率。还有的书中将其称为内部利润率或内部效益率,实际上是以复利计息储蓄的利率,来求某投资方案的利润率的方法。本书的含义是为了将计划内的所有现金换算成 $PWAT$、它是折旧换算了的数值。

$C$　资金的支出。

$x$　经费的支出。

$S$　年间的销售或者是收入。

$K$　年间的经费。

$m$　定期反复现金结算的间隔的年数(如隔年为2)。

$m'$　定期反复现金结算的总年数。

$WC$　运输资金。

$V$　紧急费用(事故对策费用($-$),废品价格费用($+$))。

$y$　相对于投下资金的纳税(taxcredit),用小数表示。

10.2.2.4　不同时间资金价值的比较

评价某一投资方案的有利程度或对复数(两个以上)投资方案的优劣进行比较时,需要在调整各个投资方案时间价值的基础上进行判断,若用资本的利率进行时间换算,以哪一基准为好呢?根据分析目的的不同而不同,一般广泛采用三种形式:

(1)现在价值(present value 或 present worth);

(2)将来价值(finel value 或 finel worth),即投资效果达到最终时期的价值也称终值;

(3)年金(annual value)换算为每期期末均等支付值的平均值。为了方便起见,以 $PW$ 表示现值,$FW$ 表示终值,以 $A$ 表示年金,而时间换算的基本方式有以下三种。

A　现值和终值之间的换算

$FW = PW \times (1+i)^n$,$(1+i)^n$ 称为终值系数,$i$ 为资本的利率,$PW$ 是现在的资金额,$FW$ 是 $n$ 期后的本息合计值,通过已知的现值 $PW$,可计算终值 $FW$,相反已知终值 $FW$,欲求现值时,可用下式:

$$PW = FW \times (1+i)^{-n} \tag{10-6}$$

$1/(1+i)^n$ 称为现值系数。

B　年金和终值之间的换算

一般地假设经过 $n$ 期而每期期末支付的金额为 $A$,$n$ 期后的本息合计为 $FW$,资本的利率为 $i$,则:

$$FW = A + A(1+i) + A(1+i)^2 + \cdots + A(1+i)^{n-1}$$
$$= A \frac{(1+i)^n - 1}{i} \tag{10-7}$$

式中,$\dfrac{(1+i)^n - 1}{i}$ 称为年金终值系数。

同样地,已知终值 $FW$,换算成年金 $A$ 时,可用:

$$A = FW \times \frac{i}{(1+i)^n - 1} \tag{10-8}$$

式中,$\dfrac{i}{(1+i)^n - 1}$ 称为减债基金系数。

C　年金和现值之间的换算

由 $A$ 值求 $PW$ 时,利用已经导出的关系式:

$$PW = A \frac{(1+i)^n - 1}{i(1+i)^n} \tag{10-9}$$

由 $PW$ 求 $A$ 时,可利用上式系数的倒数:

$$A = PW \times \frac{i(1+i)^n}{(1+i)^n - 1} = PW \times i \times F_n \qquad (10\text{-}10)$$

式中,$\frac{(1+i)^n - 1}{i(1+i)^n}$ 称为年金现值系数;$\frac{(1+i)^n}{(1+i)^n - 1} = F_n$,是资本回收系数的变种,在经济学中应用较为普遍。

若考虑上税的情况,则 $A = PWAT \times i \times F_n$(含税),$F_n = \frac{(1+r)^n}{(1+r)^n - 1}$,$PWAT$ 是有税时的现值。$r$ 是将税考虑进去后的年利率。

### 10.2.2.5 用减值法求现值价值(包含税)

对于处理涉及现在和将来产生的收入和支出,现金流通最简便的方法就是减值法,即 DCF 法,普通的 DCF 法的解析计算是由现金流通发生的年次、减值计划、税支付后的最低利息($r$)来决定。

作为应用的实例,在使用 $-a$ 资本的情况下,DCF 解析法的模型如下:计划期为 3 年,代表的事业税为 48%。开始 1 年后,付税后的最低回利为 10%,求 $PWAT$。

| (1)年 | 1 | 2 | 3 |
|---|---|---|---|
| (2)投入资金 | $-a$ | $\pm 0$ | $\pm 0$ |

(3)减价折旧

| | | | |
|---|---|---|---|
| $SL$ | $+a/3$ | $+a/3$ | $+a/3$ |
| $SOD$ | $+\frac{3}{6}a$ | $+\frac{2}{6}a$ | $+\frac{1}{6}a$ |
| (4)税率 | 0.48 | 0.48 | 0.48 |

(5)现金结算

| | | | |
|---|---|---|---|
| $SL$ | $-a + 0.48 \times a/3$ | $0 + 0.48 \times a/3$ | $0 + 0.48 \times a/3$ |
| | $= -a + 0.16a$ | $= +0.16a$ | $= +0.16a$ |
| $SOD$ | $-a + 0.48 \times \frac{3}{6}a$ | $0 + 0.48 \times \frac{2}{6}a$ | $0 + 0.48 \times \frac{1}{6}a$ |
| | $= -a + 0.24a$ | $= +0.16a$ | $= +0.08a$ |

(6)DCF

| | | | |
|---|---|---|---|
| $SL$ | $\dfrac{-0.84a}{(1+r)^1}$ | $\dfrac{+0.16a}{(1+r)^2}$ | $\dfrac{+0.16a}{(1+r)^3}$ |
| $SOD$ | $\dfrac{-0.76a}{(1+r)^1}$ | $\dfrac{+0.16a}{(1+r)^2}$ | $\dfrac{+0.08a}{(1+r)^3}$ |

(7)$PWAT = DCF$ 的代数和

$PWAT = -0.511a(SL)$

$PWAT = -0.499a(SOD)$

举一简单的例子,如 1 美元投资 3 年的计划,第 1 年为 0 年,利用减价折旧的级数法($SOD$),税率为 48%,付税后的回利为 10%,求 $PWAT$。

| (1)年 | 1 | 2 | 3 |
|---|---|---|---|
| (2)投下资金(美元) | −1.00 | ±0 | ±0 |
| (3)减价折旧(SOD) | +0.50 | +0.333 | +0.167 |
| (4)48%付税 | +0.240 | +0.160 | +0.080 |
| (5)现金结算 | −0.760 | +0.160 | +0.080 |
| (6)DCF | −0.691 | +0.132 | +0.060 |
| (7)PWAT | −0.499 | | |

前一例中,$PWAT$ 等于现金结算($a$)乘上一个系数,在第二例中这个系数就是将现金结算为 1 美元时的数值,即使对于任意的计划期间,会计方法,减价折旧法,税率,资金回收率,用同样的方法求得相对投下 1 美元资金的 $PWAT$ 值,相对于税率和减价折旧可以求得系数($d_{n'}$),当然,$n'$ 年的折旧期间内的任意资金的 $PWAT$ 如下:

$$PWAT = \pm a d_{n'} / (1 + r)^{n''} \tag{10-11}$$

式中　$n''$——现金流通实际执行的时间,年;

　　　$d_{n'}$——相对应的税和折旧求得的系数;

　　$n'$——折旧期间(与计划的寿命不一定相同),正则定额法($SL$)情况下,如果第 1 年为 0 年,$n'$ 年的减价折旧。

$$d_{n'} = 1 \text{ 美元的 } PWAT = 1.00 - \frac{1.00t}{n'} \frac{F_1}{F_{n'}} \tag{10-12}$$

正则级数法($SOD$)情况下,如果第 1 年作为 0 年,$n'$ 年的减价折旧:

$$d_{n'} = 1 \text{ 美元的 } PWAT$$

$$= 1.00 - 1.00t(1 + r)\left(\frac{F_1 - 1}{N}\right)n' - \left(\frac{F_1 - 1}{F_{n'}}\right) \tag{10-13}$$

假如用 $PW$ 换成 $PWAT$,这时

$$PWAT = PW d_{n'} \tag{10-14}$$

则

$$PW = \frac{PWAT}{d_{n'}} \tag{10-15}$$

若用年金的形式表示,则有

$$A = PW d_{n'} r F_n \tag{10-16}$$

$$F_n = \frac{(1 + r)^n}{(1 + r)^n - 1} \tag{10-17}$$

则

$$A = \frac{a}{(1 + r)^{n''}} d_{n'} r F_n \tag{10-18}$$

$$PWAT = \frac{A}{r F_n} - \frac{a d_{n'}}{(1 + r)^{n''}} \tag{10-19}$$

下面几个表就是根据以上数学解析制成的。表 10-3 是 11 年折旧的变则 SOD 法的数值,$d_{11}$ 是变则 11 年方式时的 $d$ 值。表 10-4 是用正则的定额法,10 年间,进行定额减价时税和减价折旧系数。表 10-5 是用正则定律法的 $d$ 系数值,表示减价折旧率分别为 5%、6%、8%、10%、12.5%、15%、20%、25%、30%、40%时,税率为 50%,考虑税后的年利率分别为 6%、8%、10%、15%、20%时的值。

表 10-3　税和减价折旧系数

| 年 | $(1+r)^n$ | $d_n$ | $F_n$ |
|---|---|---|---|
| 1 | 1.100 | 0.520 | 11.00 |
| 2 | 1.210 | 0.556 | 5.762 |
| 3 | 1.331 | 0.583 | 4.021 |
| 4 | 1.464 | 0.603 | 3.155 |
| 5 | 1.611 | 0.617 | 2.637 |
| 6 | 1.771 | 0.627 | 2.297 |
| 7 | 1.948 | 0.633 | 2.055 |
| 8 | 2.145 | 0.636 | 1.873 |
| 9 | 2.358 | 0.639 | 1.736 |
| 10 | 2.595 | 0.639 | 1.627 |
| 11 | 2.855 | 0.640 | 1.539 |
| 12 | 3.14 | | 1.467 |
| 13 | 3.46 | | 1.407 |
| 14 | 3.80 | | 1.357 |
| 15 | 4.18 | | 1.314 |
| 20 | 6.72 | | 1.175 |
| 25 | 10.82 | | 1.102 |

注：1. 变则级数法；2. 税率48％；3. $r=10\%$；4. 第1年为0年。

表 10-4　税和减价折旧系数

| 年 | $d_n$ | $F_n$ | $(1+r)^n$ |
|---|---|---|---|
| 1 | 0.520 | 17.666 | 1.060 |
| 2 | 0.534 | 9.9091 | 1.124 |
| 3 | 0.546 | 6.235 | 1.191 |
| 4 | 0.558 | 4.810 | 1.262 |
| 5 | 0.572 | 3.957 | 1.338 |
| 6 | 0.583 | 3.389 | 1.418 |
| 7 | 0.594 | 2.986 | 1.504 |
| 8 | 0.606 | 2.684 | 1.594 |
| 9 | 0.617 | 2.450 | 1.689 |
| 10 | 0.626 | 2.264 | 1.791 |

注：1. 正则定额法；2. 税率48％；3. $r=6\%$；4. 第1年为0年。

表 10-5　税和减价折旧系数 *d*

| 减价折旧率/% | 税后的年利率/% | | | | |
|---|---|---|---|---|---|
| | 6 | 8 | 10 | 15 | 20 |
| 5 | 0.7728 | 0.8077 | 0.8334 | 0.8750 | 0.9000 |
| 6 | 0.7500 | 0.7858 | 0.8125 | 0.8572 | 0.8847 |
| 8 | 0.7143 | 0.7500 | 0.7778 | 0.8261 | 0.8572 |
| 10 | 0.6875 | 0.7223 | 0.7500 | 0.8000 | 0.8334 |
| 12.5 | 0.6622 | 0.6952 | 0.7223 | 0.7728 | 0.8077 |
| 15 | 0.6429 | 0.6740 | 0.7000 | 0.7500 | 0.7858 |
| 20 | 0.6154 | 0.6429 | 0.6667 | 0.7134 | 0.7500 |
| 25 | 0.5968 | 0.6213 | 0.6429 | 0.6875 | 0.7223 |
| 30 | 0.5834 | 0.6053 | 0.6250 | 0.6667 | 0.7000 |
| 40 | 0.5653 | 0.5834 | 0.6000 | 0.6364 | 0.6667 |

注：1. 正则定律法；2. 税率 50%；3. 第 1 年为 0 年。

### 10.2.2.6　各种现金结算的表示法

如果利用上节的诸关系式，各种现金结算可变成下面的关系式：

| | $PWAT$ | $A$ |
|---|---|---|
| (1)资金投下 | $-Cd_{n'}$ | $-Cd_{n'}rF_n$ |
| (2)诸支出 | $-xd_1$ | $-xd_1rF_n$ |
| (3)每年固定了的项目 | $(S-K)d_1F_1/F_n$ | $(S-K)d_1rF_1$ |
| (4)定期的支出与节约 | $\pm xd_1F_m/F_{m'}$ | $\pm xd_1F_m/F_{m'}rF_n$ |
| (5)运输资金 | $-WC+WC/(1+r)^n$ | $[-WC+WC/(1+r)^n]rF_n$ |
| (6)废品价格 | $+V(1-t)/(1+r)^n$ | $+V(1-t)rF_n/(1+r)^n$ |

上述的处理是当废品价值为投下资金的 10% 以下时，可作为计划的最终年的收入来处理，否则可看成运输资金来处理，如下所示：

| | $PWAT$ | $A$ |
|---|---|---|
| 资金 | $-(C-V)d_{n'}$ | $-(C-V)d_{n'}rF_n$ |
| 废品 | $-V+V/(1+r)^n$ | $[-V+V/(1+r)^n]rF_n$ |
| (7)纳税 | $+YC$ | $+YCrF_n$ |

延迟的现金结算(delayed cash flow)是指以上各式用 $(1+r)^{n''}$ 除，$n''$ 是指至现金结算的时点完了的年数，例如，假如在计划的第 3 年内的某一时期 $n''=2$，第 3 年完了 $n''=3$。

### 10.2.2.7　计算与应用的实例

**例 1**　某工厂想改变现使用的热交换器，由于腐蚀问题钢制热交换器使用寿命为 5 年，价格为 9500 美元。若改为 316 不锈钢制热交换器，价格为 26500 美元，使用寿命 15 年，折旧 11 年，试问以上两种热交换器哪种更有利？

已知：$r=10\%$，$t=48\%$。

**解**　选择变则 *SOD* 法，利用表 10-3 的数据

$$A_{\text{钢}} = -Cd_5rF_5$$
$$= -9500 \times 0.617 \times 0.1 \times 2.637$$
$$= -1546 \text{ 美元}$$
$$A_{316} = -C'd_{11}rF_{15}$$
$$= -26500 \times 0.640 \times 0.1 \times 1.314$$
$$= -2229 \text{ 美元}$$

计算结果表明,软钢制的热交换器比较经济。

如果钢制的每年用于保养的费用为 2000 美元,如涂装、维修、缓蚀剂、阴极保护等,再比较哪一种有利?

$$A_{\text{钢}} = -Cd_5rF_5 - Kd_1rF_1/(1+r)^1$$
$$= -1546 - 2000 \times 0.52 \times 0.1 \times 11/1.1$$
$$= -2586 \text{ 美元}$$

在这里保养费考虑为每年产生的,也就是寿命 1 年的支出。因此需要保养的钢制热交换器不如不锈钢的经济。

如果上例钢制的寿命不是 5 年,使用多少年就比 316 不锈钢的有利?

$$A_{316} = A_{\text{钢}}$$
$$-2229 = -9500d_xrF_x$$
$$0.234 = d_xrF_x$$

利用表 10-3 用 3 年的数据 $0.234 \approx 0.583 \times 0.1 \times 4.021$,所以钢制的寿命 3 年就比 316 不锈钢制的有利。

**例 2** 瓦斯分解用的耐热合金制的装置,用普通的镍铬铸件其价值为 3300 美元,寿命 2 年,每年的保养费用为 1550 美元。若改用更为耐热的合金铸件,价格为 4178 美元,可以不用保养维修。试问新合金的寿命最少应为几年才合算?

已知:$r = 10\%$,$t = 48\%$。

**解** 应用变则 SOD 法

$$A_1 = A_2$$
$$-3300d_1rF_2 - 1550d_1rF_1 = -4178d_1rF_n$$

由表 10-3 查得:$d_1 = 0.52$,$F_1 = 11.0$,$F_2 = 5.762$,代入上式得

$$F_n = 8.6$$

$$F_n = \frac{(1+r)^n}{(1+r)^n - 1}, n = 1.5 \text{ 年}$$

**例 3** 对某一地下管道实施电化学保护,提出以下三个方案,比较哪一个经济?

(1)用 100000 美元装备 4250 支牺牲阳极,寿命 10 年。

(2)用 100000 美元装备 30 个整流器和接地基座,每年运营和保养费 5900 美元,寿命 20 年。

(3)它是 1 和 2 的中间方案,它是由牺牲阳极(寿命 10 年,价格 82000 美元)和整流器(寿命 20 年,价格 18000 美元再加上每年 1200 美元保养费)构成。

已知:$r = 10\%$,$t = 48\%$。

**解** 用变则 $SOD$ 法求 $A$：

$$A_1 = -100000d_{10}rF_{10} = -10400 \text{ 美元}$$

$$A_2 = -100000d_{11}rF_{20} - 5900d_1rF_1 = -7520 - 3375 = -10895 \text{ 美元}$$

$$A_3 = -18000d_{11}rF_{20} - 82000d_{10}rF_{10} - 1200d_1rF_1$$

$$= -1354 - 8528 - 686 = -10568 \text{ 美元}$$

比较 $A_1$、$A_2$、$A_3$ 可知,第一种方案较经济。

### 习题与思考题

1. 尤里格腐蚀经济损失的估算包括哪些内容？

2. 霍尔报告涉及的腐蚀经济损失包括哪些部门？

3. NBS/BCL 的报告中是如何估算美国的经济损失的？

4. 为何在防腐蚀技术中引进经济评价方法？ NACE 的经济性技术委员会推荐的方法是什么？

5. 不同时间资金价值的比较与换算。

6. 某工厂想改变现使用的热交换器,由于腐蚀问题钢制的使用 5 年,价格 9500 美元,316 不锈钢热交换器,价格 26500 美元,使用 15 年,折旧 11 年,试问哪种更有利？

   已知：$r = 10\%$，$t = 48\%$。

# 主要参考文献

1　Per Kofstad. High Temperature Corrosion. Elssevier Appied Science,London and New York,1988

2　伯克斯 N.著,赵幺台,赵克清译.金属高温氧化导论.北京:冶金工业出版社,1989

3　化工部化工机械研究院主编.腐蚀与防护手册.北京:化学工业出版社,1987

4　辛湘杰,薛峻峰,董敏.钛的腐蚀、防护及工程应用.合肥:安徽科技出版社,1984

5　卢燕平.金属表面防蚀处理.北京:冶金工业出版社,1995

6　Uhlig H. H. ,Revie R. W.. Corrosion and Corrosion Control:An Introduction to Corrision Science and Engineering. A Wiley-interscience Publiction John Wiley & Sons,1985(Third Edition)

7　曹楚南.腐蚀电化学基础.北京:化学工业出版社,1985

8　杨文治.电化学基础.北京:北京大学出版社,1982

9　于福洲.金属材料的耐腐蚀性.北京:科学出版社,1982

10　张承忠.金属的腐蚀与防护.北京:冶金工业出版社,1985

11　Logan H. I.. The Stress Corrosion of Metals. John Wiley & Sons,Inc. ,1966

12　贝克曼 W. V. ,施文克 W.著,胡士信,李广然等译.阴极保护手册.北京:人民邮电出版社,1990

13　魏宝明.金属腐蚀理论及应用.北京:化学工业出版社,1984

14　杨文治,黄魁元等.缓蚀剂.北京:化学工业出版社,1989

15　王一禾,杨贋善.非晶态合金.北京:冶金工业出版社,1989

16　朱日彰等.金属腐蚀学.北京:冶金工业出版社,1989

17　浦素云.金属植入材料及其腐蚀.北京:北京航空航天大学出版社,1990

18　马特松 E.著,黄建中,钟积礼译.腐蚀基础.北京:冶金工业出版社,1990

19　陈正均,杜玲仪.耐蚀非金属材料及应用.北京:化学工业出版社,1985

20　刘宝俊.材料的腐蚀及其控制.北京:北京航空航天大学出版社,1989

21　[美]霍金斯 W. L.著,吕世光译.聚合物的稳定化.北京:轻工业出版社,1981

22　化学工业部合成材料老化研究所编.高分子材料老化与防老化.北京:化学工业出版社,1979

23　[日]高分子学会编,朱洪法译.高分子材料的试验方法及评价.北京:化学工业出版社,1988

24　[英]霍尔 C.著,王佩云,曾家华译.聚合物材料.北京:轻工业出版社,1985

25　刘凤歧,汤心颐.高分子物理.北京:高等教育出版社,1995

26　Schnabel W.. Polymer Degradation:Principles and Practical Applications. Müdien;Wien:Hanser,1981

27　Patridge I. K.. Advanced Composites. New York:Elsevier Applied Science World Publishing Corp. ,1989

28　Derek Hall.. An Introduction to Composite Materials.Cambridge: Cambridge University Press,1981

29　《高技术新材料要览》编辑委员会编.高技术新材料要览.北京:中国科学技术出版社,1993

30　Warren R.. Ceramic-Matrix Composites.New York:Chapman and Hall,1992

31　肖纪美.腐蚀总论.北京:化学工业出版社,1994

32　张云兰,刘健华.非金属工程材料.北京:轻工业出版社,1987

33　陈旭俊,黄惠金,蔡亚汉.金属腐蚀与保护教程.北京:机械工业出版社,1988

34　田永奎.金属腐蚀与防护.北京:机械工业出版社,1995

35　黄永昌.金属腐蚀与防护原理.上海:上海交通大学出版社,1989

36　吴继勋.金属防腐蚀技术.北京:冶金工业出版社,1998

37　[英]普路德克著,郑宝绪,林衡,陈锡祚译.腐蚀控制与设计.北京:石油工业出版社,1983

38　秦熊浦.设备腐蚀与防护.西安:西北工业大学出版社,1995

39　章葆澄,朱立群,周雅.防腐蚀设计与工程.北京:航空航天大学出版社,1999

40　朱相荣,王相润等.金属材料的海洋腐蚀与防护.北京:国防工业出版社,1999

41　莫斯克文 B. M. ,伊万诺夫 φ. M. ,阿列克谢耶夫 C. H.等著,倪继森,何进源,孙昌宝等译.混凝土和钢筋混凝土的腐蚀及其防护方法.北京:化学工业出版社,1988

42　张信鹏,王德森.耐腐蚀混凝土.北京:化学工业出版社,1989

# 冶金工业出版社部分图书推荐

| 书　名 | 作　者 | 定价（元） |
|---|---|---|
| 中国冶金百科全书·金属材料 | 编委会　编 | 229.00 |
| 现代材料表面技术科学 | 戴达煌　等编 | 99.00 |
| 物理化学（第4版）（国规教材） | 王淑兰　主编 | 45.00 |
| 传热学（本科教材） | 任世铮　编著 | 20.00 |
| 无机非金属材料研究方法（本科教材） | 张　颖　等主编 | 35.00 |
| 镁钙系耐火材料（本科教材） | 陈树江　等著 | 39.00 |
| 热工测量仪表（第2版）（国规教材） | 张　华　等编 | 46.00 |
| 热工实验原理和技术（本科教材） | 邢桂菊　等编 | 25.00 |
| 冶金物理化学（本科教材） | 张家芸　主编 | 39.00 |
| 冶金工程实验技术（本科教材） | 陈伟庆　主编 | 39.00 |
| 冶金过程数值模拟基础（本科教材） | 陈建斌　编著 | 28.00 |
| 冶金原理（本科教材） | 韩明荣　主编 | 40.00 |
| 钢铁冶金原理习题解答（本科教材） | 黄希祜　编 | 30.00 |
| 合金相与相变（第2版）（本科教材） | 肖纪美　主编 | 37.00 |
| 金属学原理（第2版）（本科教材） | 余永宁　编著 | 160.00 |
| 冶金物理化学研究方法（第4版）（本科教材） | 王常珍　主编 | 69.00 |
| 金属学原理习题解答（本科教材） | 余永宁　编著 | 19.00 |
| 金属学与热处理（本科教材） | 陈惠芬　主编 | 39.00 |
| 材料科学基础（本科教材） | 李　见　主编 | 45.00 |
| 材料现代测试技术（本科教材） | 廖晓玲　主编 | 45.00 |
| 相图分析及应用（本科教材） | 陈树江　等编 | 20.00 |
| 冶金热工基础（本科教材） | 朱光俊　主编 | 36.00 |
| 传输原理（本科教材） | 朱光俊　主编 | 42.00 |
| 材料研究与测试方法（本科教材） | 张国栋　主编 | 20.00 |
| 金相实验技术（第2版）（本科教材） | 王　岚　等编 | 32.00 |
| 耐火材料（第2版）（本科教材） | 薛群虎　主编 | 35.00 |
| 金属材料学（第2版）（本科教材） | 吴承建　等编 | 52.00 |
| 金属塑性成形原理（本科教材） | 徐　春　主编 | 28.00 |
| 金属压力加工原理（本科教材） | 魏立群　主编 | 26.00 |
| 金属材料与成型工艺基础（高职高专教材） | 李庆峰　主编 | 30.00 |
| 金属材料及热处理（高职高专教材） | 王悦祥　等编 | 35.00 |
| 工程材料基础（高职高专教材） | 甄丽萍　主编 | 26.00 |
| 冶金原理（高职高专教材） | 卢宇飞　主编 | 36.00 |
| 稀土永磁材料制备技术（高职高专教材） | 石　富　编著 | 29.00 |
| 机械工程材料（高职高专教材） | 于　钧　主编 | 32.00 |
| 一维无机纳米材料 | 晋传贵　等编 | 40.00 |
| 真空材料 | 张以忱　等编 | 29.00 |